최신

디지털 CATV 공학

조병학 저

신화

머리말

통신 기술은 1838년 1월 모르스의 전신 시연을 시작으로, 1876년 알렉산더 그레헴 벨의 전화기 발명과 1901년 12월, 구글리엘모 마르코니에 의한 대서양 횡단 무선 통신 실험 성공을 토대로 한 세기를 넘는 기간 동안 급속한 발전을 이루어 현재는 스마트 폰으로 대변되는 개인 휴대형 이동 통신 시대, 초고속 인터넷 통신 시대가 되었다. 한편, 방송은 1906년 미국 피츠버그 대학에서의 최초 음악, 음성 방송 성공 이후, 1920년 웨스팅하우스에 의한 최초 라디오 방송국 탄생과 1936년 영국의 BBC에 의한 TV 방송을 시작으로 통신기술의 발전과 더불어 발전을 거듭하여 오늘날 HD급 디지털 TV 방송과 방송 통신 융합 서비스 시대를 열게 되었다.

우리나라도 지난 2012년 12월31일에 지상파 아날로그 방송을 중단한 이후 본격적인 디지털 방송 시대에 접어들었으며 이에 따라 케이블 TV업계도 가입자의 디지털 방송 서비스 전환에 더욱 힘을 기울이고 있다. 따라서 향후, 디지털 방송 시대 및 방송통신융합 시대에는 방송과 통신의 구분이 더욱 어려워지고 방송과 통신업계의 생존을 위한 서비스 경쟁은 날로 치열해질 것이다. 이에 방송업계도 2010년 3DTV, Smart TV를 거쳐, 초고화질 TV(UHDTV)로 시장 전략을 바꿔 나가고 있다. 따라서 이러한 신규 서비스를 위한 플랫폼 기술과 인프라 구축 및 운용 기술에 대한 인력 수요는 점점 확대될 것으로 예상된다. 그럼에도 불구하고 방송 산업 시장의 보수성과 규모의 한계성으로 인하여 이러한 새로운 TV 기술 분야의 인력 양성 교육을 위한 입문서나 산업 현장에 필요한 기술 지침서가 그리 많지 않은 것이 현실이다.

이에 저자는 수 십 년간의 전자공학, 통신 및 방송 관련 기술 개발 경험과 십 여 년간의 학생 지도 경험을 바탕으로 디지털 방송 및 방송통신융합 서비스 시대의 시작과 더불어 새로이 TV 방송 산업 현장. 특히 CATV 업계에 진출하는 학생들과, 관련 업체에 종사하는 기술인들에게 필요한 최신 기술 입문서를 제공해야겠다는 생각으로 본 저서를 집필하였다.

본 서서는 최근 대세인 디지털 TV 방송 기술과 디지털 CATV 기술을 다루는 것이 주목적이나, 이들을 이해하는 데는 아날로그 TV 방송 기술과 통신 기술에 대한 지식이 기본이 되므로 이들도 함께 다루고자 노력하였다. 따라서 제 1장에 TV 역사를 비롯한 TV의 원리, TV 신호 구성과 전송 방식 등을 우선적으로 다루고, 디지털 TV기술에 대해 기술하였다.

본 교재의 구성을 살펴보면 다음과 같다. 총 7장과 부록으로 구성되었으며 제1장에서는 TV의 역사와 더불어 TV의 원리, TV 신호 등, TV 방송 기술을 이해하는데 필요한 기초적인 지식을 다루었다. 제2장부터 제6장에서는 본격적으로 CATV에 초점을 맞추어, 개요, 전송망, 시스템 설비, 설계 그리고 디지털 CATV까지 CATV의 전반적인 내용을 두루 다루었다. 제7장에서는 최근 점점 더 비중이 높아져가는 인터넷 방송을 간단하게 다루었다. 또한 각 장의 끝에는 객관식과 주관식 연습문제를 수록하여 파악한 내용을 정리하고 복습할 수 있도록 하였다. 마지막으로 부록 편에는 CATV용어와 관련 법규 등, 여러 가지 참고가 될 만한 내용들을 모아서 엮었다.

저자 나름대로는 본 교재가 Cable TV 시스템에 대한 기본적인 지식 없이 이 분야에 처음 접근하는 분들도 이해할 수 있도록 쉽게 기술하고자 노력하였으나 아직 여러 가지로 부족하여 미흡한 점이 있을 것으로 생각되며 이러한 점에 대해서는 여러 관계자 분들의 의견과 조언에 귀를 기울여 더욱 온전하고 충실한 교재가 될 수 있도록 수정 보완해 나갈 것이다.

본 저서가 방송통신 산업계에 진출하고자하는 학생들이나 기술 현장에 종사하는 분들에게 조금이나마 도움이 되기를 기대하며 그간 본서가 출간되기까지 많은 도움을 주신 대학 교수님들과 업계의 선후배, 임직원 여러분께 깊은 감사의 뜻을 전합니다.

2015. 6.

저자 조병학 씀

차례

Chapter 01 TV 기초

Chapter 02 CATV 개요

Chapter 03 CATV 전송망

Chapter 07 인터넷 방송

부 록

Chapter 01 TV 기초

1.1 TV의 역사

1.1.1 기계식 텔레비전

(1) 닙코우(Nipkow)의 기계식 TV

1873년 영국의 전기 기사였던 윌러비 스미스(Willoughby Smith)가 셀레늄이 광전도성을 띤다는 사실을 발견한 이래, TV 기술은 급속하게 발전해왔다.

세계 최초의 TV는 1884년 독일 기술자 폴 닙코우(Paul Nipkow)에 의해 시도되었다. 닙코우(Nipkow)는 중앙을 향해 나선형으로 바늘구멍을 뚫어놓은 원판(Nipkow's disk)를 이용하여 피사체를 주사(scanning)하는 방법을 이용하였는데, 지름 1.5-2[m] 정도의 원판 상에 나선(spiral)모양으로 10개 정도의 작은 구멍을 뚫고 전동기를 회전시켜서 이 구멍을 통과한 빛을 세레늄 광전지로 검출한 뒤 이를 유선으로 전송하여 동일하게 원판을 회전시킨 수신기로 화상의 재생을 시도한 것이 그 시초이다. 결국 10개의 주사선을 가진 기계식 TV(mechanical TV)인 셈이다.

그 후 1924년과 1925년에 존 로지 베어드(John Logie Baird)와 찰스 프랜시스 젠킨스(Charles Francis Jankins)가 '닙코우 원판(Nipkow disk)'을 이용한 최초의 TV 시스템을 개발했다. 이 기계식 주사방법을 이용한 방송시스템은 1935년경 판스워스(Farnsworth)나 즈보리킨(Zworykin)이 아이코노스코프(Iconoscope) 카메라 관(camera tube)을 이용한 전자식 TV 방송시스템을 이용해 간간히 방송하기 시작할 때까지 경제적인 면에서 우위를 보이며 1930년대 말까지 계속 발전하면서 사용되었다.

그림 1-1. 폴 닙코우(Paul Nipkow)

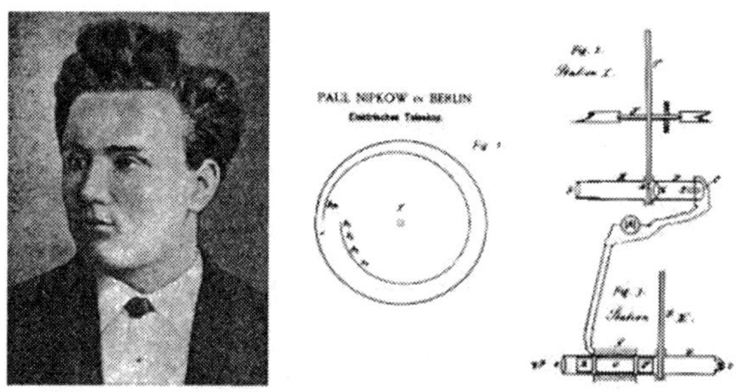

폴 닙코와 그가 개발한 주사판(닙코 디스크)의 설계도

그림 1-2. 닙코우 디스크의 설계도

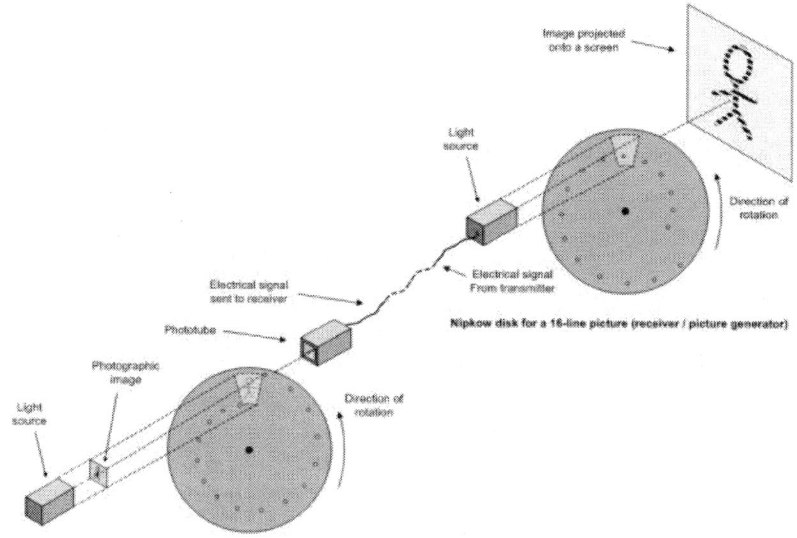

그림 1-3. 닙코우의 기계식 TV 원리도

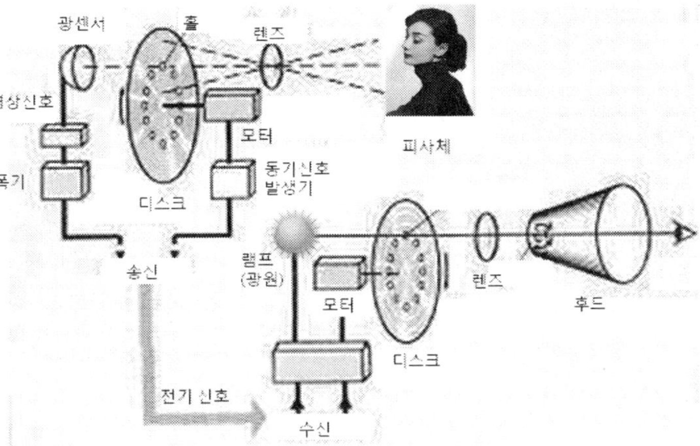

그림 1-4. 닙코우의 기계식 TV 구성도

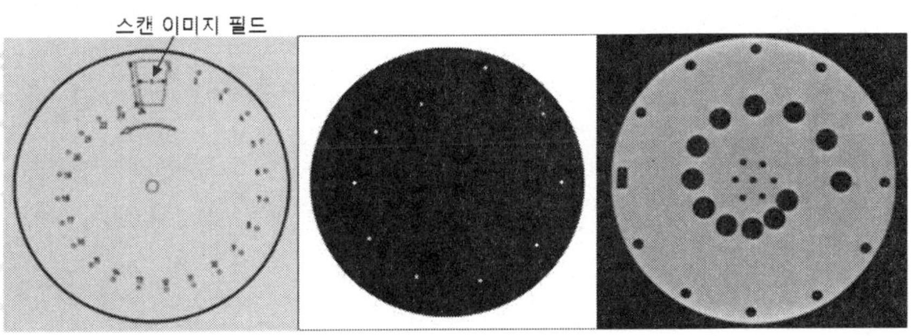

그림 1-5. 여러 가지 닙코우 디스크

그림 1-6. 재현된 닙코우 30-line TV

그림 1-7. 닙코우 30-line TV 광원장치

그림 1-8. 닙코우 30-line TV(전체 모습)

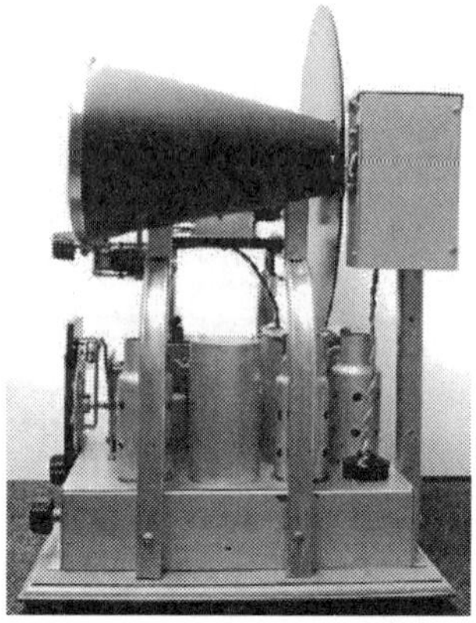

그림 1-9. 닙코우 30-line TV(우측면)

그림 1-10. 닙코우 30-line TV(좌측면)

그림 1-11. 닙코우 30-line TV(밑면)

그림 1-12. 닙코우 30-line TV에 재생된 영상 1

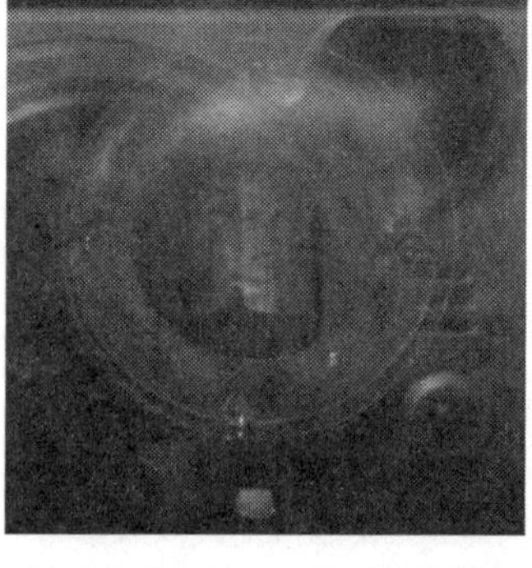

그림 1-13. 닙코우 30-line TV에 재생된 영상 2

(2) 베어드(Baird)의 기계식 TV

존 로지 베어드(John Logie Baird, 1888~1946)는 영국의 발명가 · 전기 공학자이다.

1928년 7월 3일, 세계 최초로 TV에서 컬러 영상이 시연됐다. 스코틀랜드 출신의 발명가 존 로지 베어드는 브라운관 시스템과 다른 기계식 장치인 '텔레바이저(televisor)'라는 시스템을 개발해 컬러를 표현했다. 삼원색을 이용한 세 개의 닙코우 디스크를 조합해 컬러 영상을 송출했다. 텔레바이저는 비록 기계식이지만, 시기는 오늘날의 전자식 TV 보다 훨씬 앞섰다.

베어드는 스코틀랜드의 헬렌스버그에서 태어났다. 목사의 아들로 공업 전문학교를 거쳐 글래스고 대학을 졸업하였다. 몸이 약한 탓으로 전기 기술자 직을 그만두고, 1922년부터 텔레비전의 발명에 몰두, 1926년 최초로 공개 시험에 성공하였다. 그가 창설한 베어드 텔레비전 개발 회사에 의하여, 1929년에 처음으로 BBC 방송이 텔레비전 방송을 시작하였다. 베어드의 주사 방식은 기계식이었으나, 얼마 뒤 전자식으로 바뀌었다.

베어드가 만든 기계식 텔레바이저는 30개의 주사선을 가지고 1초에 10번씩 번쩍였다. 1926년 1월에는 셀프리지 백화점에서 베어드가 만든 텔레비전을 시연했다. 또 1929년 9월에는 영국 BBC 방송이 텔레바이저를 이용해 세계 최초로 TV 방송을 실시하기도 했다. 그러나 이 기계식 TV는 곧이어 발명된 브라운관을 이용한 전자식 TV에 밀려 자취를 감췄다.

그림 1-14. 존 로지 베어드의 스캔 디스크(scan disk) 컬러 TV

그림 1-15. 존 로지 베어드의 스캔 디스크 TV 송신기(1926년)

존 로지 베어드의 첫 번째 텔레비전(왼쪽)과 해당 텔레비전에서 출력되는 화면(오른쪽)

그림 1-16. 존 로지 베어드의 스캔 디스크 TV의 출력 영상

그림 1-17. 스캔 디스크 TV를 시청하는 모습

1928 Baird Model "C"

그림 1-18. 영국 베어드 사의 디스크 TV Baired Model C(1928년)

1928 G.E. Scanning Disk Television Set (closed-open)

그림 1-19. 미국 GE사의 디스크 TV 옥타곤(Octagon)(1928년)

1.1.2 전자식 텔레비전

전자식 텔레비전의 출현의 기틀이 된 커다란 발명 중 하나는 1897년에 스트라스부르그(Strassburg)대학의 K. F. 브라운(Karl Ferdinand Braun)이 발명한 음극선관, 즉 "브라운 관(Braun tube)"이라고 불리는 디스플레이 장치라고 할 수 있다. 이 발명을 통해 화상 재생장치에 커다란 발전을 이루었고 1905년에 Hans Kindel이 광전 변환(光電變換)을 위한 센서인 광전관을 개발함으로써 전자식 TV의 출현에 디욱 더 가까워지는 세기가 되었다. 이로써 1907년에는 기계식 주사 및 광전관을 통한 촬상 장치와 음극선관 화상재생장치를 이용한 텔레비전이 출현하게 되었다. 이 시스템은 수평방향과 수직방향을 주사하는 거울들에 의해 기계적으로 주사된 영상을 광전관으로 검출하여 이를 음극선관을 통해 재생하는 방식은 현재의 텔레비전의 개념과 거의 유사하였다.

전사식 TV에 관한 이론이 처음으로 나타난 것은 스코틀랜드의 전기공학자 앨런 아치발드 캠벨 스윈튼(Alan Archibald Campbell-Swinton)이 1908년 6월 18일 네이처(Nature) 지에 기고한 글에서 이다. 이 글에서 "수상기에 있어서 음극선의 강약을 변화시킬 수 있을 정도의 송신기의 고안"에 관한 내용이 소개되었다 이 이론을 토대로 실용화에 접근시킨 것은 러시아의 페테스부르그(Petersburg) 대학의 보리스 로징(Boris Rosing)이었다. 그의 연구는 러시아 혁명으로 중단되었으나 그의 제자의 한 사람인 블라드미르 즈보리킨(Vladimir Zworykin)은 혁명 후 1919년에 미국으로 건너와, 처음에는 웨스팅하우스(Westinghouse)사에서, 나중에는 RCA에서 근무하면서 TV 개발에 큰 역할을 하였다. RCA는 유명한 토마스에디슨(Thomas Edison)과 에리후 톰슨(Elihu Thomson)이 설립한 회사로 TV 개발 및 실용화에 있어서 가장 큰 역할을 한 회사이다. 즈보리킨이 1923년 아이코노스코프(Iconoscope)촬상관(광-전변환 장치)을 발명(특허 출원)하고 1929년 웨스팅하우스(Westinghouse)에서 키네스코프(Kinescope) 수상관(전-광 변환장치, Cathod Ray Tube, 음극선 관)을 이용한 TV 수상기를 일반에게 선보이자 RCA의 판매담당 이사이던 데이비드 엘 사르노프(David L. Sarnoff)는 이에 주목하여 즈보리킨을 RCA사로 초빙하고 전자주사 방식의 TV 개발에 착수했다. 1930년에 즈보리킨은 캠덴(Camden)의 RCA 전자공학연구소의 소장이 되고 1939년에 뉴욕에서의 세계 박람회에서 최초의 전자주사 방식의 TV를 선보였다. 1940년 미국에서는 RCA와 즈보리킨이 1938년에 개발된 오르시콘(Orthicon) 튜브를 이용하여 전자식 TV 시스템을 개발하였고 미국의 CBS가 최초로 TV 시험 방송을 개시했다. 1946년에는 미국 내에 2000~3000대의 TV가 보급되었다.

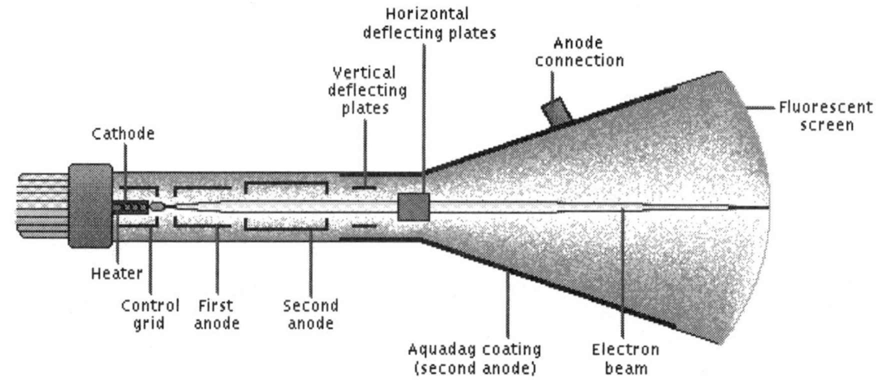

Microsoft Illustration

그림 1-20. 키네스코프 구조

판즈워스는 1927년에 세계 최초의 완전한 전자식 텔레비전을 개발했다

그림 1-21. 세계 최초의 완전한 전자식 TV(판스워스 발명)

그림 1-22. 미국 웨스턴 TV의 스캐닝 디스크 TV(1929년)

그림 1-23. GE 사의 전자주사 방식 TV Model 90, 12인치(1941년)

그림 1-24. RCA 사의 1939년 출시된 전자주사 방식의 TV Andrea 1F5

그림 1-25. RCA 사의 1939년 출시된 전자주사 방식의 TV Model TT-5

그림 1-26. 미국 RCA사 TV Model 630TS(1946년)

그림 1-27. 미국 제니스(Zenith)사의 흑백 TV(1951년)

1950년대 초, 흑백 TV 시스템과 그 수상기의 가격이 하락하여, 일반 대중에게 인기를 누리게 되었을 즈음에, 소위 "TV의 황금기"라고 불리게 된 컬러 TV가 등장하게 되었는데, 흑백 TV에 이은 컬러 TV는 1950년대 초 연방 통신 위원회(Federal Communications Commission, FCC)의 검토를 거쳐 1953년 NTSC에 의해 TV의 북미 표준이 제정되면서 현재의 방송규약의 근간이 마련된다. 1950년 RCA에서는 비디콘(Vidicon) 촬상관을, 1951년에는 3본의 전자총을 사용하고 이들을 샤도우 마스크(shadow mask)를 통해 적, 녹, 청의 형광체를 여기 시키는 CRT를 개발하였으며, 이는 컬러 TV의 표준이 되었다. RCA는 기술 개발뿐만 아니라 초기부터 특허관리에 막대한 관심을 쏟아 1930년대에 이미 연구개발비에 육박하는 특허 관련 비용을 지출하고 있었다. 1954년 RCA는 21인치 컬러TV의 생산, 판매를 개시하였다.

1954년 미국에서는 NTSC 방식의 상업 컬러 TV 방송이 최초로 시작되었고, 이를 수신할 수 있는 컬러 TV의 등장은 인류 역사상 가장 급격한 미디어의 혁명이라고 할 만큼 폭발적으로 보급되기에 이른다. 하지만 닙코우 원판에서부터 1950대에 이르기까지, 일반 소비자가 느낄 수 있었던 가장 명확한 혁명적인 변화는 흑백 방송시스템에서 컬러 방송시스템으로의 바뀐 것 이외에는 별다른 것이 없는 것이 사실이다. 이후 1980년대 말까지의 기간 동안에는 초기의 컬러TV 기술에서 괄목할 만한 기술적 진보 없이 방송사의 일방적인 프로그램 제작능력이나 연예인, 방송인 등이 연출해 내는 컨텐츠만으로 미디어 업계를 이끌어왔던 측면을 부인할 수 없다. 이후, 1950년대 후반부터 각국에서는 TV 수상기의 트랜지스터(transistor)화를 추진하여 1959년 필코(Philco)는 세계 최초로 완전한 트랜지스터 회로와 전지를 사용하는 휴대형(portable) 흑백 TV를 $250에 판매 개시하였으며, 1960년 일본의 소니(Sony)가 트랜지스터를 이용한 TV를 발표하면서 진공관식 TV는 사양길에 접어들었다. 1964년 일본의 야오전기는 트랜지스터식 컬러 TV를 발표하였다. 1966년 RCA는 처음으로 중폭, 진폭제한, 평형 FM검파 및 4.5[MHz] 음성채널 전치증폭회로(preamplifier)를 IC화하여 TV에 사용하였고, 1969년에는 초음파 방식의 리모컨을 컬러 TV에 사용하기 시작하였다. 소니는 1968년, 1개의 전자총에서 3개의 전자빔을 쏘는 트리니트론(Trinitron)방식의 브라운관을 개발하여 독점 특허를 내고 TV 시장을 주도하기 시작했는데, 2008년까지 무려 40년 이상 세계 TV 시장을 주도했다. 이 TV는 2억8000만대가 팔렸다.

그림 1-28. RCA Color TV 20" CT100(1954년)

그림 1-29. RCA 컬러TV(1956년)

그림 1-30. RCA 컬러 TV CD7916 19인치(1957년)

그림 1-31. RCA 컬러 TV 21인치 CTC-7(1958년)

그림 1-32. RCA 컬러 TV 플립 톱(flip top)(1959년)

그림 1-33. 미국 제니스 사의 휴대형(portable) TV

그림 1-34. 브라질 필코 사의 TV

그림 1-35. 소니의 트랜지스터 TV TV5-303(1962년)

1.1.3 요약

(1) 흑백 텔레비전의 역사

- 1876년 A. G. 벨의 전화기 발명
- 1878년 K.F. 브라운의 브라운관 발명
- 1884년 독일의 폴 닙코우의 닙코우 원판에 의한 주사법 발견
- 1935년 영국의 IMI 사의 I. 쉡베르그가 실용적인 텔레비전 시스템 개발
- 1936년 영국 BBC가 세계 최초의 텔레비전 방송 시작

(2) 컬러 텔레비전의 역사

- 1902년 독일의 Otto Von Bronk가 삼원색 신호 전달 방법 발견
- 1954년 미국에서 NTSC 방식으로 컬러 방송 시작
- 1967년 영국과 독일 PAL 방식의 컬러 방송 시작
- 1967년 프랑스에서 개발한 SECAM 방식의 컬러 방송을 소련과 프랑스에서 시작

1.2 국내 방송의 역사

1.2.1 개요

우리나라는 일제강점기에 방송 전파가 최초로 발사되었다. 1926년 11월 30일 일본 총독부가 수신하여 사단법인 경성방송국이 설립되었고, 1927년 2월16일 최초의 방송을 시작했다. 이때의 출력은 1[kW], 주파수는 약 690[kHz], 호출부호는 'JODK' 였는데, JO는 일본에게 부여된 호출 부호로 식민지 였던 우리나라에 일본의 4번째 방송국을 설립한 것이다. 그러다가 6년 후인 1932년 4월 7일 경성 방송국을 개편, '한국어 방송과'가 설치되어 우리말 방송 채널이 독립되었으며, 이후 방송에 대한 일반인의 관심이 커지면서 수신기 보급이 증가했다. 1935년 7월에는 경성방송국을 중앙방송국으로 개칭했고 9월에는 최초의 지방 방송국인 부산방송국이 개국하여 이를 시작으로 평양, 함흥, 이리 방송국이 차례로 개국함으로써 해방 이전에 주요 도시에 방송 네트워크가 확립되었다. 그러나 경성 방송국의 기본 성격이 일본의 식민지 지배를 위한 것임에는 변함이 없었다.

1942년 12월 경성방송국 엔지니어 VOA 단파 방송 수신 사건이 터지면서 1943년까지 경성방송국은 일제에 의해 쑥대밭이 됐다. 경성방송국 직원들이 단파 수신기를 자작하여 VOA 단파방송을 통해 이승만 박사의 일본 패망 예정 소식을 듣고 이를 전파한 사실이 드러나 일경에 의해 경성방송국 직원 6명을 비롯, 150여 명의 방송인과 민간인 수백 명이 체포됐다. 당시 방송인 150여명이라면 거의 조선 땅에서 방송을 안다는 사람의 대부분이었을지도 모르겠다. 그 가운데 6명은 창살 안에서 숨져 갔다. 고문 후유증이었다. 이 광풍에 휩쓸린 사람 가운데 황태영(黃泰永)이라는 사람이 있었다. 평안도 출신의 그는 일본에서 공부하며 방송 기술을 익혔고, 1935년 경성방송국에 입사했다가 전북 이리(요즘은 익산) 방송국의 기술과장으로 자리를 옮겼는데 단파수신기를 만들 줄 알았던 그는 수신기를 만들어 집에서도 듣고 회사에서도 듣고 하다가 우연히 VOA(Voice of America) 미국의 소리 방송을 듣고 일본이 항복하고 해방될 것이라는 사실을 알게 되고 이를 몰래 전파하다가 일제로부터 그만 된서리를 맞는다. 다행히 감옥살이는 면했지만 엄청난 벌금을 물고 피눈물을 흘려야 했다. 그는 해방 이후에도 방송 업계에 종사하면서 미국 RCA사 한국 지사를 운영하던 중 정부로부터 방송 장비 수입을 의뢰받고 미국에 간 길에 동전을 넣고 TV를 보는 미국인의 모습을 보고 색다른 생각을 하게 된다. "우리도 TV 방송국을 만들어 보자." 라는 생각을 가지게 된다. 배고파서 죽는 아이들이 속출할 만큼 전쟁의 뒤안길에서 헤매던 나라에서 TV 방송이라니! 관련 기관 공무원들은 단호히 황태영의 꿈을 거부했다. 하지만 황태영도 만만한 사내가 아니었다. 한국어 문장에는 뜻밖에 서툴렀지만 영어와 한자에는 능통했던 희한한 대한민국 대통령 이승만에게 영문으로 구구절절 상소를 써서 올렸고, 이승만이 공무원들에게 "님자들 이거 한 번 해 보라고 하지 그럽네까?" 한마디 하면서 마침내 황태영은 1956년 5월 12일 HLKZ-TV 라는 한국 최초의 방송국 설립자가 된다. 아시아에서는 일본 태국 필리핀에 이은 4번째였다.

그리하여 1956년 5월 12일 HLKZ-TV에 의해 우리나라 최초의 TV 시험 방송이 실시되었다. 카메라 2대로 출발한 이 회사는 호출부호 HLKZ-TV, 출력 0.1[kw], 영상주파수 186-192[MHz] 채널 9으로 하루 2시간씩(격일제) 보도·교양·오락 등의 방송을 실시하였다. 주사선(走査線)수는 NTSC 방식과 같은 525개, 가시청 지역은 서울을 중심으로 반경 16~24[km] 였고 개국 초에는 시내의 주요 상점에 RCA 21인치 수상기를 설치해 놓음으로써 일반 대중의 TV에 대한 관심과 호기심을 높이기도 했다. "활동사진이 붙은 라디오가 나왔다"는 것이 HLKZ-TV 실험방송 개시를 접한 시민의 첫 반응이었다. 설립자는 당시 미국 RCA 한국대리점을 경영하던 황태영이었다. 그는 정부의 공보처 의뢰로 KBS라디오 자재 도입 차 미국에 갔다가 RCA회사로부터 받을 수수료 대신 그 회사와 합작으로 TV 기재를 도입해서 HLKZ-TV를 설립했던 것이다. 따라서 명칭도 한국 RCA배급(配給)회사(KORCAD)라 했으며 TV 방송 이외에 RCA사의 TV 수상기 판매, 보급을 목적으로 하고 있었다.

방송국 연주소 위치는 종로구 관철동 296번지에 있는 동일빌딩(광복 전에는 해군무관부였음)이었다. 4층 건물인 동일빌딩의 3층 일부를 이용해서 30평의 스튜디오 1개를 설치하고 RCA사의 「Image Orthicon(이미지·올시콘)」 카메라 2대, 「비디콘(Vidicon)」 카메라 1대, 슬라이드 영사기와 16mm 영사기 각각 1대, 송신시설과 그 밖의 부속조정기로 정규방송을 시작한 HLKZ-TV는 한국에 있어서 TV 방송 발전을 위하여 선구적인 역할을 하였다. 만일 HLKZ-TV가 출현하지 않았던들 일반 대중은 물론이고 공보정책 당국도 TV에 대한 관심도가 낮아서 그 뒤에 출발한 KBS-TV의 설립은 좀 더 늦었을지도 모른다. HLKZ-TV가 설립됨으로써 그나마 TV 전반에 걸쳐 불모지였던 이 땅에 TV에 관계된 전문인을 배출할 수가 있었던 것이다.

HLKZ-TV는 1956년 5월 12일 첫 TV 전파를 발사하는데 성공하자 다음 날인 5월 13일까지 시험전파를 발사한 후, 6월 1일부터 저녁 8시부터 10시까지 격일제로 2시간씩 시험방송을 거쳐 56년 11월 1일부터 금요일 저녁을 제외한 매일 저녁에 2시간씩 정규방송을 실시했다. 이어 7월에는 스튜디오를 47평으로 확장하는 한편 5평의 또 다른 스튜디오를 마련했다. 그런 다음 11월 1일을 기해서 금요일을 제외하고는 매일 2시간씩 전파를 발사했다.

HLKZ-TV가 출발할 당시 전국의 텔레비전 수상기 수는 미군 소유를 제외하고 고작 300대 미만이었다. HLKZ-TV는 처음부터 상업방송으로 시작했기 때문에 그 수입을 광고에 의지할 수밖에 없었으나 당시의 상황이 TV광고를 할 수 있을 만큼 상업 경제의 여건이 마련돼 있지 않았기 때문에 주 12시간 방송을 하기 위해서는 많은 출혈을 하지 않을 수가 없었다. 이러한 적자 운영에다 창설 당시의 예상과는 달리 수상기의 보급도 여의치 못하게 되자 「KORCAD」는 TV방송국의 운영을 단념하고 개국 1년이 채 못 된 1957년 5월 6일 한국일보 사주(社主)인 장기영(張基榮)에게 매도해 버렸다.

HLKZ-TV를 인수한 장기영은 일본 요미우리신문사(讀賣新聞社)가 니혼 텔레비전(NTV)을 창설하여 텔레비전으로서의 기반을 굳혀가고 있는 데 힘입어, 사명(社名)을 대한방송주식회사(DBC)로 바꾸는 한편 1957년 6월 7일 낮 방송시간을 1시간 신설해서 이것을 학교 방송으로 발전시키기 위한 교육프로그램으로 편성했다. 방송의 유아기(幼兒期)에 학교 방송을 구상했다는 것도 선구자적인 식견이라고 하지 않을 수 없다. 그러나 DBC로 개편된 후에도 재정난은 여전했다. 자매기관이라 할 수 있는 한국일보 광고국에서 TV광고를 알선하는 등으로 광고주가 증가되는 추세를 보이기도 했으나 TV수상기 보급의 영세성으로 인하여 TV광고가 생각했던 것만큼의 실효를 거두지 못하자 광고주도 점차 줄어들 수 밖에 없었다. 더욱이 1959년 2월 2일 새벽에 일어난 원인 불명의 화재는 HLKZ-TV의 시설을 송두리째 태워버림으로써 재기 불능 상태에 빠뜨리고 말았다.

불의의 화재로 한국 최초의 TV방송이 중단될 수밖에 없는 운명에 처해지자 HLKZ-TV의 제작진들이 동분서주한 결과 미군방송인 AFKN-TV와 USIS의 지원으로 1959년 3월 1일부터 매일 밤 30분씩 AFKN-TV의 채널을 통해 HLKZ-TV시간을 갖게 되었다. 그러나 자체의 연주소를 갖지 못한 HLKZ-TV 방송은 이후 얼마동안 명맥을 유지하다가 1961년 10월 15일을 기하여 한국 TV방송의 개조(開祖)라는 명예만 지닌 채 영원히 문을 닫아 버리고 말았다.

앞에서도 언급했듯이 HLKZ-TV의 출현은 공보정책 당국자로 하여금 TV에 대한 관심도를 높여주기에 충분했다. 1958년 초에 공보실장 오재경(吳在璟)은 연두사를 통해 같은 해 8월 15일까지 국영 텔레비전방송국을 창설하겠다는 구상을 발표했다. 제4대 민의원선거와 정부통령선거를 앞두고 있을 때였던 만큼 다분히 정치성을 띤 발언이었으나 그것이 적기(適期)냐 아니냐 해서 찬반양론의 분분한 세론(世論)을 불러일으켰던 것은 사실이었다.

이상의 우리나라 방송의 역사를 시대별로 요약하면 다음과 같다.

(1) 일제하의 방송(1927~1945)

- 경성방송국 : 1927년 2월 16일 JODK 호출부호로 방송 시작
  - 경성방송국의 편성은 일본 방송의 중계를 전제로 한 편성(한, 일 두 나라 말을 혼합하여 방송) : 한국어 방송으로는 창, 민요, 동화 등, 일본어 방송은 뉴스 및 경제 보도
  - 우리 방송은 방송의 개념과 구조가 일본의 영향을 너무 많이 받아 왔음
    --〉 현재도 쇼나 드라마에서 일본 방송 프로그램의 모방 경향이 두드러짐

(2) 미군정 시대의 방송(1945~1948)

- 해방 이후 미군정청 공보부 산하에 방송국 운영
  - 반공 이데올로기의 정착을 위한 홍보 프로그램의 강화
  - 미국식 방송제도와 편성의 도입
  - 방송 근대화의 기초 마련
- 한국 방송의 시작 : 1947년 9월 3일 한국의 독자적인 호출부호로 배정 받음

(3) 국영방송 시대(1948~1953)

- 1948년 정부 수립과 함께 방송국은 정부의 공보처 산하로 들어감
- 나중에 방송의 독립성이 중요한 화두로 되게 된 이유

(4) 민영방송 도입과 텔레비전 시대(1954~1960)

- 1954년 한국 최초의 민영방송 기독교방송(CBS) 설립
- 1956년 한국 최초의 텔레비전방송 HLKZ-TV 시작(KORCAD)
- 1957년 한국일보가 HLKZ-TV 인수 DBC로 개명
- 1957년 4.15 VHF 채널 2번(54~60[MHz])으로 AFKN 미군 TV 방송 시작
- 1959년 한국 최초의 민간 상업방송(라디오방송)인 부산문화방송(HLKU) 설립

(5) 상업방송 시대(1961~1979)

■ 여러 상업방송 개국

- 1961년 12월 국영 KBS-TV 개국(HLCK)
- 1961년 12월 문화방송(MBC) 개국(HLKV) : 라디오, 1963년 4월 동아방송(DBS) 개국
- 1964년 5월 동양방송(TBC) 개국
- 1964년 12월 최초의 민영 상업텔레비전인 TBC-TV 개국

■ 상업방송시대의 특징

- 정치 밀착성, 과다 경쟁성, 언론 독점성, 저질문화 양산 → 1980년 방송 통폐합의 구실

■ KBS의 공사화(1973년 3월)

(6) 공영방송 시대(1980년대)

■ 방송통폐합 : 정치권력에 의해 강압적으로 방송사가 통폐합

- TBC-TV가 KBS 2채널로 흡수
- KBS가 MBC 본사의 주식 70[%]를 소유, MBC 본사가 다시 지방계열사 주식의 51[%] 소유
- DBS 라디오는 KBS 3라디오로 흡수
- 광주의 전일방송, 군산의 서해방송, 대구 FM은 KBS로 통합
- CBS는 보도와 광고기능을 금지당하고 기독교 선교를 위한 복음방송만 허용

■ 방송광고공사(KOBACO : Korea Broadcasting Advertising Corp.) 설치

- 방송사가 광고 영업을 하지 못하고 방송광고공사를 통해서만 영업함
- 방송광고공사의 기능 : 방송광고 대행, 방송 발전 기금 지원, 공익 광고, 광고 교육원 운영

■ 컬러 텔레비전 시대 : 1980년 12월 1일 KBC 1 TV의 컬러 방송 시작

(7) 다매체, 다채널 시대(1990년대)

■ 민영방송 설립

- 1991년 SBS, 1995년 부산방송(PSB), 대구방송(TBC), 광주방송(KBC), 대전방송(TJB)

- 1997년 인천방송(ITV), 울산방송(UBC), 전주방송(JTV), 청주방송(CJB)

■ 다매체, 다채널 시대

- 1995년 3월 케이블TV 시작 : 29개 채널 → 44개 채널 이상
- 1996년 7월 1일 무궁화위성을 이용한 위성방송 실험방송
- 인터넷 방송 실시
  - 1995년 KBS가 인터넷을 통해 방송서비스 시작
  - 1997년 최초의 독립 인터넷방송 M2TV 개국 → 현재 약 900여개

■ 1999년 12월 방송법 개정 → 위성방송 시작(2001.12)

Book Cafe

■ **항일 단파 방송 해내외 연락 운동(VOA 단파 방송 수신 사건)**

1942년 12월에 발생한 단파방송 사건은 조선방송협회의 한국인 기술부원이 개성간이방송소에서 미국의 소리(VOA) 단파방송을 청취한 혐의로 체포된 사건이다. 이 사건으로 200여 명의 한국인이 일본 경찰에 체포되어 곤욕을 치렀다. 이 사건이 있은 후 방송국에서 우리말 방송을 위해 있던 제2방송부가 없어지고 우리말 방송은 더욱 위축되었다.

▸ **사건의 개요**

일제는 태평양전쟁이 발발하면서 통독부 정보국에서 방송전파를 강력하게 통제하였다. 그러나 일제의 삼엄한 감시 속에서 조선방송협회 기술부 실험실에 근무하던 성기석은 1942년 봄부터 은밀히 단파수신기를 조립해서 해외 방송을 듣고 그 내용을 절친한 친구들에게 알리곤 했다. 이후 그는 개성방송소장으로 부임한 이이덕(李二德)에게 자신이 조립한 단파수신기 1대를 선사했다. 이들은 RCA 9구식 전파 수신기인 중계용 단파 수신기 다이얼을 돌리다 우연히 샌프란시스코에서 발사되는 VOA 한국어 방송을 청취했다. 알고 보니 그 사이클이 바로 나고야 송신소에서 보내는 단파의 바로 옆자리였다. 한밤중에 VOA로부터 우리나라 애국가가 흘러나오고 자유의 종소리가 흐느끼듯 울려 퍼지면서 '고국에 계신 동포 여러분, 지금부터 미국에서 보내드리는 자유의 소리 방송을 조국에 계시는 여러분께…' 하는 서투른 우리말 발음으로 방송이 시작되고, 곧이어 그 유명한 이승만 박사의 "2000만 동포에 고한다" 는 방송이 들려왔다.

참으로 간절했던 새로운 소식이었다. 30분이라는 시간이 그렇게 아쉬울 수가 없었다. 잠자리에 들었지만 흥분이 가라앉지 않아 잠을 이루지 못했다. 성기석은 송진근(宋珍根) 아나운서 등에게 이 사실을 알렸고 곧 방송국 내 많은 한국인 직원들이 밤마다 몰래 VOA 단파방송을 청취했다. 1942년 12월 24일 일본경찰의 정보망에 걸려 국일관 송년회에서 송진근 · 양제현 · 박용신 등이 연행되고 27일에 이이덕 · 성기석 · 김동하 등, 개성방송소의 전 직원이 검거되었다. 이 사건으로 전국에서 200여 명이 검거되었는데, 심지어는 성기석이 조립한 단파수신기에 사용된 부품을 팔았다는 혐의로 일반 상인들까지도 연루되기에 이르렀다. 1943년 11월 결심공판에서 최종적으로 성기석 2년, 이이덕 1년 6월, 김동하 1년 등 10명의 방송국 직원이 실형 선고를 받았다. 그중 이이덕 소장은 모진 고문과 징역생활의 후유증으로 출감 다음 해인 1946년에 사망했다.

Book Cafe

■ 미국의 소리(VOA, Voice of America)

'미국의 소리(Voice of America, VOA)' 방송은 원래 일본 해군의 진주만 기습 공격으로 태평양전쟁이 발발한 두 달 후인 1942년 2월 24일 첫 방송을 시작한 특수 방송이다. VOA는 나치 독일의 독재 아래서 고통 받던 유럽 사람들과 일제 침략으로 신음하던 아시아 사람들에게 큰 희망과 용기를 불어넣었고, 영국 BBC와 더불어 제2차 세계대전 중 심리전 기능에 충실했는데 전쟁이 지속되자 40개국 언어로 범위를 넓혀 방송하게 되었다(최창봉 · 강현두, 2001).

VOA 한국어 방송이 설치된 것은 VOA 발족 6개월 후인 1942년 8월 29일이었다. 그 첫 방송은 〈자유의 종은 울린다〉 라는 프로그램으로 유경상 아나운서가 맡았다.

〈한국어 시간〉 은 30분짜리 프로그램으로, 애국가와 자유의 종소리가 은은히 울려 퍼지는 가운데 "고국에 계신 동포 여러분! 지금부터 미국에서 보내 드리는 자유의 소리 방송을 시작하겠습니다"라는 말과 함께 '2000만 동포에 고한다.'라는 유명한 이승만 박사의 연설로 시작했다. 이 박사의 연설은 VOA에서 연일 되풀이 방송되었고, 날로 기울어 가는 일본의 태평양전쟁 패전 뉴스도 아울러 소상히 보도 되었다.

또한 대한민국임시정부는 '대한민국건국강령'을 발표하고 대일 참전 준비를 하는 등 독립운동을 적극적으로 했다. 이에 일본은 국내 모든 방송을 전쟁의 효율적 수행을 위해 총동원했고, 해외에서 보내는 전쟁 선전 방송이 내국인들에게 알려질까 두려워 철저하게 방송 차단 조치를 취했다.

Book Cafe

■ 이승만 박사의 "2000만 동포에 고한다"

"나는 이승만입니다. 미국 워싱턴에서 해, 내외에 산재한 우리 2300만 동포에게 말합니다. 어디서든지 내말 듣는 이는 자세히 들으시오. 들으면 아시려니와 내가 말하려는 것은 제일 중요하고 제일 기쁜 소식입니다.

자세히 들어서 다른 동포에게 일일이 전하시오. 또 다른 동포를 시켜서 모든 동포에게 모두 다 알게 하시오

나 이승만이 지금 말하는 것은 우리 2300만의 생명의 소식이요, 자유의 소식입니다.

저 폭악 무도한 왜적의 철망, 철사 중에서 호흡을 자유로 못하는 우리 민족에게 이 자유의 소식을 일일이 전하시오.

감옥, 철창에서 백방 악형과 학대를 받는 우리 사랑하는 남녀에게 이 소식을 전하시오.

독립의 소식이니 곧 생명의 소식입니다.

.....(중략).....

나의 사랑하는 동포여 !

이 말을 잊지 말고 전파하여 준행하시오. 일후에 또다시 말 할 기회가 있으려니와 우리의 자유를 회복할 것이 이때 우리의 손에 달렸으니

분투하라 ! 싸와라 !

우리가 피를 흘려야 자손만대의 자유 기초를 회복할 것이다.

싸워라 ! 나의 사랑하는 2,300만 동포여 !"

1.2.2 국내 최초의 텔레비전

국내에서 텔레비전이 처음 선보인 것은 1954년 7월 30일 서울 보신각 앞 미국 RCA 한국대리점에서 한국의 텔레비전 보급에 대한 타당성을 알아보기 위해 유선방식 20인치 수상기를 일반에게 공개한 것이 처음이다.

RCA 등은 기초 조사를 마친 뒤 합작으로 1956년 5월 12일 텔레비전 방송국을 개설하였고 세계에서 15번째로 TV전파를 발사하였다. 호출부호 HLKZ TV, 영상주파수 186~192[MHz], 출력 0.1[kW], 채널 9로 미국 NTSC방식을 따랐다. 56년 6월부터는 저녁 8시부터 10시까지 격일제로 시험방송을 거쳐 56년 11월 1일부터 금요일 저녁을 제외한 매일 저녁 2시간씩 방송하는 정규방송에 들어갔다.

그림 1-36. RCA Color TV 20" CT100(1954년)

그림 1-37. RCA Color TV(1956년)

(1) 국내 텔레비전 수상기의 생산(1966년)

금성사가 일본의 히타치와 기술 제휴하여 1966년 8월 1일 국내 최초의 흑백텔레비전 수상기 VD-191를 시장에 내놓았으며 67년 동남전기공업주식회사는 일본회사와, 한국마벨주식회사는 RCA와 기술 제휴하여 수상기를 생산하였다.

이어 1969년부터는 수상기 형식이 진공관식에서 트랜지스터 식으로 바뀌고, 1974년에는 생산업체가 13개사로 늘어났으며, 연 생산규모도 100만 대를 돌파하였다

금성사가 생산한 19인치 국산 흑백 TV는 '진공관식 19인치 1호 제품'이라는 뜻으로 'VD-191' 라는 모델명을 정했으며 진공관 12개와 다이오드 5개를 채택하고 4개의 다리가 달린 가정용 제품이었다. 이 제품이 생산되기까지의 과정은 순탄치 않았다. 금성사는 1963년부터 TV 생산계획을 입안하고 생산기술과 시설을 도입하며 TV 생산을 준비해왔으나 1963년 외환위기가 시작되고 전력 사정이 나빠지면서 부품의 수입이 허가되지 않았다. 금성사는 1965년 TV과를 신설하고 일본 히타치제작소와 기술도입 계약을 체결하는 등, 생산준비를 계속 진행하는 한편, 정부로부터 TV 생산을 위한 허가를 얻어냈다.

정부 공보활동의 확장 강화, 국영 TV방송국의 운영 합리화, 국민 경제 발전 및 수출 촉진에 따른 외화 획득, 국민 계몽 및 문화 향상 촉진, 국내 전자공업 발전, TV 부정 유출 방지와 국고 세입 확보 등, 6가지 이유를 제시, 사실상 '정부와의 동업'을 조건으로 정부에 TV 국산화의 필요성을 설득한 것이다. 이때 정부는 금성사의 TV 생산에 국산화율이 50[%] 이상이어야 하고 TV용 부품 수입은 라디오 등, 다른 전자제품을 수출해서 버는 외화만큼만 허용한다는 조건을 붙였다. 외화 사정을 감안해 수출입 링크제를 채택한 것이었다. 〈금성사 35년사〉에 의하면, 당시 금성사는 그 무렵 80[%] 이상 국산화율을 달성한 라디오 생산 기술을 최대한 활용해, 텔레비전 국산화율은 처음부터 50[%] 수준을 달성할 수 있는 상황이었다고 한다. 당시 TV의 시가는 19인치의 경우 일제가 10만원, 미제가 13만원 정도였으며, 국산화될 경우의 19인치 가격은 87,683원으로 산출되었다. 이 중에는 제세공과금이 42,000원으로 전체의 50[%]에 육박해, 특판세와 물품세가 TV가격 상승의 주 요인이 되었다. 금성사에서는 특판 세가 비정상 수입품의 가격 체계에 입각한 것으로, 이를 TV 생산을 위한 부품에 적용하는 것은 모순이며 물품세는 국산화 이전의 외국 완제품 사용 억제를 목적으로 한다는 점을 들어, 세금을 조정할 필요가 있다고 정부를 설득했다. 결국 상공부는 1966년 7월 9일, 1차 생산된 500대의 판매 가격을 대당 63,510원(19인치)으로 할 것을 승인했다. 이 가격은 총원가 44,427원에 적정 이윤 10[%], 물품세 30[%]가 가산된 것이었다.

금성 흑백 텔레비전 VD-191 ©LG

그림 1-38. 국내 최초 생산 TV

당시 80kg 쌀 한 가마가 당시 2,500원이었던 걸 감안하면 쌀을 25가마 넘게 살 수 있는 고가였음에도 반응은 폭발적이었다. 1966년 8월 28일자 신문(조선일보)에는 "은행창구를 통한 TV수상기 구입 신청 경쟁률이 평균 20대 1"이었으며, 특히 "10개월 월부 판매"의 경우는 "50대 1의 격심한 경쟁"을 보였다고 쓰여 있다. 금성사가 계획한 1차 공급량은 약 1천 대였음에 반해 이 제품이 출시되자 열흘간 구입 신청된 물량만도 서울시내 1만 4천 8백 건, 전국적으로 2만여 건에 달해, 금성사 1차 공급 계획량의 20배에 달했다. TV 무소유 우선 공급제도에 의해 사람들은 TV가 없음을 증명해야 했고, 그마저도 공개 추첨으로 판매되는 풍경이 연출되기도 했다. 히타치(Hitachi)사와의 기술제휴로 만들어진 VD-191은 기술뿐만 아니라 외형까지 그대로 들여온 것으로, 입식 모델에 토대를 둔 일본 모델을 그대로 생산한 것이나 다름없었다. 그러나 1960년대 후반만 하더라도 텔레비전을 구입하는 가정은 대부분 중상류층이었기 때문에, 오히려 입식 생활에 적합한 텔레비전 디자인이 이들에게는 잘 맞았다고 할 수 있다. 이들은 대부분 문화주택의 응접실에서 소파나 의자에 앉아 텔레비전을 시청했던 것이다. 이와 같은 텔레비전의 외형은 1967년 동남전기공업이 일본의 이야카와 제휴하여 샤프 TV(동남 샤프 TV)를 생산하고 한국 마벨은 미국의 RCA사와 제휴하여 RCA TV를 생산하는 등 TV 생산과 보급이 늘어나게 되면서, 좌식 생활에 맞춰(아랫목에 앉은 시청자의 눈높이를 고려한) 변형되는 과정을 거치게 되었다.

(2) 국내 컬러텔레비전의 생산

우리나라는 1972년 9월 상공부가 컬러텔레비전 생산계획을 발표한 이후, 아남산업이 일본 내셔널전기와 합작하여 처음으로 컬러텔레비전을 생산하였고, 이어서 금성사 등 각 회사들도 생산하게 되었는데, 1977년, 금성사가 19인치 컬러 TV "CT-808"을 개발 완료하여 80년 8월 1일부터 국내 판매에 들어갔다.

우리나라 컬러 TV 방송은 12월 1일 KBS 1 TV의 뉴스 프로그램 방송부터 시작되었다. MBC는 그보다 22일 늦은 12월 22일부터 컬러 방송 서비스를 시작했고 1개월간의 시험방송기간을 거쳐 1981년 1월부터 정규방송으로 드라마를 포함하여 전 프로그램을 컬러로 제작, 방송을 개시했다.

그 후 음성 다중 방식 시대로 돌입하여 84년부터는 음성다중 컬러텔레비전이 국내에서 본격적으로 생산되었다.

그림 1-39. 국내 최초 생산 컬러 TV (19″ 금성사)

1.3 TV의 원리

1.3.1 TV의 원리

TV는 아래 그림과 같이 2차원 영상신호를 스캐닝을 통해 1차원의 신호로 변환한 후, 이를 전파에 실어 진송하고 수신 측에서 다시 2차원 신호로 복원함으로써 원화를 재생한다.

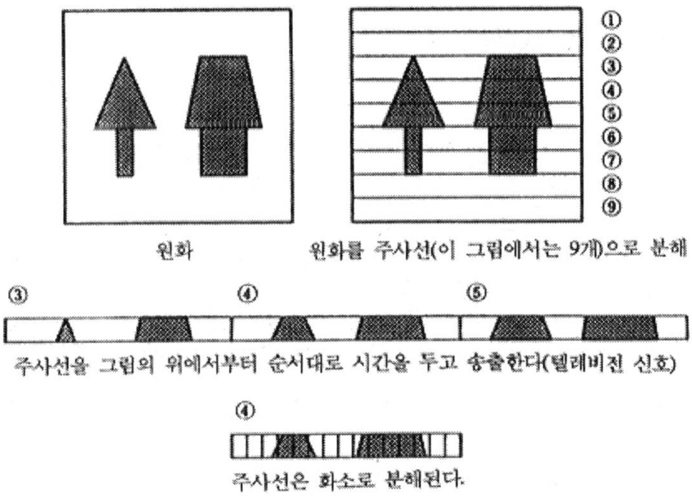

그림 1-40. TV의 주사 원리

이를 위해서는 송신측과 수신측의 주사선 수 및 종횡비가 일치되어야 함은 물론, 송신측에서 2차원 영상신호의 각각의 정지화면에 대한 첫머리와 각 스캔 라인(주사선)의 첫머리를 수신 측에 알려주어야 한다. TV에서는 전자를 수직 동기(Vertical Sync)신호, 후자를 수평 동기(Horizontal Sync)신호라고 한다.

(1) 주사(Scanning)

영상(이미지)를 순서대로 화소단위로 만들어 직렬화하거나, 직렬 데이터를 반아서 다시 원래 순서대로 조립하여 이미지를 재구성하는 작업을 주사(scanning)라고 하고, 수평으로 만든 한 개의 줄을 수평주사선(scanning line)이라고 한다. 한 개의 주사선은 왼쪽으로부터 오른쪽까지 이동하는 작화선(trace)와 오른쪽 끝에서 다음 주사선의 처음인 왼쪽으로 되돌아가는 귀선(retrace)로 나눌 수 있다. 이때 귀선은 보통 눈에 보이지 않는다.

주사는 다음과 같이 나눌 수 있다.

- 수평주사(horizontal scanning) : 왼쪽으로부터 오른쪽으로 훑어 나가는 주사
- 수직주사(vertical scanning) : 수평주사를 행함과 동시에 수평주사에 비하여는 훨씬 느린 속도로 화면의 위에서 아래로 이동시키는 주사
- 순차주사(progressive scanning) : 첫 번째 주사가 화면의 왼쪽 위에서 시작해서 오른쪽에서 종료된 후, 빠르게 왼쪽으로 되돌아 가 계속 순차적으로 2, 3, 4 ..... 번째 주사를 행하는 방식 (예) PC 모니터

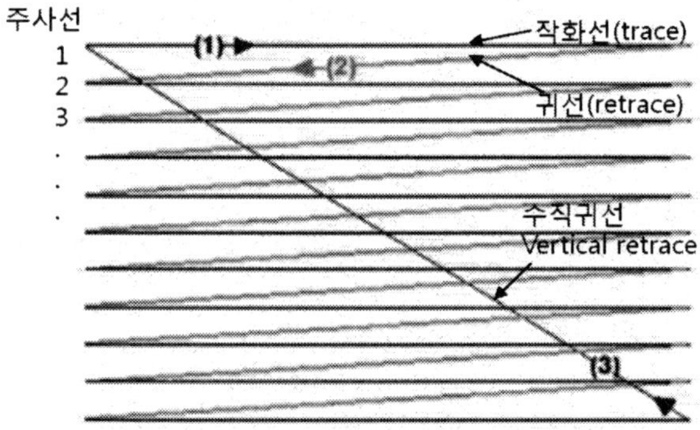

그림 1-41. 순차주사(progressive scanning)

- 비월주사(interlaced scanning) : 플리커(flicker : 깜빡임, 어른거림) 감소와 움직임을 부드럽게 하기위해 한 장의 화면을 절반의 조밀도로 나누어, 1, 3, 5, 7, …의 기수 주사선을 주사하고 복귀하여 다시 2, 4, 6, …의 주사선으로 주사함으로써 하나의 화면인 프레임(frame)을 완성하는 방식. 이때 TV에서는 한 번 주사한 홀수나 짝수의 화면을 필드(field)라고 한다. 따라서 1개의 프레임(frame)은 홀수 필드(odd field)와 짝수 필드(even field)의 2개의 필드로 구성된다.

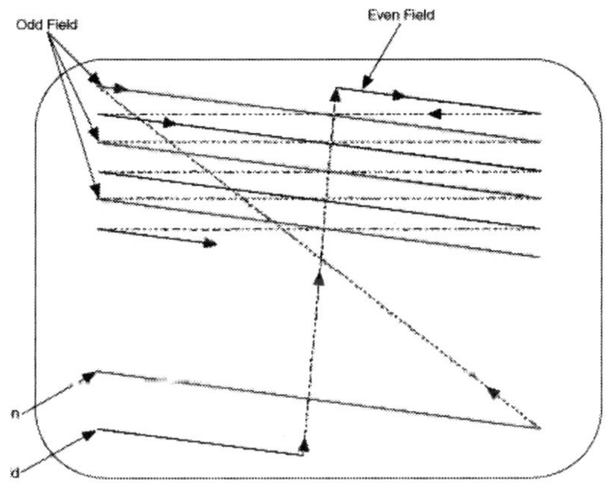

그림 1-42. 비월주사(interlaced scanning)

- 아날로그 TV 주사선
  - 525개, 30장/초, 화면의 종횡비(aspect ratio) 4 : 3
- 디지털 TV 주사선
  - HD급 : 1080개, 30장/초, 화면의 종횡비(aspect ratio) 16 : 9
  - SD급 : 주사선 480개, 30장/초, 화면의 종횡비(aspect ratio) 16 : 9

1.3.2 컬러 TV의 원리

색상이 표현되는 방법은 크게 사물자체가 발광하여 색상을 표현하는 색광방식과 물감 또는 안료 등에 의해 빛을 반사 또는 투과하여 색상을 표현하는 색채방식이 있다. 자체 발광 빛에 의해 색상을 표현하는 경우, 3원색이 Red(R), Green(G), Blue(B)이며, 빛이 더하여질수록 점점 더 밝아지므로 가색 혼합(Additive Color Mixing) 또는 가색법이라 한다. 이때, 3원색이 모두 합해지면 백색(White)가 된다. 이에 반해 물감에 의한 색체방식의 경우는 3원색이 청록(Cyan), 밝은보라(Magenta), 노랑(Yellow)이며 물감이 더하여질수록 어두워지므로 감색 혼합(Subtractive Color Mixing) 또는 감색법이라고 한다. 이때 3원색을 모두 더하면 흑색(Black)이 된다.

따라서 형광 빛에 의해 색상을 재현하는 컬러 TV의 경우, 삼원색이 Red(R), Green(G), Blue(B)이므로 동일한 피사체에 대해 다음 그림과 같이 R, G, B, 세 가지 필터를 장착한 촬상관을 이용하여 각각을 전기 신호로 만들어 이를 전송하고, 수신기에서 이들 신호를 가색 혼합하면 컬러 화면이 재생된다. 이때 R , G, B 3개의 신호를 컴포넌트(Component)신호라고 한다. 그런데 이 세 가지 신호를 그대로 전송하면 흑백 TV 신호의 3배의 대역폭이 필요하며 기존의 흑백 TV 수상기로는 시청이 불가능하다. 흑백 TV와의 호환성을 위해서는 6[MHz]의 흑백 TV 신호 1채널 대역폭에 모든 컬러 신호를 실어서 전송하여야 한다. 이러한 호환성과 대역폭 문제 때문에 NTSC 컬러 TV 방식에서는 흑백 TV용 신호인 Y신호(휘도 신호)와 R, G, B 신호를 전부 전송하지 않고 R-Y, B-Y(색차신호)와 Y신호를 전송하며 이들 신호를 수신기에서 덧셈기(adder)와 컬러 혼합기(color multiplexer)를 이용하여 추출해 냄으로써 R, G, B 및 Y신호를 재생해낸다.

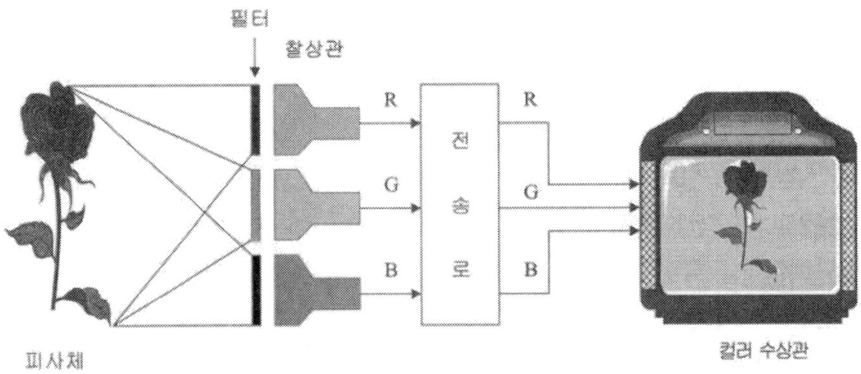

그림 1-43. Color TV의 원리도

1.4 컬러 TV의 표준

1.4.1 NTSC 방식

NTSC(National Television System Committee) 컬러 방식은 1951년 미국에서 발족된 전미 텔레비전 시스템 의원회가 각종 연구와 실험을 거쳐 1953년 12월 컬러 TV와 흑백 TV을 겸용할 수 있는 방식을 채택하여 NTSC 라 하였는데 이 NTSC 방식은 흑백 TV와의 호환성(Compatibility)을 유지하기 위해 휘도 신호에다 R-Y 와 B-Y의 색차 신호를 사람의 시각에 맞추어 교묘히 삽입함으로써(I, Q 신호) 기존 흑백 TV 1채널 대역폭 내에서 휘도 신호와 컬러 신호를 동시에 전송하는 방법을 사용하였다. 컬러 신호 정보는 3.579545[MHz]의 컬러 부반송파의 위상에 실고 흑백 Composite TV신호의 수평동기신호의 백포치(Back Porch)에 3.579545[MHz] 정현파 신호 8~12주기로 이루어진 컬러 버스트(Color Burst) 신호를 전송하고 TV 수상기에서 이 신호 위상과 수신된 TV 신호의 컬러 부반송파 위상을 비교함으로써 송신된 컬러를 재생할 수 있도록 하였다. NTSC 방식의 송신기 계통도를 그림 1-44에 보였다. 이 방식에서는 R, G, B 신호 대신에 다음 식과 같이 얻어지는 E_y, E_I, E_Q 신호를 전송한다. 따라서 컬러의 재현성은 다소 떨어지나 흑백 TV 와의 호환성이 우수하고 회로가 간단한 장점이 있다.

미국에서는 1954년 방송을 실시하였고 이웃 일본에서는 1960년 9월부터 방송을 실시하였다. 우리나라에서는 기존 보급된 흑백 TV 수상기의 보급률을 고려하여 1980년 6월 체신부에서 이 방식을 채택하였고 1980년 12월 방송을 시작하였다. 525본의 주사선 1프레임 2필드 매초 30프레임의 방식으로 한국, 미국, 일본, 캐나다, 멕시코, 쿠바, 필리핀, 콜롬비아, 칠레 등의 나라에서 채택하고 있다.

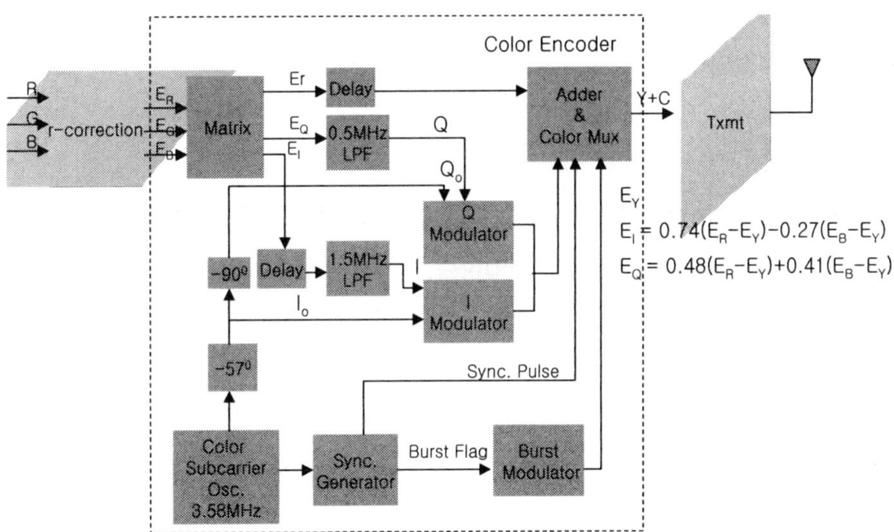

그림 1-44. NTSC TV 송신기 구조

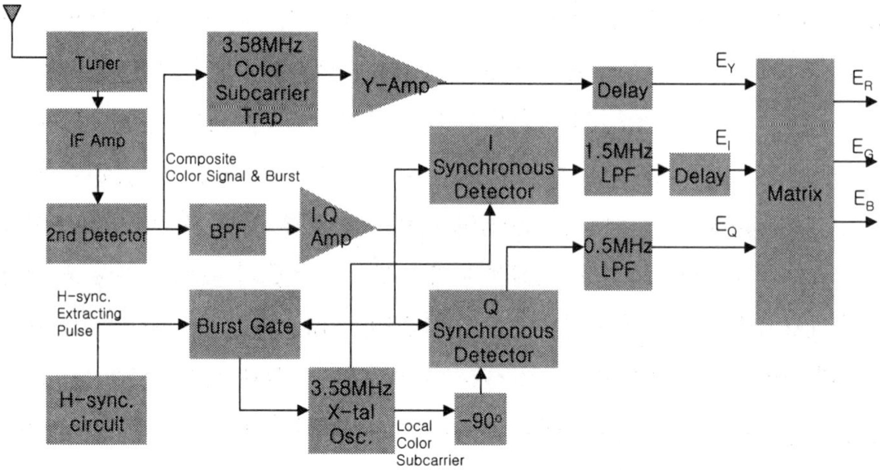

그림 1-45. NTSC TV 수신기 구조

1.4.2 PAL 방식

PAL(Phase Alternation by Line) 방식은 유럽방송연맹(EBU)에서 미국의 NTSC 방식에 자극을 받아 유럽 특유의 방식을 꾀하고자 했으나 통일을 보지 못하고 PAL과 SECAM으로 양분되었다. 서독의 텔레푼큰(Telefunken)사가 개발한 방식으로 전송의 왜곡이 없는 송신이 가능하다는 점이 장점이며 새로이 컬러 TV 방송을 시작하려는 대다수의 나라에서 채용되고 있다. PAL방식은 송수신시의 색 부반송파가 겪는 미세 위상 오차의 영향을 줄이고자 색부반송파의 위상을 주사선 마다 교번하며 색부반송파의 위상을 180도 반전시킬 때에 화면상의 세로무늬 방해를 제거하기 위해 1/4 오프셋을 사용한다. PAL방식에서는 NTSC 방식과는 달리 Y, B-Y 신호의 대역폭이 동일하다. 주사선수는 625선으로 컬러 TV 전용이며 흑백 TV 수상기로의 수신은 불가능하지만 일부 남미 국가에서는 NTSC의 주사선 525선 60 프레임의 흑백 방식에다 PAL 방식의 신호를 이용한 PAL-M 방식을 사용하고 있다.

이 방식을 채택하고 있는 나라는 서독, 태국, 싱가포르, 중국, 호주, 뉴질랜드, 덴마크, 영국, 스위스, 오스트리아, 시리아, 쿠웨이트, 벨기에, 브라질, 아르헨티나 등이다.

1.4.3 SECAM 방식

SECAM(Sequential Couleur a Memoire)은 1956년 프랑스의 Henri에 의해 고안되었으며 이 방식의 특징은 R-Y 와 B-Y 색차 신호를 NTSC 나 PAL 방식의 경우와 같이 동시에 보내지 않고 연속적으로 보낸다는데 있다. 즉 한 라인씩 교대로 보내며 컬러 부반송파를 FM 변조하여 전송한다. TV 수상기에서는 Delay-Line과 전자 스위치를 이용하여 과거와 현재 신호들이 결합되어 연속 정보가 동시에 화면에 표시된다. 이 결과로 수직 색 해상도의 검소는 PAL 방식과 동일하나 동기 검파에서 필연적으로 생기는 색차 신호간의 상호 간섭(Cross Talk)이 없어진다. 대신 라인 식별이 필요하다 따라서 각 필드마다에 실제 영상 신호를 전송하기에 앞서 미리 라인 식별 정보를 보내준다. SECAM 방식은 FM 방식을 사용하므로 컬러 신호의 미분위상(DP, Differential Phase) 왜곡(Distortion)과 미분이득(DG, Differential Gain) 왜곡에 내해서 상한 특성이 있다.

이 방식을 채택한 나라는 프랑스 언어권 국가와 국제방송기구(IRT)로 불리는 동구권 국가에 한정되어 있다. 이 방식은 색상이 안정되어 있으나 송신장치나 수상기의 회로가 복잡하고 시청범위가 좁다는 단점이 있으며 흑백 TV 수상기로는 전혀 수신되지 않는다는 결점이 있다. SECAM 방식 역시 PAL 방식과 같이 625 주사선으로 채택하고 있으며 프랑스, 소련, 이란, 이라크, 헝가리, 사우디아라비아, 폴란드, 모나코, 리비아 등이 이 방식을 채택하고 있다.

NTSC 방식과 PAL, SECAM 방식의 가장 기본적인 차이는 비디오신호 중 색성분의 전송방법에 있다. 즉, NTSC는 색 성분과 화면을 구성하는 휘도 성분이 분리되어 전송되는데 비해 PAL, SECAM은 두 성분을 복합하여 송신한다. 쉽게 말해서 PAL, SECAM 방식이 컬러 필름으로 사진을 찍어 컬러 인화지로 인쇄하는 방식이라 한다면, NTSC는 흑백필름으로 사진을 찍어 인화한 후 색을 덧칠하는 방식이라고 할 수 있다.

1.4.4 세 방식간의 비교

NTSC 방식의 장점은 흑백 TV와의 우수한 호환성, 수직, 수평 해상도를 제공하며 여러 형대의 잡음에도 강하며 송수신이 간단하다. 그러나 DP 왜곡에 민감하고 색차 신호간의 상호 간섭을 완전 배제하기가 어려운 단점이 있다.

PAL 방식은 DP 왜곡에 강한 장점이 있으나 흑백 TV와의 호환성이 미흡하고 수상기가 복잡해져서 비용이 상승하는 단점이 있다.

SECAM 방식은 상대적으로 DP 왜곡이나 DG 왜곡에 강하고 수상기도 디코딩 배열에 있어 간단한 장점을 가지고 있다. 그러나 흑백 TV와의 호환성이 낮고 잡음이 많을 경우 성능이 저하되며 다중 경로 수신에 의한 영향에 민감하고 매우 안정된 동기 신호들이 요구되어 보다 안정된 부반송파를 필요로 하는 단점이 있다. 아래 표에 세 가지 방식의 특성을 비교하였다.

표 1-1. 세 가지 방식간의 비교표

특성 \ 방식	NTSC	PAL	SECAM
주사선 수[H]	525	625	625
수평동기주파수[kHz]	15.734	15.625	15.625
수직 동기 주파수[Hz]	59.94	50	50
초당 프레임 수	29.97	25	25
비월주사 비	2 : 1	2 : 1	2 : 1
화면 Aspect Ratio	4 : 3	4 : 3	4 : 3
영상신호 변조방식	AM(-)	AM(-)	AM(+)
음성신호 변조방식	FM(± 25[kHz])	FM(± 50[kHz])	AM(60[%])
영상신호 대역폭[MHz]	4.2	5	6
음성신호 대역폭[kHz]	4.5	5.5	6.5
채널 대역폭[MHz]	6	7	8
색 부반송파 주파수[MHz]	3.579545	4.433618	4.40625, 4.25
채택한 나라	미국, 일본, 한국	독일, 서유럽, 중국	프랑스, 동유럽
표준 규격	FCC	CCIR	CCIR

1.5 TV 신호 구성

1.5.1 컴포지트 TV(Composite TV) 신호

컴포지트 TV 신호는 비디오 신호를 생성하는데 필요한 모든 컴포넌트가 단일 신호에 임베디드(Embedded)된 신호를 의미한다. 카메라에서 생성된 R, G, B의 컴포넌트 신호로부터 얻는 R-Y, B-Y의 2개의 색차신호에 동기신호가 합해진 신호이다. 이러한 복합 신호(composite signal)를 형성하는 세 가지 주요 요소는 다음과 같다.

- 휘도 신호(Luminance) : 영상의 명암 정도, 즉 빛의 밝기 정도를 나타내는 신호로 Y 신호라고 함. 흔히 Brightness 라고도 한다.
- 색차신호(Chrominace, Chroma, Color Difference Signal) : 영상의 색상 정보. C신호라고 함. 색차 신호는 다시 색의 종류(빨강~보라)를 나타내는 색상(Hue)성분과, 색의 포화도, 즉 색의 채도를 나타내는 색도(Saturation) 성분으로 구분할 수 있음. (Chrominace = Hue+Satiuration), NTSC 방식의 컬러 TV에서는 R-Y, B-Y의 2개의 색차신호로 구성됨
- 동기 신호 : TV의 화면 표시를 위한 제어 신호로 각각의 주사선마다에는 수평 동기호, 각 필드마다에는 수직 동기 신호가 있음

컬러 TV의 경우, 색 동기를 위한 컬러 버스트(Color burst)신호, 즉 색 동기 신호가 있으며, 다음 그림은 컴포지트 TV 신호이다.

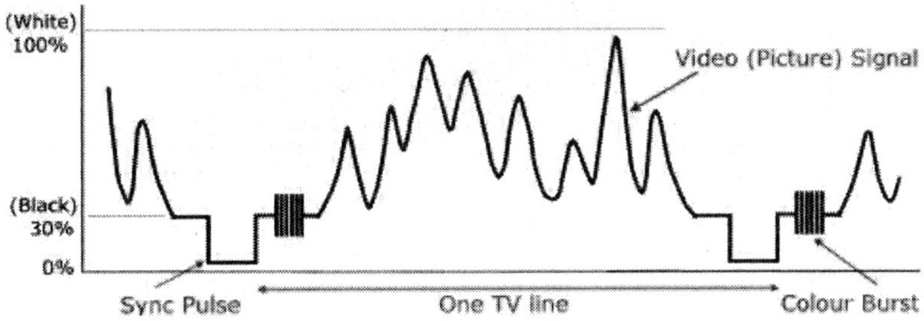

그림 1-46. Composite TV 신호의 동기 신호와 비디오 신호

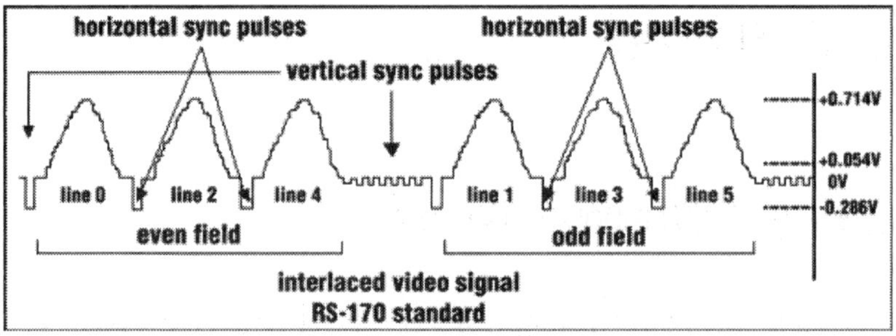

그림 1-47. Composite TV 신호

다음 그림은 일반적으로 C 신호라고 하는 채도 신호이다.

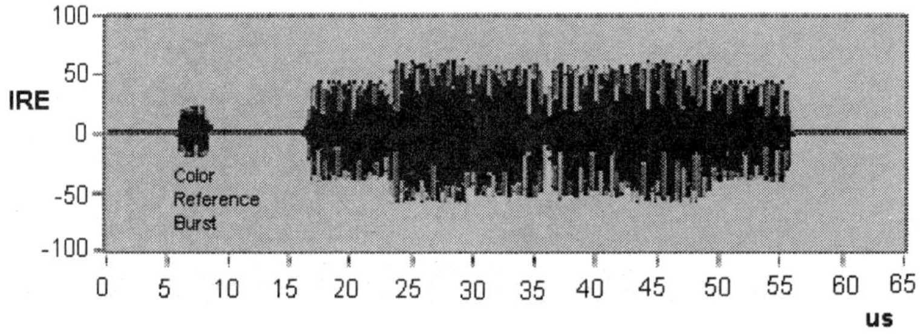

그림 1-48. 컬러 버스트 포함한 색상 정보(C) 신호

다음 그림은 CVBS(Color Video, Blank, Syn) 신호라고 하며 Y 신호와 C 신호의 합(Y+C)이다.

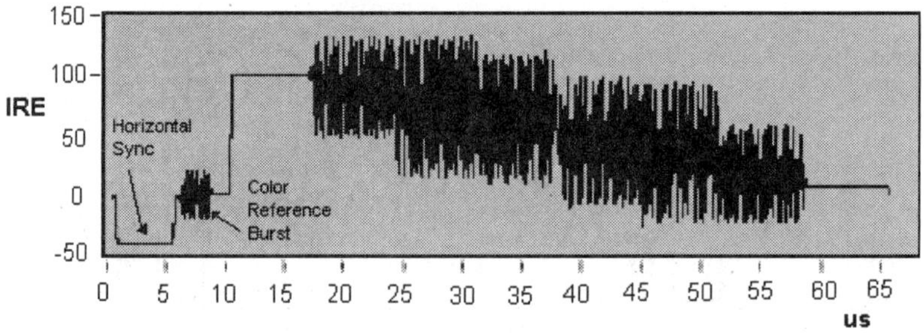

그림 1-49. CVBS(Color Video, Blank, Syn) 신호(Y+C)

1.5.2 색차 신호(Chrominance, Color Difference Signal)

인간의 시각능력은 휘도 성분에 비해 색상신호 성분에 다소 둔감한 특성을 가진다. 따라서 작은 물체일수록 색상을 구분하기 어렵고 모두 회색으로 느끼게 된다. NTSC방식 컬러 TV는 인간의 이러한 시각 특성을 이용하여 고주파 대역 신호에 대한 색상신호의 전송을 생략함으로써 전송대역폭을 휘도 신호보다 훨씬 작게 하여 6[MHz] 대역 내에 모두 중첩시켜 전송함으로써 흑백 TV와의 호환성을 보장할 수 있었다.

원래의 R, G, B 컴포넌트 신호 중 하나에서 휘도신호 Y를 뺀 신호를 색차신호라 하는데 TV에서는 이중 R-Y, B-Y의 2개의 색차신호만을 전송한다. 그러면 왜 G-Y신호를 전송하지 않을까? 그 이유는 인간의 시각 특성이 녹색 성분에 매우 민감하여 색상의 왜곡을 잘 느끼기 때문에 다소 덜 민감한 R-Y, B-Y 성분을 이용하여 전송하는 것이다. 이 두 개의 색차 신호만 전송하여도 수상기 측에서 매트릭스 회로를 이용하여 G-Y 성분을 재생할 수 있다.

이때 휘도 신호 Y는 다음 식과 같은 R, G, B 신호의 성분비로 구성된다.

$$Y = 0.30R + 0.59G + 0.11B$$

따라서 2개의 색차신호 R-Y, B-Y는

$$R - Y = 0.70R - 0.59G - 0.11B$$
$$B - Y = -0.30R - 0.59G + 0.89B$$

이고 G-Y 성분은 다음 식과 같이 구해진다.

$$G - Y = -0.30R + 0.41G - 0.11B$$

1.5.3 TV 동기 신호

(1) 수평 동기(H-sync, Horizontal sync) 신호

- 수평 동기(H-sync, Horizontal sync) 신호는 TV의 송수신기 간에 TV 신호 각각의 비디오 라인(주사선)의 시작을 알려주기 위한 신호로 각 수평주사선의 수평귀선 소거 기간 내에 삽입한다.

■ 수평동기 주파수=주사선수×초당 프레임 수(화상 수)=525×30=15,750[Hz]
컬러 TV의 수평동기 주파수는 컬러 버스트 신호(3.579545[MHz])를 2/455로 분주하여 사용하므로 15,734.2657[Hz]가 된다.

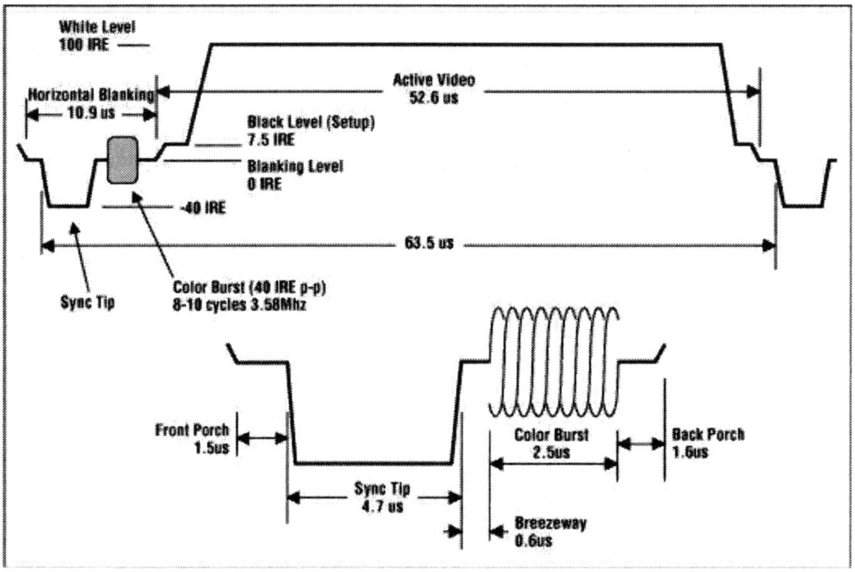

그림 1-50. Composite TV 신호의 수평동기 및 색 동기 신호 규격

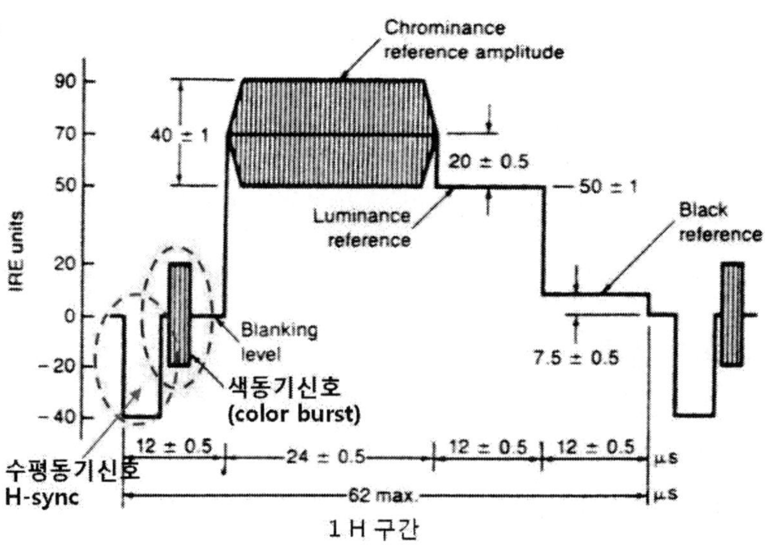

그림 1-51. Composite TV 신호의 수평동기 및 색 동기 신호

(2) 수직 동기 신호(V-syn, Vertical sync)신호

- 수직 동기 펄스(V-sync, Vertical sync. pulse) : TV의 비월주사에 의해 이루어지는 프레임(frame) 내의 2개의 필드 사이에 삽입하는 일련의 펄스 신호로, 추적(trace, 작화) 후 재 추적(retrace)을 반복적으로 수행한 후, 다음 필드 스캔을 준비하기 위한 수직 귀선 소거 기간(VBI, Vertical Blanking Interval) 중에 삽입된다. 0.5H 간격으로 3H 기간 6개의 펄스가 지속되며 톱니펄스(Serration Pulse)라고도 한다.
- 등화 펄스(Equalizing pulse) : 비월 주사를 일성하게 하기 위해 수직 동기신호 전후에 배치된 펄스로 1H 간격으로 3H 기간 지속되며 수직 동기 펄스의 위상을 반대로 한 펄스 형태이다. 텔레비전 수상기의 수직 동기를 안정시키는 역할을 한다.
- 수평 동기 펄스(Horizontal sync. pulse) : 수직 귀선 소거 기간 중, 수평 동기의 연속성 유지를 위해 수직 동기 펄스 다음의 등화 펄스 이후의 11H 기간 동안 1H 간격으로 삽입되는 펄스이다. 이 11H 기간(주사선 번호 10~20, 273~283)동안에는 실제 비디오 신호가 없는 블랭킹 기간이므로 여기에 문자방송, 데이터 방송 등의 정보가 삽입될 수 있다.

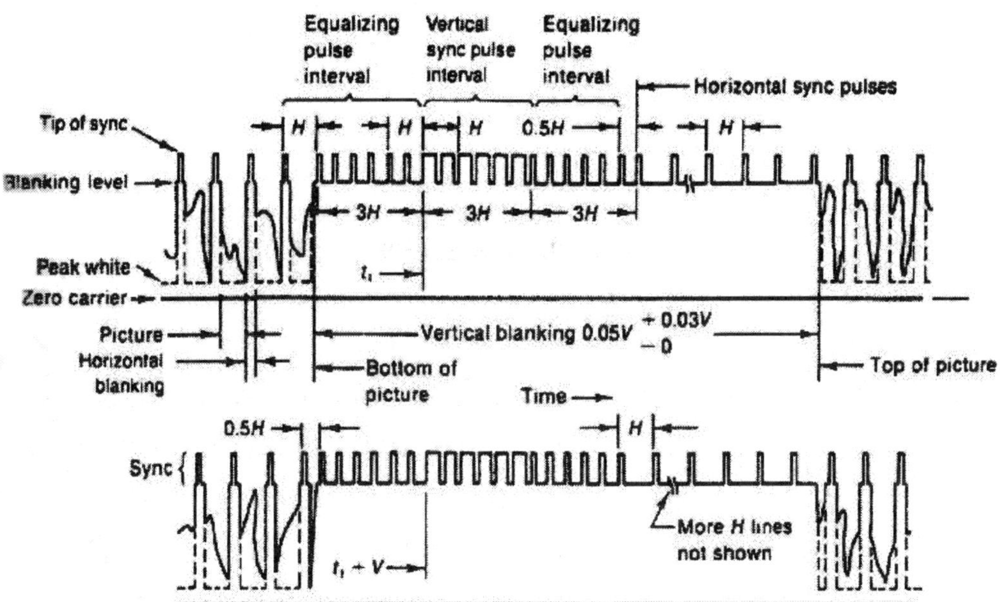

그림 1-52. TV 수직 블랭킹 기간의 동기신호

(3) 색 동기 신호(color burst)

색 동기 신호(color burst)는 컬러 TV에서 원래의 색을 재현하기 위해서 송신측에서 수상기에 전송해주는 기준 신호이다. 컬러 TV는 컬러 정보를 3.58[MHz] 색 부반송파(color subcarrier)의 위상에 실어 보내므로 수신측에서는 색 신호 복조 시 위상을 판단할 기준이 되는 정확한 주파수와 위상을 가진 동기 신호가 필요하게 되는데 이 신호가 바로 색 동기 신호로 3.579545[MHz]±10Hz의 정현파이다. 색 동기 신호는 다음 그림에 나타낸 것처럼 3.58[MHz]의 정현파 8~12 사이클을 각각의 필드(odd field 및 even field)의 시작 부분(주사선 번호 10~20 및 273~283)의 11H 동안 각 수평 귀선 (소거) 기간의 백 포치(back porch) 구간에 삽입한다.

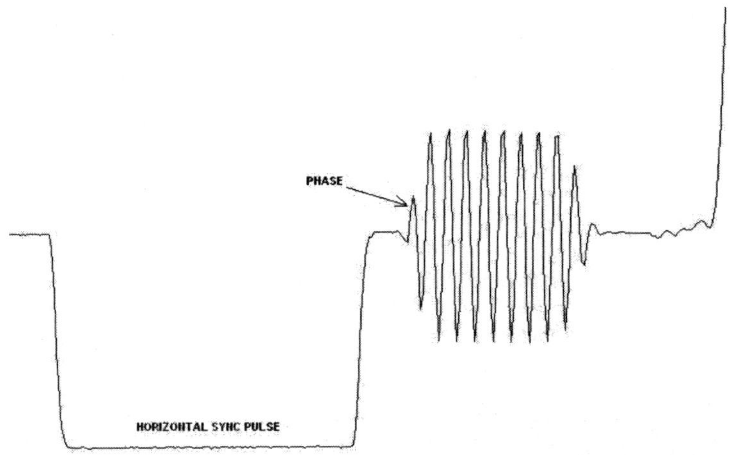

그림 1-53. 컬러버스트 신호

(4) 수평 귀선(소거) 기간(HBI, Horizontal Blanking Interval)

수평 귀선 소거 기간(HBI, Horizontal Blanking Interval)은 TV 화면상으로 좌측에서 우측까지 하나의 줄을 주사하는 시간을 말하며 수평주사 주파수인 15,734.2657[Hz]로 나타난다. 시간 폭으로는 63.5[μs]로 규정하고 있으며 그중에서 수평 귀선 소거 기간(Horizontal Blanking Interval)에 11.11[μs]가 사용되고, 나머지 52.39[μs]를 비디오 정보가 차지한다.

다음 그림에서와 같이 수평 귀선 소거 기간 내에는 많은 신호들이 포함되어 있으며 그 각각에 대한 명칭 및 기능은 다음과 같다.

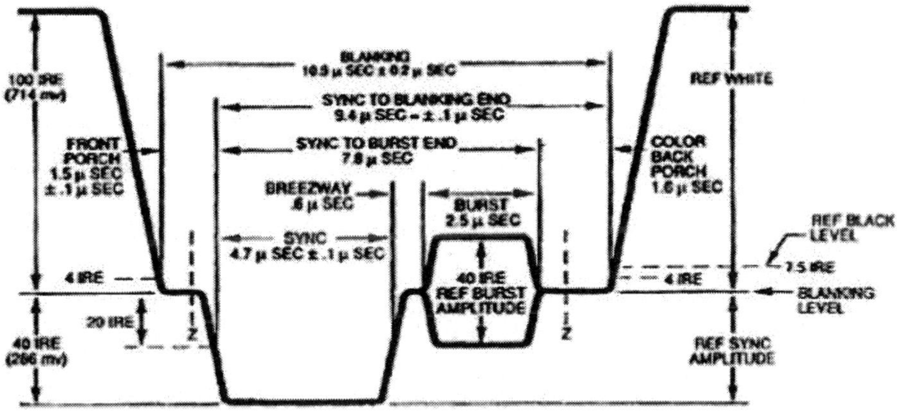

그림 1-54. 수평 귀선 기간의 신호 구성

■ 프론트 포치(front porch)

수평 주사선이 끝나는 부분에서 비디오 신호에 의한 과도현상(transient)이나 오버슈트(overshoot)등이 동기신호 펄스에 영향을 미치지 않게 하기 위한 부분으로 수신기나 각종 영상증폭기에서 수평동기가 너무 빨리 트리거(trigger) 되는 것을 막아준다.

■ 동기신호 상승부(leading edge)

송신이나 전송장비에서 클램핑(clamping) 회로에 사용되거나, 수신기와 모니터 내의 수평 소인 발진기를 동기 시키는데 사용한다.

■ 동기신호의 정상부(sync. tip)

측정용 모니터나 영상 측정 장치에서의 DC 복원 기준점으로 사용한다.

■ 동기신호 하강부(trailing edge)

영상신호를 증폭하는 회로에서 신호의 기준점을 잡기 위한 클램핑 회로를 동작시키기 위한 부분이다.

■ 백 포치(back porch)

수평 귀선기간이 끝나는 부분으로 다음 비디오 정보가 나타나기 시작하는 바로 앞 지점까지를 말한다. 이 부분 동안 우측으로 이동했던 주사 빔이 좌측으로 이동하는 시간에 수상기 화면상에 줄무늬가 나타나지 않도록 흑 레벨을 유지하며 완전하게 귀선이 끝날 수 있게 한다. 사실상 이 부분에서 클램핑 회로는 기준점을 설정하기 때문에 이 부분의 레벨 변동이 심할 경우 부적절하게 클램프 되어 화질이 떨어지게 된다. 또한 컬러 버스트 신호도 이곳에 삽입된다.

(5) 수직 귀선(소거) 기간(VBI, Vertical Blanking Interval)

수직 귀선 소거 기간(VBI, Vertical Blanking Interval)은 비월 주사하는 영상신호의 필드 사이에 영상 정보가 없는 기간, 즉 홀수 필드(odd field)와 짝수 필드(even field) 사이 잠시 동안에 주사선이 처음 라인 위치로 돌아가는데 필요한 시간을 말한다.

비월 주사방식을 채용하고 있는 영상신호에서 순수한 수직 동기신호는 9H의 기간 중 주사선 3개의 시간 폭인 3H이며, 앞과 뒤쪽으로 각각 3H씩은 수상기 등에서 수직 귀선 기간 중 수평동기가 흐트러지는 것을 방지하며, 수직 동기 시작점을 정확하게 설정할 수 있도록 첨가되는 등화펄스가 삽입되어 있다. 수직 동기 신호는 수평동기 주파수를 2/525로 분주하여 사용하고 있다.

수직 동기 신호 후단의 등화펄스는 홀짝의 서로 다른 두 개의 수평주사 조건하에서도 수평 스위프(sweep) 발진이 안정된 동작을 하도록 해준다.

등화펄스(Equalizing Pulses)가 끝나고 나타나는 11H의 수평 동기 신호 기간에는 영상신호 정보가 포함되지 않고 있어 여기에 각종 시험용 신호 및 음성다중용 제어 신호, GCR 등을 삽입하여 데이터 방송 등, 다양한 부가 서비스를 시행하고 있다. 이때 여기에 삽입되어 이용되고 있는 신호들을 총괄하여 VITS(Vertical Interval Test Signal)이라 한다. 다음 그림은 수직 동기 펄스 구간을 포함한 수직 귀선 기간을 확대하여 신호의 구성을 자세히 보인 것이다.

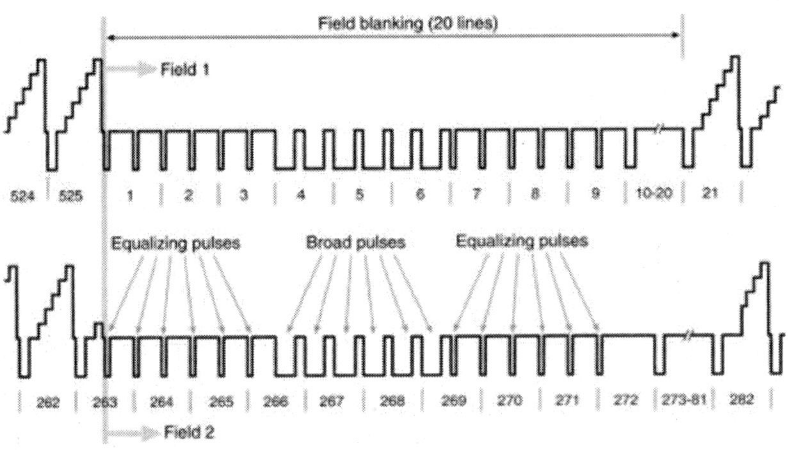

그림 1-55. 수직 귀선 소거 기간의 신호 구성

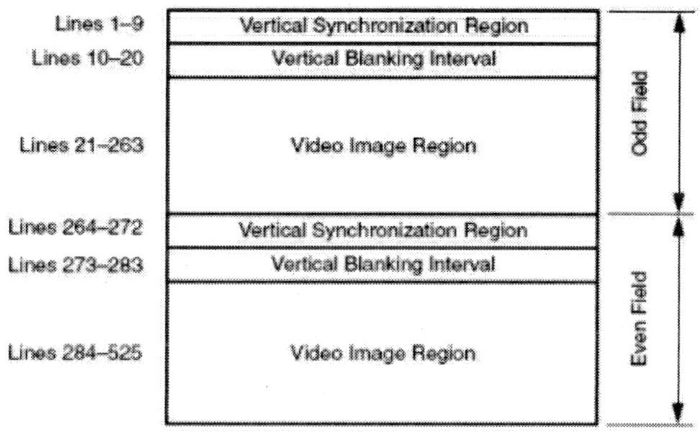

그림 1-56. NTSC 프레임(frame) 영역별 구성

(6) 전체 필드 신호(full field signal)

다음은 컬러 방송용 영상신호를 구성하는 전 신호에 대한 수직 동기 신호의 구성을 나타낸 그림이다. 프레임 1과 프레임 2의 총 4개의 필드로 구성된 경우, VBI 기간 동안의 수직 동기 신호의 형태를 보여주고 있다.

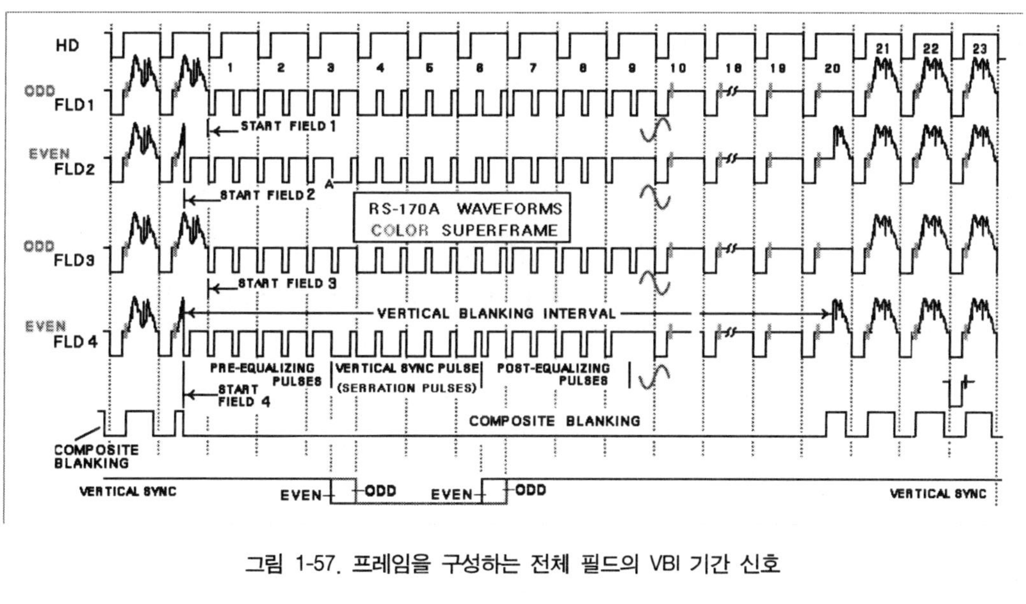

그림 1-57. 프레임을 구성하는 전체 필드의 VBI 기간 신호

1.5.4 NTSC TV 방식의 부반송파 주파수와 동기 신호 주파수

(1) 전제 조건

흑백 TV와의 호환성 유지

(2) 컬러 신호 스펙트럼을 휘도신호 스펙트럼의 골 사이에 삽입하는 주파수 보간(frequency interleaving) 방식 사용 한다.(아래 그림 참조)

(3) 컬러 부반송파 주파수 선정 조건

- $f_{SC} = (\text{기수}/2) \times f_H$: 휘도신호 스펙트럼 골 사이에 컬러신호 스펙트럼이 위치하도록 함.
- $(f_A - f_{SC}) = (\text{기수}/2) \times f_H$: 음성 반송파와의 비트 주파수가 휘도신호 스펙트럼 골 사 이에 위치하도록 함.

상기 첫 번째 조건을 만족하는 가장 적당한 기수는 455이나 이때 수평 동기 주파수를 15.750[kHz]로 하여 색부반송파 주파수를 구하면 f_{SC}= 15.750[kHz] × (455/2) = 3.583125 [MHz]가 되어 두 번째 조건을 만족하는 값을 구할 수 없으므로 두 번째 조건을 만족하도록 수평 동기 주파수와 가장 가까운 값을 선정한 결과, f_H = 15.734.26573[kHz]로 정하게 되었다.

이때 색 부반송파 주파수는 f_{SC}= 15.734.26573[Hz] × (455/2) = 3.579,545,455[Hz]가 되어 NTSC 방식에선, f_{SC}= 3.579545[MHz]로 채택하고, 이 부반송파 주파수로부터 수평동기 주파수는 f_H = 15.734264[kHz], 수직 동기 주파수는 f_v = 15.734264[kHz] × (2/525) = 59.94[Hz]로 규정하였다.

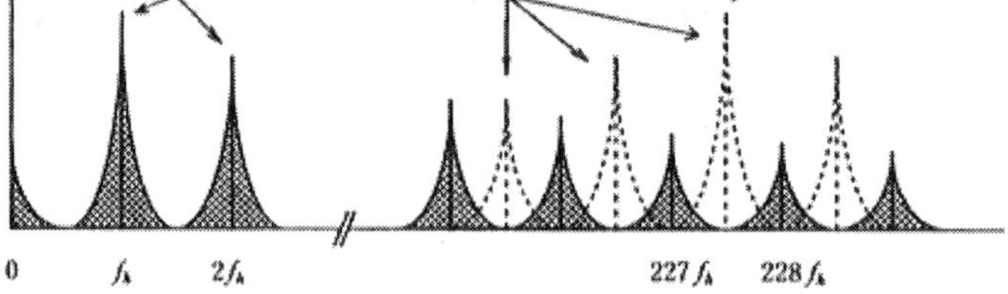

그림 1-58. NTSC TV 신호 스펙트럼

1.6 TV 신호 전송 방식

1.6.1 TV 신호의 전송

(1) 영상신호 : 진폭변조(AM), 음성신호 : 주파수 변조(FM)

(2) 전송 방식 : 잔류측파대 방식(Vstigial Side Band)

영상신호는 직류부터 약 4[MHz] 대역까지의 신호를 전송해야하므로 SSB로는 구현하기 어렵다. 따라서 그림 1-60에서와 같이 하측파대를 1.25[MHz]까지 남겨 둔 VSB 방식을 사용한다. VSB 방식은 아래 그림과 같이 TV 신호 스펙트럼을 영상 반송파를 기준으로 상측파대의 손실 부분과 하측대파의 구득 부분이 상보 대칭형이 되도록 잘라서 전송하는 것으로 SSB와 DSB를 절충한 방식이다.

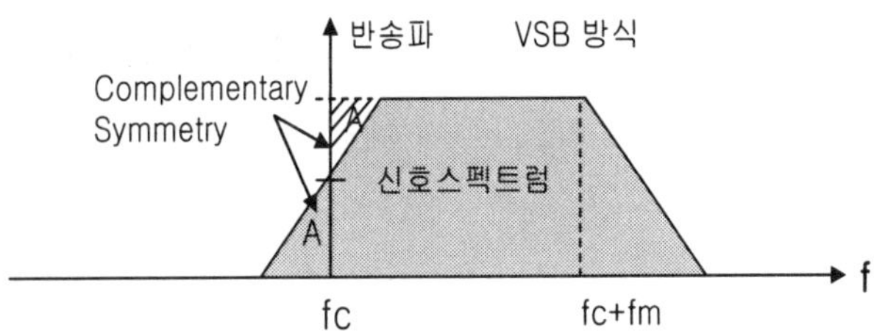

그림 1-59. NTSC TV신호 변조방식

(3) TV 신호의 반송파 주파수와 대역폭

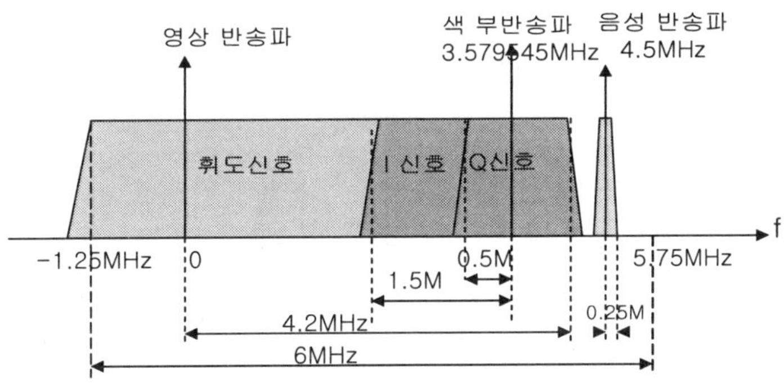

그림 1-60. NTSC TV신호 반송파 주파수 및 대역폭

■ 1개 TV 채널 주파수 대역폭 = 6[MHz]

■ 영상신호 대역폭 = 4.2[MHz]

■ 색 부반송파(Color Subcarrier) 주파수 = 3.579545[MHz]

■ 음성 반송파 주파수 = 4.5[MHz]

(4) NTSC 방식에서는 기존의 흑백 TV와의 호환성을 유지하기 위해 빛의 삼원색인 R, G, B 신호를 전송 하지 않고 휘도(Y) 신호와 색차신호 B-Y, R-Y를 전송한다. 이때 인간의 눈의 특성에 맞추기 위해 B-Y, R-Y 신호를 33도 위상 천이한 I 신호와 Q 신호를 전송한다. I 및 Q 신호는 다음과 같이 얻어진다.

■ I = 0.74(R-Y) − 0.27(B-Y)

■ Q = 0.48(R-Y) + 0.4(B-Y)

(5) I 신호는 시안 계열이며 시각에 민감하므로 1.5[MHz] 대역, Q 신호는 시각에 둔감한 황록 계열이므로 고주파 부분을 없애고 0.5[MHz] 대역폭만을 사용한다.

I 신호는 음성 반송파 신호(f_v + 4.5[MHz])에 대한 방해를 고려하여 한쪽 측파대만을 전송한다.

(6) I 신호와 Q 신호는 90도 위상차가 있으며 컬러버스트 신호와 B-Y 신호는 180도 위상차가 난다. 컬러버스트 신호와 컬러 부반송파에 의한 색 신호와의 위상관계가 정확하지 않으면 수상기에서 올바른 색이 재현되지 않는다.

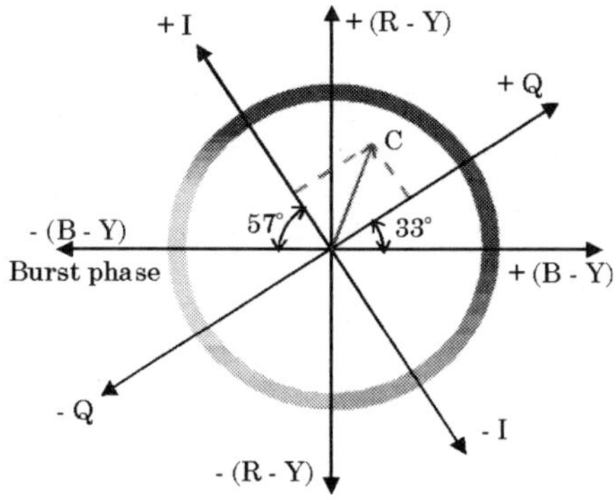

그림 1-61. NTSC TV 색차신호(I 신호, Q신호)의 위상

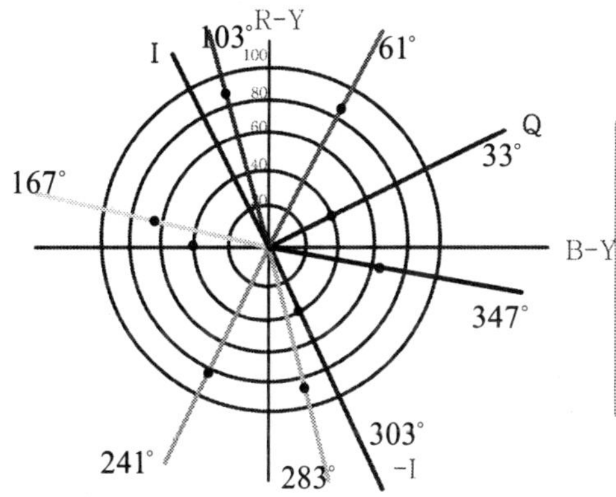

예)	진폭	위상각
yellow	62[IRE]	167°
Cyan	88[IRE]	283°
burst	40[IRE]	180°
+Q	40[IRE]	33°
-I	40[IRE]	303°

그림 1-62. 컬러 TV 신호 위상

1.7 국내 TV 방송 채널 주파수 할당

TV 방송 주파수 대역은 대부분의 무선 통신과 방송에서 사용되고 있는 VHF 대역과 UHF대역을 사용하고 있다. 국내에서는 VHF 중, 88[MHz]~108[MHz]를 FM 라디오 방송 주파수로 사용하고 있으므로 이 대역을 피하여 사용하고 있다.

1.7.1 종합유선방송국 채널 및 주파수 대역

종합유선방송(CATV)에서는 주파수 대역으로 상향과 하향 채널을 구분하고 있으며 낮은 주파수 대역이 상향채널, 높은 주파수 대역이 하향채널로 할당되어있다. 2012년 이후에 상향대역이 5[MHz]~42[MHz] 대역에서 5[MHz]~65[MHz]까지 확장 가능하게 되었고 하향 대역도 기존 750[MHz]까지에서 870[MHz] 대역을 거쳐 1002[MHz]까지로 확장되었다.

구분	채널번호	주파수대역	용 도
상향주1)		5.75MHz~41.75MHz	데이터서비스 대역
상향주2)		5.75MHz~65MHz	데이터서비스 대역
하향주1)	2	54MHz~60MHz	종합유선방송대역 및 데이터서비스대역
	3	60MHz~66MHz	
	4	66MHz~72MHz	
	5	76MHz~82MHz	
	6	82MHz~88MHz	
하향	95	90MHz~96MHz	음악방송대역 (88MHz~108MHz) 또는 종합유선방송 대역 및 데이터서비스대역
	96	96MHz~102MHz	
	97	102MHz~108MHz	
	14	120MHz~126MHz	종합유선 방송대역 및 데이터서비스 대역
	15	126MHz~132MHz	
	16	132MHz~138MHz	
	17	138MHz~144MHz	
	18	144MHz~150MHz	
	19	150MHz~156MHz	
	20	156MHz~162MHz	
	21	162MHz~168MHz	
	22	168MHz~174MHz	
	7	174MHz~180MHz	
	8	180MHz~186MHz	
	9	186MHz~192MHz	
	10	192MHz~198MHz	
	11	198MHz~204MHz	
	12	204MHz~210MHz	
	13	210MHz~216MHz	
	23	216MHz~222MHz	
	24	222MHz~228MHz	
	25	228MHz~234MHz	
	26	234MHz~240MHz	
	27	240MHz~246MHz	
	28	246MHz~252MHz	
	29	252MHz~258MHz	
	30	258MHz~264MHz	
	31	264MHz~270MHz	
	32	270MHz~276MHz	
	33	276MHz~282MHz	
	34	282MHz~288MHz	
	35	288MHz~294MHz	
	36	294MHz~300MHz	
	37	300MHz~306MHz	
	38	306MHz~312MHz	
	39	312MHz~318MHz	
	40	318MHz~324MHz	
	41	324MHz~330MHz	

구분	채널번호	주파수대역	용 도
하향	42	330MHz~336MHz	종합유선 방송대역 및 데이터서비스 대역
	43	336MHz~342MHz	
	44	342MHz~348MHz	
	45	348MHz~354MHz	
	46	354MHz~360MHz	
	47	360MHz~366MHz	
	48	366MHz~372MHz	
	49	372MHz~378MHz	
	50	378MHz~384MHz	
	51	384MHz~390MHz	
	52	390MHz~396MHz	
	53	396MHz~402MHz	
	54	402MHz~408MHz	
	55	408MHz~414MHz	
	56	414MHz~420MHz	
	57	420MHz~426MHz	
	58	426MHz~432MHz	
	59	432MHz~438MHz	
	60	438MHz~444MHz	
	61	444MHz~450MHz	
	62	450MHz~456MHz	
	63	456MHz~462MHz	
	64	462MHz~468MHz	
	65	468MHz~474MHz	
	66	474MHz~480MHz	
	67	480MHz~486MHz	
	68	486MHz~492MHz	
	69	492MHz~498MHz	
	70	498MHz~504MHz	
	71	504MHz~510MHz	
	72	510MHz~516MHz	
	73	516MHz~522MHz	
	74	522MHz~528MHz	
	75	528MHz~534MHz	
	76	534MHz~540MHz	
	77	540MHz~546MHz	
	78	546MHz~552MHz	
	79	552MHz~558MHz	디지털유선 방송 대역 및 데이터서비스 대역
	80	558MHz~564MHz	
	81	564MHz~570MHz	
	82	570MHz~576MHz	
	83	576MHz~582MHz	
	84	582MHz~588MHz	
	85	588MHz~594MHz	
	86	594MHz~600MHz	
	87	600MHz~606MHz	
	88	606MHz~612MHz	
	89	612MHz~618MHz	
	90	618MHz~624MHz	

구분	채널번호	주파수대역	용 도
하향	91	624MHz~630MHz	디지털유선 방송 대역 및 데이터서비스대역
	92	630MHz~636MHz	
	93	636MHz~642MHz	
	94	642MHz~648MHz	
	100	648MHz~654MHz	
	101	654MHz~660MHz	
	102	660MHz~666MHz	
	103	666MHz~672MHz	
	104	672MHz~678MHz	
	105	678MHz~684MHz	
	106	684MHz~690MHz	
	107	690MHz~696MHz	
	108	696MHz~702MHz	
	109	702MHz~708MHz	
	110	708MHz~714MHz	
	111	714MHz~720MHz	
	112	720MHz~726MHz	
	113	726MHz~732MHz	
	114	732MHz~738MHz	
	115	738MHz~744MHz	
	116	744MHz~750MHz	
	117	750MHz~756MHz	디지털유선 방송대역 또는 전송선로설비를 설치한 사업자의 운영대역 및 데이터서비스대역
	118	756MHz~762MHz	
	119	762MHz~768MHz	
	120	768MHz~774MHz	
	121	774MHz~780MHz	
	122	780MHz~786MHz	
하향	150	948MHz~954MHz	디지털유선방송대역 또는 전송선로설비를 설치한 사업자의 운영대역 및 데이터서비스대역
	151	954MHz~960MHz	
	152	960MHz~966MHz	
	153	966MHz~972MHz	
	154	972MHz~978MHz	

구분	채널번호	주파수대역	용 도
하향	123	786MHz~792MHz	디지털유선 방송대역 또는 전송선로설비를 설치한 사업자의 운영대역 및 데이터서비스대역
	124	792MHz~798MHz	
	125	798MHz~804MHz	
	126	804MHz~810MHz	
	127	810MHz~816MHz	
	128	816MHz~822MHz	
	129	822MHz~828MHz	
	130	828MHz~834MHz	
	131	834MHz~840MHz	
	132	840MHz~846MHz	
	133	846MHz~852MHz	
	134	852MHz~858MHz	
	135	858MHz~864MHz	
	136	864MHz~870MHz	
	137	870MHz~876MHz	
	138	876MHz~882MHz	
	139	882MHz~888MHz	
	140	888MHz~894MHz	
	141	894MHz~900MHz	
	142	900MHz~906MHz	
	143	906MHz~912MHz	
	144	912MHz~918MHz	
	145	918MHz~924MHz	
	146	924MHz~930MHz	
	147	930MHz~936MHz	
	148	936MHz~942MHz	
	149	942MHz~948MHz	
하향	155	978MHz~984MHz	디지털유선방송대역 또는 전송선로설비를 설치한 사업자의 운영대역 및 데이터서비스대역
	156	984MHz~990MHz	
	157	990MHz~996MHz	
	158	996MHz~1,002MHz	

〈비고〉 1. 상향대역 중 7.0MHz~7.1MHz. 10.1MHz~10.15MHz, 14.0MHz~14.35MHz, 18.068MHz~18.168MHz, 21MHz~21.45MHz, 24.89MHz~24.99MHz, 28.0MHz~29.7MHz와 하향대역중 채널 10, 채널 18, 채널 21, 채널 59, 채널 60은 아마추어대역 등이고, 채널 124~채널 128은 이동전화서비스대역이므로 사용 시 주의가 요구됨.

2. 상향대역을 5.75MHz~65MHz까지 사용하고자 하는 경우 방송법 제15조 및 동법 시행령 제15조에 따라 변경허가를 받을 것.

3. 종합유선방송 대역내의 데이터서비스 대역은 채널당 주파수대역폭 6MHz 규정을 적용하지 아니할 수 있다.

주 1) 상향대역을 5.75MHz~41.75MHz까지 사용하고자 하는 경우 2~6번 채널을 하향대역으로 사용할 수 있음.

주 2) 상향대역을 5.75MHz~65MHz까지 사용하고자 하는 경우 2~6번 채널을 하향대역으로 사용할 수 없음.

1.7.2 지상파 TV 방송 채널 및 주파수 대역

지상파 TV에서 사용하고 있는 VHF 대역 중, 54[MHz]~88[MHz] 대역을 VHF - Low Band 라고 하고, 174[MHz]~216[MHz] 대역을 VHF - High Band 라고 한다.

VHF - Low Band에는 1채널 당 6[MHz]씩, ch 2~ch 6까지 5개 채널(단, 72[MHz]~76[MHz]까지 4[MHz]는 제외), HF - High Band에는 1채널 당 6[MHz]씩, ch 7~ch 13까지 7개 채널이 할당되어 있으며 UHF 대역은 470[MHz]~752[MHz]까지 1채널 당 6[MHz]씩, 47개 채널이 할당되어있다. 따라서 지상파는 ch2~ch60까지 총 59개 채널이 할당되어 있다. 그리고 752[MHz]~806[MHz]까지 ch61~ch69의 9개 채널은 정부의 디지털 전환 정책에 따라 D-TV 임시 대역으로 할당되어 있다.

채널 번호	주파수대 [MHz]	할 당 주파수	기준주파수[MHz]		채널 번호	주파수대 [MHz]	할 당 주파수	기준주파수[MHz]	
			영 상	음 성				영 상	음 성
2	54-60	57	55.25	59.75	32	578-584	581	579.25	583.75
3	60-66	63	61.25	65.75	33	584-590	587	585.25	589.75
4	66-72	69	67.25	71.75	34	590-596	593	591.25	595.75
5	76-82	79	77.25	81.75	35	596-602	599	597.25	601.75
6	82-88	85	83.25	87.75	36	602-608	605	603.25	607.75
7	174-180	177	175.25	179.75	37	608-614	611	609.25	613.75
8	180-186	183	181.25	185.75	38	614-620	617	615.25	619.75
9	186-192	189	187.25	191.75	39	620-626	623	621.25	625.75
10	192-198	195	193.25	197.75	40	626-632	629	627.25	631.75
11	198-204	201	199.25	203.75	41	632-638	635	633.25	637.75
12	204-210	207	205.25	209.75	42	638-644	641	639.25	643.75
13	210-216	213	211.25	215.75	43	644-650	647	645.25	649.75
14	470-476	473	471.25	475.75	44	650-656	653	651.25	655.75
15	476-482	479	477.25	481.75	45	656-662	659	657.25	661.75
16	482-488	485	483.25	487.75	46	662-668	665	663.25	667.75
17	488-494	491	489.25	493.75	47	668-674	671	669.25	673.75
18	494-500	497	495.25	499.75	48	674-680	677	675.25	679.75
19	500-506	503	501.25	505.75	49	680-686	683	681.25	685.75
20	506-512	509	507.25	511.75	50	686-692	689	687.25	691.75
21	512-518	515	513.25	517.75	51	692-698	695	693.25	697.75
22	518-524	521	519.25	523.75	52	698-704	701	699.25	703.75
23	524-530	527	525.25	529.75	53	704-710	707	705.25	709.75

24	530-536	533	531.25	535.75	54	710-716	713	711.25	715.75
25	536-542	539	537.25	541.75	55	716-722	719	717.25	721.75
26	542-548	545	543.25	547.75	56	722-728	725	723.25	727.75
27	548-554	551	549.25	553.75	57	728-734	731	729.25	733.75
28	554-560	557	555.25	559.75	58	734-740	737	735.25	739.75
29	560-566	563	561.25	565.75	59	740-746	743	741.25	745.75
30	566-572	569	567.25	571.75	60	746-752	749	747.25	751.75
31	572-578	575	573.25	577.75	61~69	752~806	D-TV 임시 대역		

1.7.3 FM 방송 채널 및 주파수 대역

채널번호	할당주파수 [MHz]	채널번호	할당주파수 [MHz]	채널번호	할당주파수 [MHz]	채널번호	할당주파수 [MHz]
1	88.1	26	93.1	51	98.1	76	103.1
2	88.3	27	93.3	52	98.3	77	103.3
3	88.5	28	93.5	53	98.5	78	103.5
4	88.7	29	93.7	54	98.7	79	103.7
5	88.9	30	93.9	55	98.9	80	103.9
6	89.1	31	94.1	56	99.1	81	104.1
7	89.3	32	94.3	57	99.3	82	104.3
8	89.5	33	94.5	58	99.5	83	104.5
9	89.7	34	94.7	59	99.7	84	104.7
10	89.9	35	94.9	60	99.9	85	104.9
11	90.1	36	95.1	61	100.1	86	105.1
12	90.3	37	95.3	62	100.3	87	105.3
13	90.5	38	95.5	63	100.5	88	105.5
14	90.7	39	95.7	64	100.7	89	105.7
15	90.9	40	95.9	65	100.9	90	105.9
16	91.1	41	96.1	66	101.1	91	106.1
17	91.3	42	96.3	67	101.3	92	106.3
18	91.5	43	96.5	68	101.5	93	106.5
19	91.7	44	96.7	69	101.7	94	106.7
20	91.9	45	96.9	70	101.9	95	106.9
21	92.1	46	97.1	71	102.1	96	107.1
22	92.3	47	97.3	72	102.3	97	107.3
23	92.5	48	97.5	73	102.5	98	107.5
24	92.7	49	97.7	74	102.7	99	107.7
25	92.9	50	97.9	75	102.9	100	107.9

1.8 디지털 TV 개요

1.8.1 디지털 TV란?

디지털 TV는 비디오, 오디오 및 데이터 등, 모든 것이 디지털 신호로 변환, 처리된 방송 신호를 수신할 수 있는 수신기로서 가전, 컴퓨터 및 반도체 정보통신 기술의 융합체이며, 향 후 인터넷과 결합하여 스마트 홈 네트워크의 중심 스테이션으로 자리 잡을 수도 있는 차세대 TV이다.

디지털 TV는 해상도에 따라 SDTV(Standard Definition TV)와 HDTV(High Definition TV)로 구분되고, 형태에 따라 셋톱박스가 내장된 일체형 완제품과 분리형 셋톱박스(Set-Top Box)로 나눌 수 있으며 디지털 TV의 방송 매체로는 지상파방송, 위성방송, 케이블 TV방송이 있다.

1.8.2 디지털 TV의 특징

(1) 채널 수 증가

기존 아날로그 채널보다 4~5배 채널 확보 가능(5.1ch AC-3+HDTV 1채널, SDTV 4-5채널, 데이터 서비스)

(2) 고화질/고신뢰도

- 스튜디오 화질과 CD 수준 음질 보장(아날로그 TV보다 최소한 2배 이상 선명하고 밝은 화면)
- 아날로그 신호에 비해 잡음에 강하고 송신전력이 적게 든다.
- 상호 간섭이 적다(영상, 색, 음성 등의 반송파가 없다).
- 변조방식으로 OFDM을 채택하면 잔상(ghost) 방해에 강하다.

(3) 매체 변환/저장 용이

- 녹화 재생 시 화질, 음질 열화가 없다.
- 오류정정 기술을 사용할 수 있고 전송, 복제, 저장에 따른 열화가 적다.
- 매체 간 변환, 저장이 용이.
- 컨텐츠 검색, 가공, 편집이 쉽다.
- 디지털 방식의 영상, 음향기기와 데이터 호환 가능(DVD, DCAM, DICA, VCR 등)

(4) 다양한 부가 서비스(다기능화)

- 주문형 비디오(VOD : Video On Demand), EPG, T-Commerce, Banking, Game, 데이터 방송, 인터넷, 멀티미디어 서비스(통신, 방송 및 컴퓨터의 융합 서비스) 등, 다양한 부가서비스 가능.
- CAS(Conditional Access System) 도입 용이 : 특정한 수신자나 지역에만 정보를 제공할 수 있는 한정 수신과 스크램블(Scramble)을 이용한 유료방송이 가능하고 수신대상에 따라 서비스를 차별화 할 수 있다.

(5) 임계(threshold) 현상

비트오율(BER, Bit Error Rate)이 임계치를 넘으면 아예 보이지 않게 된다(일종의 단점). 이러한 열화를 개선하기 위해서 pilot, 동기정보(segment, field sync)를 삽입하여 채널 잡음 및 간섭에 대한 면역성을 증대시키고 심벌 타이밍(symbol timing)을 정확하게 복원할 수 있도록 하고 있다.

(6) 지연(delay) 현상

신호처리시간(signal processing time)이 길고 MPEG 등, 복잡한 압축 알고리즘이 사용되어 복호화에 시간이 걸리므로 채널을 전환하는데 걸리는 재핑 시간(zapping time)이 아날로그 방식보다 길다.

(7) 기타

부단복제에 따른 저작권 침해문제와 방송국 및 전송설비에 적지 않은 비용이 소요됨.

Book Cafe

■ 재핑 시간(zapping time)

채널을 변경하는데 걸리는 시간을 말한다. 시청자가 원하는 프로그램을 선택하기 위해 방송되고 각 채널을 한 번씩 선택해보는 과정을 채널 재핑(channel zapping) 또는 채널 서핑(channel surfing)이라한다. 시청자는 채널 재핑 시간이 긴 것을 싫어하는 특성이 있다.

디지털 CATV의 경우 채널 전환 방식은 크게 EPG를 통해 프로그램을 선택하여 전환하는 방법, 직접 채널 번호를 입력하는 방법(DAC, Direct Channel Access), 채널 업/다운 방법이 있다.

1.8.3 디지털 TV와 아날로그 TV의 비교

디지털 TV와 아날로그 TV의 특징을 비교하면 아래 표와 같고 전송방식을 비교하면 다음 그림과 같다.

표 1-2. 디지털 TV와 아날로그 TV의 비교

구 분	아날로그	디지털	
		SDTV	HDTV
채널(6[MHz])	1채널	4-5채널	1채널
음성다중	2채널	5.1채널	5.1채널
외부잡음	약함	강함	강함
송신전력	높음	낮음	낮음
부가서비스	가능(단수)	가능(다양)	가능(다양)
화면 비	4 : 3	4 : 3/16 : 9	16 : 9
주사선수	525(저화질)	480×704, 480×640	1080×1920, 720×1280
양방향성	단방향	양방향	양방향
변조방식	아날로그 VSB	디지털(8-VSB) OFDM(DMB)	디지털(8-VSB)
성능변수	C/N	BER(Bit Error Rate)	
기타(특징)	Snow noise현상	Threshold 현상	
Delay	짧다	상대적으로 길다	

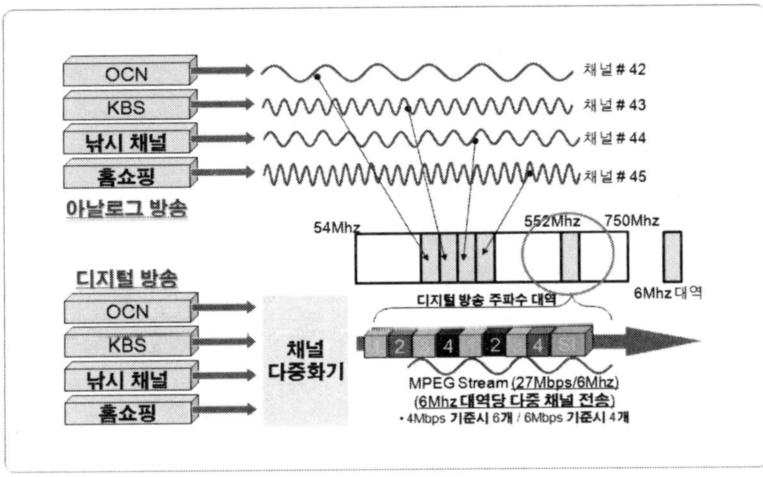

그림 1-64. 아날로그 TV와 디지털 TV의 전송 방법 비교

1.8.4 디지털 TV의 표준

디지털 TV 세계 표준(Standard)의 규격과 특징을 비교하면 아래 표와 같다.

표 1-3. 디지털 TV 표준별 규격 비교

구 분		미국방식 (ATSC)	유럽방식 (DVB-T)	일본방식 (ISDB-T)
비디오 신호 압축 방식		MPEG-2	MPEG-2	MPEG-2
오디오 신호 압축 방식		Dolby AC-3	MPEG-2	MPEG-2
다중화 방식		MPEG-2	MPEG-2	MPEG-2
채널 전송 방식	채널 부호화	블록부호+트렐리스 부호	블록부호+길쌈부호	블록부호+길쌈부호
	변조 방식	VSB	OFDM	BST-OFDM
채널 대역폭		6[MHz]	7.8[MHz]	6[MHz]
적용 서비스		SDTV/HDTV	SDTV	SDTV/HDTV

1.9 TV의 발전 전망

1.9.1 TV 방송의 발전

TV 방송은 1950년대 흑백TV 방송이 시작된 이래 컬러TV 방송을 거쳐 지금의 디지털 HDTV에 이르기까지 꾸준히 발전해왔다. 1990년대 말에 서비스가 시작된 디지털 HDTV는 기존의 아날로그 방송에 비해 약 6배의 영상 해상도(200만 화소)를 가지며, CD 품질의 5.1ch 오디오를 제공할 수 있어, 이전과는 비교할 수 없는 선명한 영상과 음질을 즐기게 되었다. 방송 주파수 활용의 측면에서도 디지털 기술은 많은 이점을 제공한다. 즉, 기존에 한 채널의 방송만을 보내던 주파수 대역을 통해 우리나라와 같이 고품질 HDTV 방송을 보내거나, 유럽과 같이 기존 아날로그 방송의 해상도를 갖는 방송 3~4개 채널을 보낼 수가 있다. 선진국들은 이미 아날로그 방송을 종료하고 완전한 디지털 방송으로의 전환이 진행되었으며 우리나라는 2012년 12월 31일 지상파 아날로그 방송을 중단하고 디지털 전환 작업을 계속 진행하고 있다.

표 1-4. 디지털 TV의 세계 표준(standard)

방식명칭	ATSC(Advanced TV System Committee)	DVB-T(Digital Video Broadcasting-Terrestrial)	ISDB-T(Integrated Service Digital Broadcasting-Terrestrial)
개발국	한국, 미국	유럽	일본
전송방식	8-VSB 영상 : MPEG-2 음향 : Dolby AC-3	COFDM 영상 : MPEG-2 음향 : MPEG-2	BST-OFDM 영상 : MPEG-2 음향 : MPEG-2
반송파	단일	다수	다수
방송품질	HDTV/SDTV	SDTV	HDTV/SDTV
이동수신	불가능	가능	가능
고스트 영향	약함	강함	강함
단일 채널망	불가능	가능	가능
TV+R 방송	불가능	불가능	가능
수상기 구조	다소 간편	다소 복잡	다소 복잡
선택한 국가	미국, 캐나다, 대만, 한국	유럽연합	일본

디지털 방송 기술의 발전은 영상과 오디오의 품질 향상뿐만 아니라, 다양한 방송통신 융합 서비스도 가능하게 하고 있다. 방송 프로그램의 편성 내용을 한눈에 보고 예약 등을 할 수 있는 EPG(Electronic Program Guide), 드라마의 줄거리 등 프로그램과 관련된 각종 정보를 부가적으로 받아볼 수 있는 데이터 방송, 시청자가 직접 퀴즈, 투표 등에 참여할 수 있는 대화형 방송 등이 서비스되고 있으며, 인터넷에 연결된 TV는 다양한 정보를 검색하고 YouTube와 같이 새로운 UCC(User Created Content) 콘텐츠도 손쉽게 볼 수 있는 기능을 제공하고 있다. 2010년부터 3DTV와 Smart TV가 화두가 되고 있으며, 애플이나 구글 등이 중심이 되어 IT 기술을 TV에 접목함으로써 보는 "TV"에서 "사용하는" TV로의 변화를 유도하고 방송과 웹 콘텐츠를 중심으로 새로운 생태계를 형성하고자 하고 있다. 이는 방송사를 통해서만 콘텐츠가 제공되던 기존의 방송 패러다임이 변화하여 다양한 사람이 콘텐츠를 제공하고, 서로 소통하며 공유하는 참여와 개방의 방송통신 융합 환경으로의 발전을 의미한다. 또한 2012년부터는 초고화질 TV(UHDTV)가 부상하기 시작하여 현재까지 TV 시장의 대세로 지리 매김해가고 있다.

TV 방송 발전 중 또 하나 획기적인 것은 "모바일 TV 방송"의 보급이다. 2005년 우리나라가 세계 최초로 지상파 DMB 방송기술을 개발하고 서비스를 시작한 것이 전 세계적으로 모바일 TV 방송 기술개발 경쟁 및 서비스 확산을 촉진한 계기가 되었으며, 이후 일본의 ISDB One-Seg, 유럽의 DVB-H, 미국의 ATSC-MH 시스템 등이 개발되었다. 모바일 TV는 고정된 장소가 아닌 어느 곳에서나, 그리고 고속으로 이동 중에도 선명한 화질의 방송을 즐길 수 있다는 점뿐만 아니라, 교통 정보의 제공, 천재지변 등 재난 상황에서의 안내 방송을 포함하는 다양한 부가 서비스 제공이 가능하여 스마트 폰의 보급과 함께 우리 생활에 필수 불가결한 서비스로 자리잡아가고 있다.

1.9.2 실감방송으로의 진화

향후 방송기술은 아래 그림에서와 같이 실감형 방송으로 발전할 것으로 예상되고 있다. 첫 째는 영화로부터 비롯된 3D 입체영상을 TV를 통해 시청할 수 있는 3DTV 방송이다. 3D 입체영상은 기존의 평면(2D) 영상과 달리 거리감과 공간감을 제공하여 마치 현장에 있는 것과 같은 현실감을 느끼게 해주며 기존과는 완전히 다른 시청 경험을 제공하게 된다. 3DTV 방송을 위해서는 스테레오 카메라를 통해 우리 좌우 눈에 해당하는 두 개의 영상을 동시에 획득하여 보내고, TV에서는 안경을 통해 이 두 개의 영상을 분리하여 두 눈이 각각 보게 함으로써 입체를 느끼게 된다. 가장 손쉽게 이를 실현하는 방법은 좌우 영상의 크기를 절반으로 줄이고 서로 붙여서 기존의 TV영상과 동일한 형대로 만들어 보내는 것이다. 이러한 방식은 화질이 열화되고 기존의 TV를 갖고 있는 시청자는 정상적인 시청을 할 수 없는 단점이 있으나 기존 방송시스템을 변경하지 않고 방송할 수 있다는 점 때문에 지금까지 여러 시범 서비스 또는 실험방송에서 사용된 바 있다. 현재 국내에서는 기존의 TV 방송 6[MHz] 1채널 대역에 HD급 좌우 스테레오 영상을 전송할 수 있는 3DTV 방송 규격을 표준화하여 지상파 시험방송을 한 바 있으나, 아직은 양질의 3D 컨텐츠의 부족과 높은 제작비용으로 인해 본격적인 서비스가 이루어지지 않고 있다.

둘째는 초고화질 TV(UHDTV : Ultra-High Definition TV)이다. UHDTV 방송은 HDTV보다도 4~16배가 늘어난 영상 해상도와 22.2ch급의 입체 오디오를 제공하는 기술이다. 대형 화면을 통해 UHDTV를 시청하는 경우 약 100도 정도의 시야각과 극히 섬세하고 사실적인 영상 표현을 통해 몰입감과 현실감을 느끼게 된다. UHDTV의 기본 기술은 Super-High Vision이라는 이름으로 일본의 NHK가 1990년대 중반부터 개발한 바 있으며, 2015년 시험방송 및 2020년 본방송 시작을 목표로 각종 장비를 지속적으로 개발하고 있다. 우리나라에서는 산업체에서 이미 4K(HDTV의 4배 해상도, 3840x2160) UHDTV급 디스플레이를 개발하여 보급하고 있으며, 국책과제를 통해 방송시스템 구현을 위한 영상/오디오 압축 기술 및 광대역 전송기술 등도 개발되어 OLED, LCD를 이용한 UHDTV가 출시되고 있다. 이러한 기술들이 더욱 발전하면 안경이 필요 없는 무안경식 3DTV와 UHDTV를 원하는 대로 시청할 수 있는 실감 방송 시대가 머지않은 장래에 도래할 것으로 기대된다.

향 후 다가올 실감 방송 시대에는 다시점 카메라를 이용한 컨텐츠의 보급과 더불어 진정한 입체 TV가 등장할 수 있으리라 예상되며 모바일 TV 방송도 전송 대역폭의 확대 및 전송기술의 발전과 더불어 HDTV급 고화질 방송과 3D 입체 영상 서비스가 가능해지고, Wi-Fi, Wibro 등의 통신망과의 연결을 통해 양방향 서비스, 개방형 콘텐츠 접속 등의 기능이 강화됨에 따라 진정한 방송통신융합 기기로의 발전이 예상된다.

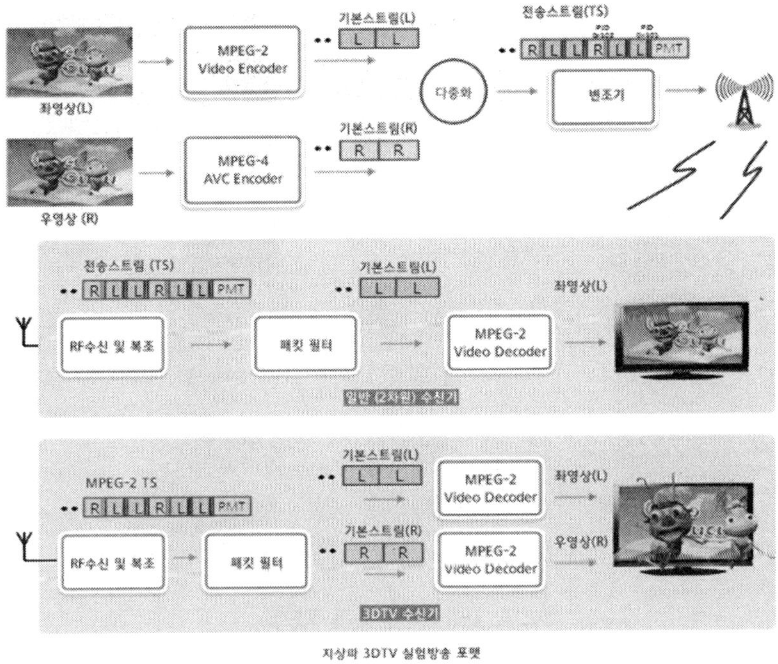

그림 1-65. 국내 3D TV 시험 방송 개념도

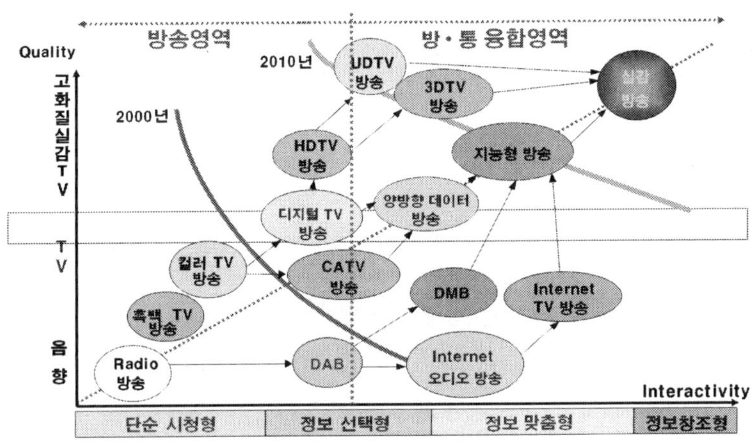

그림 1-66. TV의 발전 전망

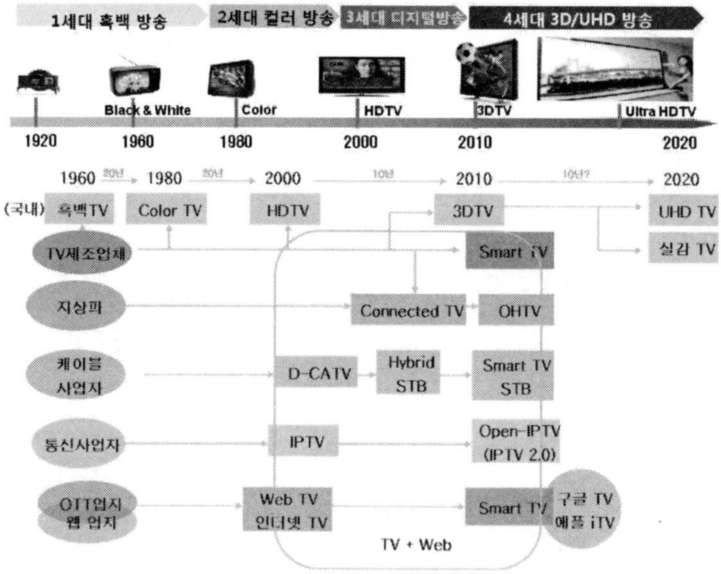

그림 1-67. TV의 발전 로드맵

1.10 컬러 비디오 신호의 종류와 형식

1.10.1 기본 요소

색을 표현하는 데에는 색상의 기본인 빛의 3원색(Red, Green, Blue)만 있으면 모든 색상을 표현할 수 있다. 그리고 디스플레이 장치에 표현하기 위해서는 여기에 동기 신호인 Horizontal Sync와 Vertical Sync가 추가로 필요하다. 쉽게 말해서, R, G, B, Hs, Vs 만 주고 받으면 되는 것이다. 이는 우리가 흔히 보는 PC와 모니터 사이에 사용되는 15pin-Dsub 잭(jack)에 적용이 되어 있다. 그러나 이는 많은 양의 케이블 라인을 필요로 한다. 그리고 방송용으로는 적당하지 못하다. 그래서 다음과 같이 신호를 변형하여 간편하게 보내고자 고안된 여러 신호들이 있다.

- 아날로그 영상 신호 : RGB, CVBS, S-video, YP_bP_r
- 디지털 영상 신호 : ITU-R 601, ITU-R 656

1.10.2 영상 신호의 종류

(1) RGB 비디오 신호

- RGB 비디오 신호는 5가지 신호 성분이 모두 분리된 형태로, 상호 신호간의 간섭이 가장 적은 형태이며 신호를 보내기 위해서 신호라인이 많이 필요하므로 케이블이 복잡해지는 단점이 있다.
- 사용 예 : PC와 모니터 간 케이블 등
- 신호성분(표준 VGA 640 × 480일 경우)

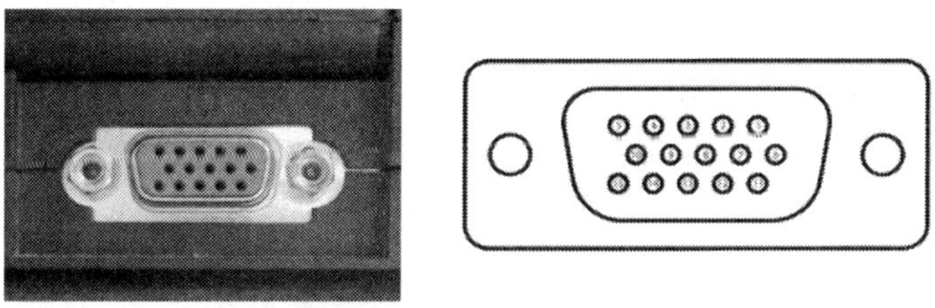

그림 1-68. RGB 비디오(VGA) 커넥터

Pin	Signal	Description
Pin 1	RED	Red video
Pin 2	GREEN	Green video
Pin 3	BLUE	Blue video
Pin 4	N/C	Not connected
Pin 5	GND	Ground (HSync)
Pin 6	RED_RTN	Red return
Pin 7	GREEN_RTN	Green return
Pin 8	BLUE_RTN	Blue return
Pin 9	+5V	+5V (DDC)
Pin 10	GND	Ground (VSync, DDC)
Pin 11	N/C	Not connected
Pin 12	SDA	data
Pin 13	HSync	Horizontal sync
Pin 14	VSync	Vertical sync
Pin 15	SCL	I^{2}C clock

그림 1-69. RGB 비디오 커넥터 핀 할당

(2) 컴포지트 비디오 신호(CVBS, Composite Video Blanking Sync)

- 컴포지트 비디오 신호의 화질은 보통이고 가장 간편한 형태이다.
- 영상신호(색차, 휘도, 동기 신호)가 한 개의 신호선에 모두 섞어있는 신호이다.
- 색을 분리하지 않고 합성하여 하나의 선으로 전송하기 때문에 화질이 가장 나쁘다. 노란색은 영상, 흰색은 좌(Left) 오디오, 빨간색은 우(Right) 오디오이다.
  - 수신 단에서는 신호를 여러 신호(R, G, B, Hs, Vs)를 다시 분리해야 하는데, 이때 신호의 손상을 초래할 수 있다(해상도 저하, cross color 발생, dot noise 발생). 신호분리 회로는 “comb filter 회로”라고 부른다.
- 신호성분 : CVBS(R + G + B + Hs + Vs)

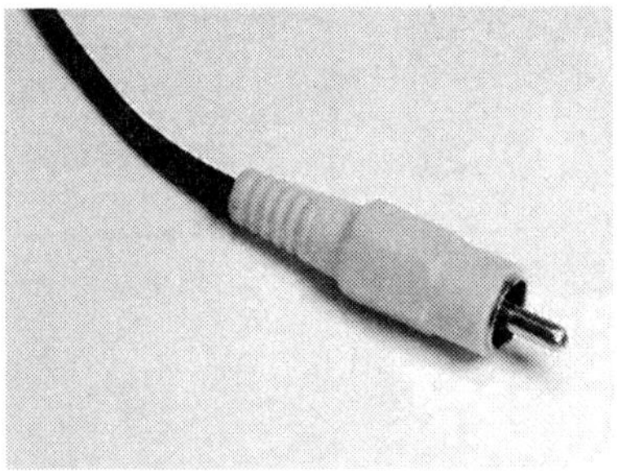

그림 1-70. 컴포지트 비디오 잭(jack)

(3) S-비디오 신호(S-video, Super video)

S-비디오 신호는 컴포지트 비디오 신호보다는 꽤 좋은 화질을 보여주지만 컴포넌트 비디오(component video)에 비해서는 약간 떨어진다.

CVBS에서 휘도 신호(Y, Luminance)와 채도 신호(C, Chroma)를 각각의 선으로 보내는 형태를 말한다.

S-video는 흔히 슈퍼 비디오라고 불리지만 원리상 정확한 용어는 Separate-video 이다. 그 이유는 비디오 신호를 하나의 케이블에 실어 보내는 컴포지트 신호와 달리 휘도 신호(Y)와 채도 신호(C)로 분리해서 전달하기 때문이다.

- 사용 예 : S-VHS 케이블(무비카메라, 비디오)
- 신호 성분 :
  - $Y = 0.299R + 0.587G + 0.114B$
  - $C = I + Q$

Book Cafe

■ **RGB 앞에 붙는 계수의 의미**

동일한 RGB에 대해서 우리 눈이 느끼는 밝기의 차이는 다르다. 따라서 계수의 값은 눈에 대한 밝기 민감도의 비율이며 또한 이들 값의 합은 1로 설정한다.

■ 특징 : CVBS에서 휘도 신호(Y, Luminance)과 컬러 신호(C, Chroma)를 분리해서 보내는 형태를 말한다. 이는, 휘도신호와 컬러신호를 분리해 내는데 해상도의 저하를 초래하므로, 해상도의 저하를 줄이고자 사용된다.

■ 사용 예 : S-VHS 케이블(무비카메라, 비디오)

■ 신호성분

- $Y = 0.299R + 0.587G + 0.114B + (H + V)$
- $C = burst + I + Q$

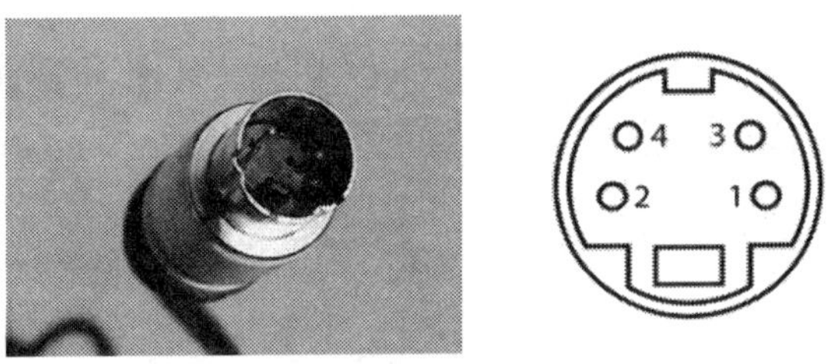

그림 1-71. S-Video 커넥터

표 1-5. S-Video 커넥터 핀 할당

Pin1	GND	Ground(Y)
Pin2	GND	Ground(C)
Pin3	Y	Intensity(Luminance)
Pin4	C	Color(Chrominance)

(4) 컴포넌트 비디오 신호 YP_bP_r : Analog component

컴포넌트 비디오 신호는 신호를 가장 왜곡이 적은 색차 신호로 보내므로 화질이 상당히 좋다.

사람의 눈은 휘도 신호에는 민감하지만 컬러 신호에는 둔감하다는 사실에 착안하여 만들어진 방식으로 RGB 신호를 하나의 휘도 신호와 두개의 색차 신호로 변형한다. 컴포넌트 비디오 출력 단자에는 YUV, color difference, YP_bP_r, 혹은 Y/B-Y/R-Y라 쓰여 있고 녹색/청색/적색의 색상으로 표시되어 있다.

- 사용 예 : DVDP, Set-Top-Box, 디지털관련 제품
- 신호 성분 :
  - $Y = 0.3R + 0.59G + 0.11B(+H+V)$; 동기신호 포함
  - $P_b = B - Y = B - (0.3R + 0.59G + 0.11B) = -0.3R - 0.59G + 0.89B$
  - $P_r = R - Y = R - (0.3R + 0.59G + 0.11B) = 0.7R - 0.59G - 0.11B$

(5) 컴포넌트 비디오 신호 YC_bC_b : Digital component

- 색차 신호의 디지털적인 표현이다.
  - $C_b = P_b + 350[\mathrm{mV}]$ (000H(0[mV])~3FFH(700[mV]) 값 중 040H)
  - $C_r = P_r + 350[\mathrm{mV}]$
- YP_bP_r은 아날로그적인 신호이고, YC_bC_r은 디지털적인 표현이다.
- ITU-R 601 format(Digital Studio Standards)
  - 13.5[MHz]의 sampling rate
  - NTSC(525 line, 60[Hz])
  - Coding : 8[bit] PCM
- ITU-R 656 format(Digital Signal Interface)
  - 4 : 2 : 2 포맷으로 상호기기간의 인터페이스용
  - 27[Mbps]의 전송속도로 전송($C_b0, Y0, C_r0, Y1, C_b1, Y2, C_r2$, 순서로 전달)
  - Timing 신호 포함(EAV, SAV)

그림 1-72. YP_bP_r 잭(jack)

(6) 디지털 비디오(Digital video) 신호

디지털 비디오(Digital video)신호는 화질이 가장 좋다. 최근의 플레이어는 대부분 HDMI(DVI)나 1394 출력 단을 가지고 있다. 이들은 DVD로부터 출력되는 디지털 신호를 그대로 출력한다. 플레이어의 출력 단으로부터 HDMI(High Definition Multimedia Interface)나 1394 케이블을 디지털 TV나 다른 디지털 A/V 시스템의 HDMI나 1394 입력 단에 연결하면 된다. 그 케이블은 디지털 오디오 신호도 함께 전달한다.

(a) HDMI 커넥터

(b) 1394 커넥터

그림 1-73. 디지털 비디오 커넥터

1.10.3 영상 신호들 간의 관계

영상 신호를 도식화함으로써 상호 간의 관계를 좀 더 쉽게 알아보고자 한다. 영상신호는 왜 이렇게 많은 신호 방식들이 생겨났을까? 그 이유는 압축, 다시 말해서, 영상 정보를 보다 효율적으로 보내기 위함이다.

색차 신호 방식은 사람의 눈은 휘도보다 컬러에 둔감하다는데 착안하여 영상 정보를 휘도와 색차 신호로 분리한 다음 컬러 신호의 정보량을 크게 줄여 버린 방식이다. 또한 YIQ 방식에서 대역폭이 상이한 것은 I축의 색감에 비해 Q축의 색감이 둔감하다는 것을 이용한 것이다. YC_bC_r인 경우는 영상 비율이 4 : 2 : 2 혹은 4 : 1 : 1이고, YIQ인 경우는 대역폭이 4.25[MHz] : 1.5[MHz] : 0.5[MHz]이다.

(1) Y + C인 경우는 I와 Q를 서로 직교하는 축에 따루 따로 실음으로써 하나의 전송 선로를 공유할 수 있게 했다. CVBS 또한 Y와 C를 중첩시켜 나온 결과이다.

(2) 색상 신호를 RGB 컬러 공간(Color Space) 상의 R, G, B의 색상 요소로 분해할 수 있는데, 우리는 눈에 보이는 대로 인식되는 이른바 "빛의 삼원색"에 너무나 익숙하다. 그런데, YC_bC_r이나 YP_bP_r은 색상 신호가 아니라 휘도(Luminance) Y와 색차 신호 $C_b(P_b)$, $C_r(P_r)$에 기반한 색 표현 방식이다. 인간의 눈이 색상보다 밝기에 더 민감하기 때문에 색차 신호를 이용해서 처리하는 것이 효과적이다.

(3) 신호 표준들을 보면 P_b, P_r은 아날로그 색차 신호를 호칭할 때 사용하는 용어이고 C_b, C_r은 디지털 신호로 부호화했을 때 사용하는 용어이다. 그런데 이를 혼용해서 부르는 경우가 많아졌다.

(4) C_b/C_r과 P_b/P_r의 차이는 NTSC(480i) 레벨의 신호 단자를 [Y/C_b/C_r]로 표시하고, NTSC(480i) 레벨 이상의 영상 포맷(HDTV 720p, 1080i)을 사용할 수 있는 단자를[$Y/P_b/P_r$]로 표시한다.

(5) 컴포넌트 비디오의 휘도(Y)와 색차 신호(R-Y, B-Y)를 디지털화하는데 사용되는 표본화 주파수의 비율. 4 : 2 : 2라는 용어는 Y가 4번 표본화될 때 R-Y와 B-Y는 2번 표본화되는 것을 의미하는데, 이는 4 : 1 : 1에 비하여 휘도에 대한 색 대역폭을 더 많이 할당한 것이다. CCIR 601에서 4 : 2 : 2 표본화는 디지털 스튜디오 장비의 표준으로써 4 : 2 : 2와 CCIR 601이라는 두 용어가 일반적으로 동의어로 사용되지만 기술적으로 정확히 같은 의미는 아니다. Y의 표본화 주파수는 13.5[MHz]이고, R-Y와 B-Y는 각각 6.75[MHz]로써 고품질 크로마키에 적합한 색 대역폭을 제공한다. 4 : 1 : 1은 13.5[MHz] : 3.375[MHz] : 3.375[MHz]이다.

Book Cafe

■ Conversion of Color Space(Model)

RGB ↔ YIQ(북미 향)	RGB ↔ YUV(유럽 향)	RGB ↔ YCbCr
Y=0.299R+0.587+0.114B	Y=0.3R+0.59G+0.11B	Y=0.299R+0.587G+0.114B
I=0.596R+0.274G+0.322B	U=(B-Y)×0.493	Cb=0.16874R-0.33126G+0.5B
Q=0.211R=0.523+0.312B	V=(R-Y)×0.877	Cr=0.5000R-0.41869G-0.0813B
R=1.000Y+0.956I+0.6721Q	R=1.000Y+0.956U+0.621Q	R=1.000Y+1.40200Cr
G=1000.Y-0.271I+0.647Q	G=1.000Y+0.271I+0.647Q	G=1.000Y-0.34424Cb-0.71414Cr
B=1.000Y- 1.106I-1.703Q	B=1.000Y+1.1061I+1.703Q	B=1.000Y+1.77200Cb

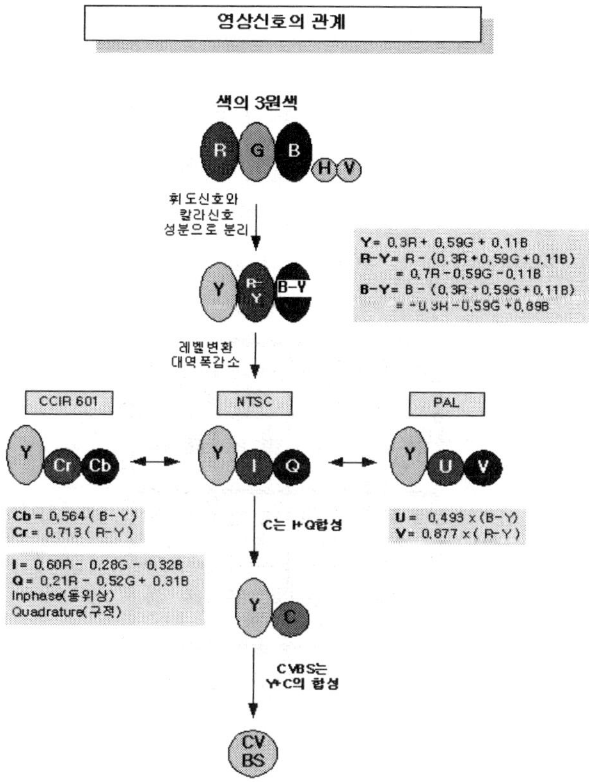

그림 1-74. 영상 신호들 간의 관계

1.10.4 컬러 신호 샘플링 포맷(Chroma format)

(1) 정의

컴포넌트 비디오 신호에 대한 디지털 전송 가능 비율 포맷으로 휘도신호와 색차신호의 전송 대역폭 또는 표본화 주파수 또는 '데이터 량'의 성분비를 말함

(2) 성분 비율의 의미

- 성분비 ⇒ 휘도 신호(Y) : 색차 신호(R-Y) : 색차 신호(B-Y)
- 구성성분 간의 비율의 표현
  - 전송 대역폭 : (예) 4 : 2 : 2 ⇒ 휘도신호 대역폭 4[MHz], 색차신호 대역폭 각 2[MHz]
  - 표본화 주파수 : 전송대역폭 보다는 주로 영상신호의 표본화 주파수로 표현
  - 데이터 량 : YC_bC_r 각 신호 성분에 필요한 데이터 량의 구성 성분 비율

(3) 구분

■ 4 : 4 : 4 방식

- 표본화 주파수 : 휘도(Y) 4배×3.375[MHz], 색차(R-Y, B-Y) 4배×3.375[MHz]
- 표본 당 비트수 : 표본 당 24[bit] (8[bit] 양자화 시)
- 데이터 량 : 화소를 구성하는 신호 성분 비율(YC_bC_r)이 모두 같음(4 : 4 : 4)
- 용도 : 최고의 스튜디오 화질, 무압축 영상, 의료 영화 등

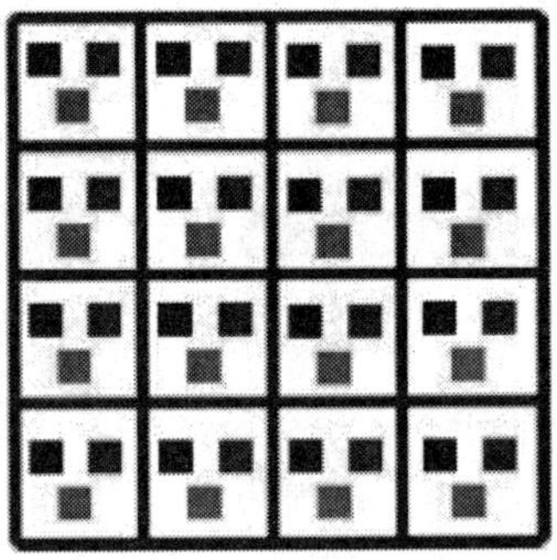

그림 1-75. 4 : 4 : 4 샘플링 방식

■ 4 : 2 : 2 방식

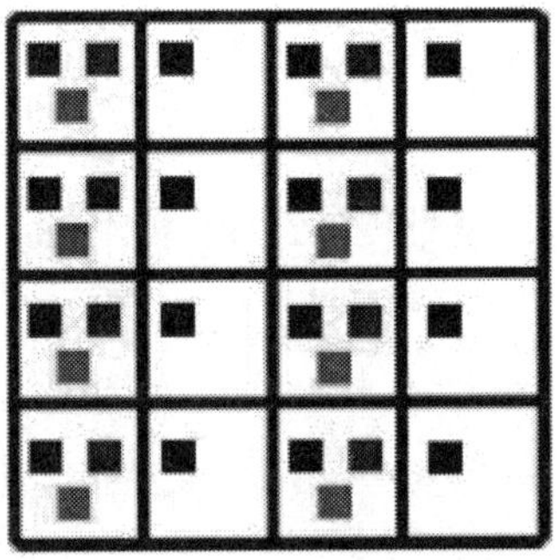

그림 1-76. 4 : 2 : 2 샘플링 방식

- 표본화 주파수
  - SDTV 화질수준 : 휘도(Y) 4배 × 3.375[MHz], 색차(R-Y, B-Y) 3.375[MHz]
  - HDTV 화질수준 : 휘도(Y) 11/2배 × 13.5[MHz], 색차(R-Y, B-Y) 11/6.75[MHz]
- 표본 당 비트수 : 표본 당 16[bit] (8[bit] 양자화 시)
- 데이터 량 : 화소를 구성하는 신호 성분 비율(YC_bC_r)이 색차신호는 1/2(4 : 2 : 2)
- 용도 : 방송국 스튜디오 급(전문가용)

■ 4 : 2 : 0 방식

- 표본화 주파수 : 휘도(Y) 4배 × 3.375[MHz], 색차(R-Y, B-Y) 2배 × 3.375[MHz]
- 표본 당 비트수 : 표본 당 12[bit] (8[bit] 양자화 시)
- MPEG-2 방식의 메인 레벨의 프로파일 포맷으로 채택
- 용도 : 디지털 TV 및 DVD 등에 사용

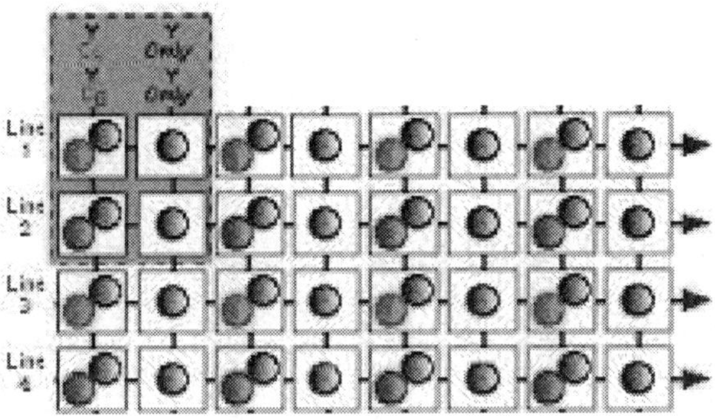

그림 1-77. 4 : 2 : 0 샘플링 방식

■ 4 : 1 : 1 방식

- 표본화 주파수 : 휘도(Y) 4배 × 3.375[MHz], 색차(R-Y, B-Y) 1배 × 3.375[MHz]
- 표본 당 비트수 : 표본 당 12[bit] (8[bit] 양자화 시)
- 색차신호 대역폭(B/W)이 1.5[MHz]를 넘지 않는 상황에 적합.
- 용도 : 가정용 VTR 등, 저 품질

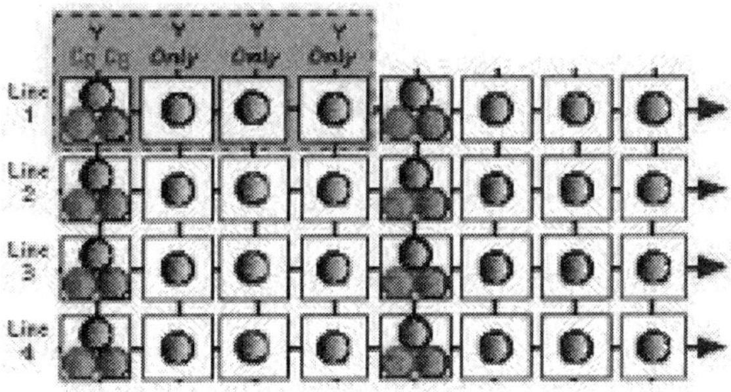

그림 1-78. 4 : 1 : 1 샘플링 방식

연습문제

01. 현재 전 세계적으로 사용되고 있는 아날로그 컬러 TV의 방식이 아닌 것은?

① NTSC ② PAL
③ SECAM ④ ATSC

02. 화면의 어른거림을 없애기 위하여 한 장의 화면을 2개의 필드로 나누어 홀수 번째 주사선과 짝수 번째 주사선을 겹치지 않게 주사하는 방식은?

① 순차 주사 방식 ② 프레임 주사 방식
③ 비월 주사 방식 ④ 필드 주사 방식

03. TV 방송에서 순차주사를 하지 않고 비월 주사를 하는 이유는?

① 화면의 깜박거림을 없애기 위하여 ② 화면의 해상도가 좋아지므로
③ 주사기간이 작아지므로 ④ 주사선의 동요가 적으므로

04. 다음 중 NTSC 방식의 TV 영상의 주사선 수는?

① 625 라인 ② 525 라인
③ 720 라인 ④ 1080 라인

05. 다음 중 HDTV의 종횡비(Aspect Ratio)는?

① 4 : 3 ② 8 : 6
③ 16 : 9 ④ 12 : 9

06. 다음 중 백색잡음에 대한 설명이 아닌 것은?

① 전 주파수 대역에서 일정한 전력 밀도를 가짐
② 시간적으로 랜덤한 가우스 분포를 가짐

③ AWGN(Additive White Gaussian Noise)이라고 함

④ 임펄스 잡음(Impulsive Noise)임

07. 다음 TV 동기 신호에 대한 설명 중 틀린 것은?

① 동기 신호는 수평동기 신호와 수직동기 신호가 있다

② 수평 동기 신호는 각 수평 주사 라인의 수평 귀선 소거 기간 내에 삽입된다.

③ 수평동기 신호 주파수는 15.75[kHz]이다.

④ 수직 동기 신호는 수직 귀선 소거 기간(Vertical Blanking Interval)에 삽입되며 1H 간격 펄스로 3H 기간 동안 지속된다.

08. 다음 TV 신호에 대해 설명한 것 중 틀린 것은?

① 수평 동기 신호는 각 수평 주사 라인 수평 귀선 소기 기간 내에 삽입되며 폭은 4.7usus 이다.

② 수직 귀선 기간은 21H, 수직 동기 신호는 3H 기간 동안이고 앞, 뒤 각각 3H 기간 동안은 등화펄스이다

③ 수평 귀선 소거 기간의 front-porch에 컬러 버스트 신호가 실리며 주파수는 3.759545[MHz]이다.

④ 주사선 번호 10~21(273~284)에는 비디오 신호가 실리지 않으며 문자 방송, 데이터 방송 등의 정보가 삽입될 수 있다.

09. NTSC 방식에서 수평 주사하는 주파수는 얼마인가?

① 3.58[MHz]
② 4.5[MHz]
③ 6[MHz]
④ 15.75[kHz]

10. TV 신호크기는 IRE 단위로 표시한다. 수평동기신호는 몇 IRE 이고 몇 Vpp인가?

① 50IRE, 0.286[Vpp]
② 40IRE, 0.286[Vpp]
③ 40IRE, 0.007[Vpp]
④ 50IRE, 0.1[Vpp]

11. 다음 중 색의 3 속성이 아닌 것은?

① 색상(hue)
② 포화도(saturation)

③ 휘도(luminance)　　④ 색도(Chromaticity)

12. NTSC 방식의 비디오 컴포지트 신호(Video Composite Signal)에 포함되지 않는 성분은?

① 휘도 성분(Y)　　② R-Y 성분

③ G-Y 성분　　④ B-Y 성분

13. TV 색 신호의 위상을 측정하는 장비는?

① Vectorscope　　② Spectrum Analyzer

③ Waveform Monitor　　④ Dual-Oscilloscope

14. 컬러 TV에서 전송하는 신호가 아닌 것은?

① 색차신호　　② 휘도신호

③ 색부반송파　　④ 컬러밸런스 신호

15. 우리나라 CATV 방송신호의 전송방식에서 사용하는 주파수 밴드는?

① MF~HF　　② HF~VHF

③ VHF~UHF　　④ UHF~SHF

16. 국내 지상파 TV 방송의 1개 채널의 대역폭은 얼마인가?

① 6[MHz]　　② 7[MHz]

③ 8[MHz]　　④ 12[MHz]

17. TV 음성 신호 전송 시 pre-emphasis를 하는 이유는?

① 고주파 음성대역의 S/N비를 향상시키기 위해서

② 스테레오 분리도를 향상시키기 위해서

③ 전력 증폭 효율을 개선하기 위하여

④ 선택도를 개선하기 위하여

18. 아날로그 TV 방송채널 3번은 주파수 대역이 60~66[MHz]이다. 이때 영상반송파 주파수는 얼마인가?

① 60.5[MHz]　　② 61.25[MHz]

③ 64.83[MHz]　　④ 65.75[MHz]

19. 아날로그 컬러 TV의 영상 및 음성 변조 방식으로 맞는 것은?

① 영상은 주파수 변조, 음성은 위상변조

② 영상은 진폭 변조 음성은 주파수변조

③ 영상은 위상변조 음성은 진폭변조

④ 영상 음성 모두 진폭변조

20. 다음 중 아날로그 텔레비진의 영상신호의 송신에 주로 사용되고 있는 변조방식은?

① DBS　　② SSB

③ VSB　　④ QAM

21. 우리나라 지상파 아날로그 TV 방송의 영상신호 변조 방식은?

① 양측파대 AM 방식　　② 억압 반송파 SSB 방식

③ 잔류측대파 SSB방식　　④ 저감 반송파 SSB방식

22. 다음 중 국내 지상파 디지털 TV 전송 방식은?

① NTSC　　② ATSC-8VSB

③ ISDB　　④ DVB-OFDM

23. 비월주사란 어떻게 하는 것이며 어떠한 이점이 있는가?

24. TV 신호에서 프레임(Frame)이란 무엇이며 프레임 주파수는 얼마인가?

25. 국내 TV의 표준에 대해 다음 (　　)안을 기입하라. (3점)

(1) 아날로그 TV : 주사선 (　　)개, (　　)장/초, 화면종횡비 (　　　)

(2) 디지털 TV(HD급) : 주사선 (　　)개, (　　)장/초, 화면종횡비(　　　)

26. 컬러 TV 표준 방식(3가지)에 대해 간단히 비교 설명하라

27. 컬러 TV의 색의 3 속성을 쓰고 간단히 설명하라

28. 다음 색에 대한 보색을 ( )에 적어라

Red(   ), Green(   ), Blue(   )

29. TV의 동기신호에 대해 간단히 설명하라

30. TV의 수직 동기신호가 없을 경우 어떠한 현상이 발생하는가?

31. TV에서 수평 동기신호(H-sync.)와 수직 동기신호(V-Sync.)가 무엇인지 간단히 설명하라.

32. 다음은 NTSC 컬러 TV 신호 스펙트럼이다. ( )을 채워라

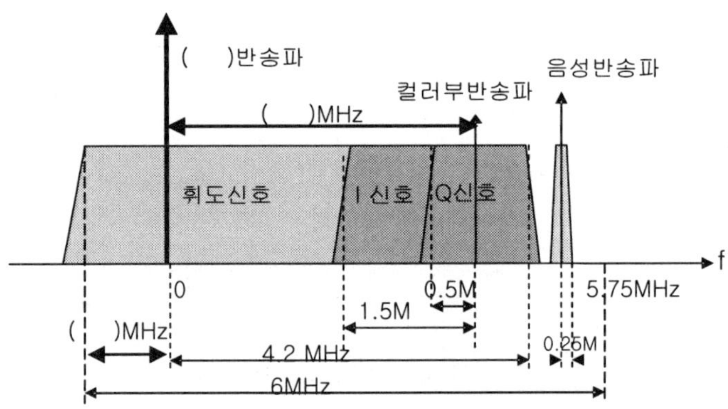

33. 다음을 기술하라

(1) 국내 TV 방송의 주파수 대역

(2) 국내 FM 방송의 주파수 대역과 채널 수

(3) 국내 AM 방송의 주파수 대역과 채널 수

34. 국내 AM 방송 주파수 대역 및 채널수와 FM 방송 주파수 대역 및 채널수를 기술하라

35. 국내 AM 방송의 주파수 대역과 적고 1개 채널이 9[kHz] 일 때 채널 수를 계산하는 식을 적어라

36. 음성 다중방송 2 캐리어 방송에 대한 주파수와 스펙트럼을 그리고 주파수를 적어라

37. 국내 AM 방송과 FM 방송 수신기의 중간주파수는?

38. FM 방식에서 프리엠퍼시스(pre-amphasis)를 하는 이유를 설명하라

39. AM에 대한 FM의 장점을 기술하라

40. 디지털 TV 방송의 특징(장단점)을 설명하라

41. 디지털 TV에 대한 다음 물음에 답하라

(1) 국내 지상파 디지털 TV 표준은?

(2) 디지털 TV(SD급, HD급)의 해상도는?

(3) 디지털 TV의 영상 및 디지털 TV의 오디오 압축 방식은?

(4) 디지털 TV은 HD 급과 SD급의 전송 속도는?

42. ATSC 지상파 D-TV 관련한 다음 규격의 전송 속도를 기술하라

(1) HD-SDI

(2) SMPTE-310

(3) DS-3

(4) ATSC

43. 국내 ATSC 방식에 대해 빈칸을 채우시오

부호화 방식	영상 압축방식	
	음성 압축방식	
채널 대역폭		
전송 용량		
전송 방식		
변조 방식		

44. 국내 D-TV의 영상신호와 음성신호의 압축방식과 전송방식은?

45. 국내 TV방송의 영상과 음성의 변조방식은?

(1) 아날로그 방식

(2) 디지털 방식(HDTV)

46. 원래의 영상, 음성 데이터를 압축하기 위해 행하는 부호화를 (　　　)부호화를 하고 데이터 전송 시에 발생할 수 있는 에러를 검출, 정정하기 위해서 행하는 부호화를 (　　　)부호화 라고 한다.

47. 다음은 아날로그 신호를 디지털 신호로 변환하는 과정이다. 각 블럭을 채워라

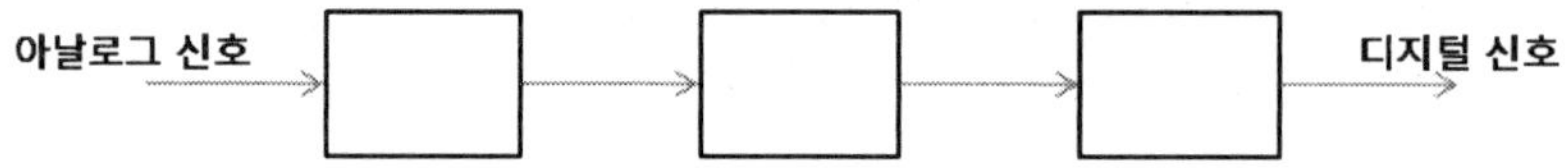

48. 디지털 영상 신호 Y, P_b, P_r을 각각 74.5[MHz], 37.125[MHz], 37.125[MHz]로 샘플링 (4 : 2 : 2)하고 10[bit]로 부호화하여 HDTV 화질로 전송할 때의 필요한 전송속도는?

49. 다음을 간단히 설명하라

(1) 미분위상(DP), 미분이득(DG)

(2) 가색혼합과 감색혼합

(3) 디지털 컴포넌트 영상신호 4 : 2 : 2 신호

50. D-TV에서 4 : 2 : 2 색신호 포맷의 샘플링 주파수는?

51. DTV 방송에서 사용하는 워터 마킹(water marking)에 대해 설명하라

52. 다음과 같은 FCC 73.699에 명시된 컬러 바 Composite TV 신호를 보고 다음 물음에 답하라.

(1) 컬러 버스트 크기?

(2) 휘도(Luminance) 레벨?

(3) white 레벨?

(4) 시안(Cyan) 레벨 ?

(5) 수평동기 신호 크기?

(6) Set-up 레벨?

(7) 1 IRE = ( )mV

53. 다음과 같은 컬러바 Composite TV 신호에서 각 레벨에 따른 색상을 기재하라

54. 벡터스코프의 X축은 ( )를 나타내고 Y축은 ( )을 나타낸다.

55. NTSC 방식 TV의 Y 신호 및 색차 신호의 관계식을 적어라

56. NTSC 컬러 TV의 색차 신호인 I 신호와 Q 신호의 대역폭은?

57. MPEG2의 데이터 구조를 최하위부터 최상위순으로 나열하시오

58. MPEG의 5가지 종류와 적용분야를 기술하라

59. 음의 3요소를 간단히 설명하라

60. 다음을 간단히 설명하라

(1) UHDTV

(2) Smart-TV

(3) OHTV

(4) DMB

61. 다음의 컬러 영상신호 방식에 대해 설명하라

(1) Component 방식

(2) Composite 방식

(3) S-Video 방식

(4) YP_bP_r 방식

(5) YC_bC_r 방식

(6) YUV 방식

연습문제 정답

23. 홀수, 짝수로 1라인씩 건너뛰어서 스캔함. 깜빡임 현상, 즉 플리커링(flickering)현상을 줄임

24. 프레임 : 1 장의 화면, 프레임 주파수 : 30[Hz]

25. (1) 525, 30, 4 : 3
    (2) 1080, 30, 16 : 9

26. NTSC(National Television System Committee) 북미 방식
    PAL(Phase Alternation by Line) 독일 방식
    SECAM(Sequential Couleur a Memoire) 프랑스 방식

방식 / 특성	NTSC	PAL	SECAM
주사선 수H	525	625	625
수평동기주파수[kHz]	15.734	15.625	15.625
수직 동기 주파수[Hz]	59.94	50	50
초당 프레임 수	29.97	25	25
비월주사 비	2 : 1	2 : 1	2 : 1
화면 Aspect Ratio	4 : 3	4 : 3	4 : 3
영상신호 변조방식	AM(-)	AM(-)	AM(+)
음성신호 변조방식	FM(± 25[kHz])	FM(± 50[kHz])	AM(60[%])
영상신호 대역폭[MHz]	4.2	5	6
음성신호 대역폭[kHz]	4.5	5.5	6.5
채널 대역폭[MHz]	6	7	8
색 부반송파 주파수[MHz]	3.579545	4.433618	4.40625, 4.25
채택한 나라	미국, 일본, 한국	독일, 서유럽, 중국	프랑스, 동유럽
표준 규격	FCC	CCIR	CCIR

27. 휘도(luminance) : 명도, 밝고 어두운 정도를 나타냄
    색상(Hue) : 적, 녹, 청과 같은 색의 종류를 나타냄
    채도(saturation) : 색의 진하고 옅은 정도, 색의 포화도, 색의 농도를 나타냄

28. Red(Cyan), Green(Magenta), Blue(Yellow)

29. 수평동기 신호(H-sync), 수직동기 신호(V-sync), 색 동기신호(Color Burst)

30. 화면이 위 아래로 이동한다.

31. • 수평동기신호(Horizontal Sync, Hsync) : 각 수평주사 라인의 시점을 맞추기 위해 수평귀선 소거 기간 내에 삽입하는 신호

수평동기 주파수 = 주사선수 × 초당 프레임 수(화상 수) = 525 × 30 = 15,750[Hz]

• 수직동기신호(Vertical Sync, Vsync) : 프레임의 각각의 필드 시점을 맞추기 위해 각 필드마다의 수직 귀선 소거 기간 중에 삽입하는 신호 0.5H 간격 펄스로 3H 기간 지속하며 톱니펄스(Serration Pulse)라고도 한다.

32. 영상, 3.58[MHz]

33. (1) VHF L : 54[MHz]~88[MHz](5개 채널), H : 174[MHz]~216[MHz](7개 채널),
UHF : 470[MHz]~752[MHz](47개 채널)
(2) 88[MHz]~108[MHz]의 20[MHz], 200[kHz] 간격이므로 100채널
(3) 526.5[kHz]~1606.5[kHz]의 1080[kHz], 9[kHz] 간격이므로 120채널

34. FM 방송 주파수 대역 및 채널수 : 88[MHz]~108[MHz], 200[kHz], 100개 채널

35. 526.5[kHz]~1606.5[kHz], 9[kHz]간격,

$$\text{채널 수} = \frac{1606.5\,[\text{kHz}] - 526.59\,[\text{kHz}]}{9\,[\text{kHz}]} = \frac{1080}{9} = 120(\text{채널})$$

36. 제1음성(주) 반송파 4.5[MHz], 제2음성(부) 반송파 4.72[MHz]

37. AM : 455[kHz], FM : 10.7[MHz]

38. FM 변조의 특성상 고역 신호의 경우, 주어진 전송 대역 내에서 스펙트럼 전력이 작아지므로 이를 보상하기 위해 고역 신호를 미리 크게 하여 전송함으로써 고역 부분의 S/N 비를 개선하기 위함

39. 장점 : S/N비가 좋고 충실도가 높다.
감도, 선택도가 우수하다.
수신기에 진폭제한기가 있어 진폭잡음, 레벨변동에 강하다.
페이딩의 영향과 혼신 방해가 적다.
C급 전력 증폭기 사용하므로 송신기 전력 효율이 우수하다.
※ 단점 : 소요 주파수 대역폭이 넓다. 송수신기 회로 구성이 복잡하다.

40. 장점 : 다채널(채널수 증가), 고화질, 고신뢰, 다양한 쌍방향 부가 서비스, 매체변환 용이.

단점 : 문턱(Thershold) 현상, 시간 지연

41. (1) 8-VSB
   (2) SD : 480 × 704(DVD급), 480 × 640(525 × 800, NTSC급),
   HD : 720 × 1280(750 × 1650), 1080 × 1920(1125 × 2200)
   {유효주사선 수(총 주사선 수)}
   (3) 영상 : MPEG2, 오디오 : Dolby AC-3
   (4) HD : 19.39[Mbps], SD : 4~5[Mbps]
   ※ ATSC(Advanced Television System Committee)는 차세대(Advanced) TV시스템의 기술 규격을 만들기 위해 설립된 국제기구 또는 이 기구(위원회)에서 제정된 기술규격을 말한다. 1996년 12월 24일 미국 연방통신위원회(FCC)는 ATSC 디지털TV 규격(A/53)의 주요 사항들을 미국의 차세대 TV방송 규격으로 채택했다. 이 규격의 핵심요소는 비디오 및 오디오의 압축, 전송 등에 관한 것으로 영상신호는 MPEG2로 음향 및 음성신호는 AC-3로 압축하고 이러한 신호를 실어 보내는 전송기술로는 8-VSB(Vestigial Side Band)기술을 사용한다.

42. (1) HD-SDII = 약 1.5[Gbps]
   (2) SMPTE-310 = 19.39[Mbps]
   (3) DS-3 = 45[Mbps]
   (4) ATSC = 19.39[Mbps]

43.

부호화 방식	영상 압축방식	MPEG2
	음성 압축방식	돌비 AC-3
채널 대역폭		6[MHz]
전송 용량		19.39[Mbps]
전송 방식		8-VSB
변조 방식		8-VSB

44. 압축방식 : 영상신호-MPEG 2, 음성 신호-돌비 AC-3
   전송방식 : 영상신호-FM, 음성 신호-PCM

45. (1) 아날로그 방식 : 영상-AM, 음성-FM
   (2) 디지털 방식(HDTV) : 영상-FM, 음성-PCM

46. 원천, 채널

47. 표본화, 양자화, 부호화

48. 1.485[Gbps]

49. (1) 미분위상(DP, Differential Phase), 미분이득(DG, Differential Gain)

- DP : TV에서 휘도 신호 Y의 크기에 따른 색신호의 색상 변화의 정도를 나타내는 변수. 아래 그림은 컬러버스트의 미분위상을 나타낸 것이다.

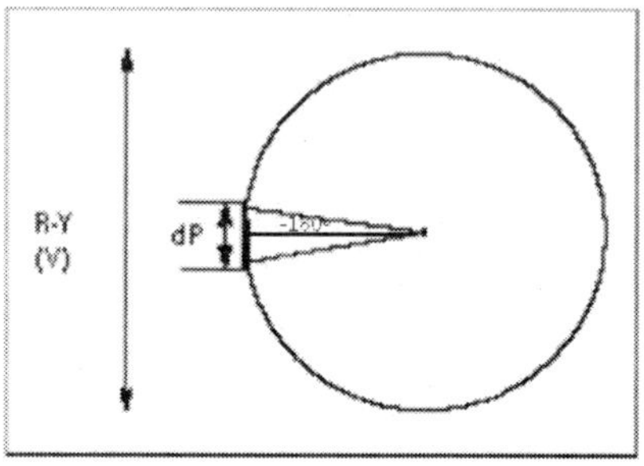

- DG : TV에서 휘도 신호 Y의 크기에 따른 색신호의 채도(포화도)의 변화 정도를 나타내는 변수.

  아래 그림에서 휘도 신호 Y에 실린 3.58[MHz] 컬러부 반송파, 즉 색차 신호의 최대 크기를 a라 하고 최소크기를 b라 하면 미분이득은 다음과 같다.

$$DG = \frac{a-b}{a}$$

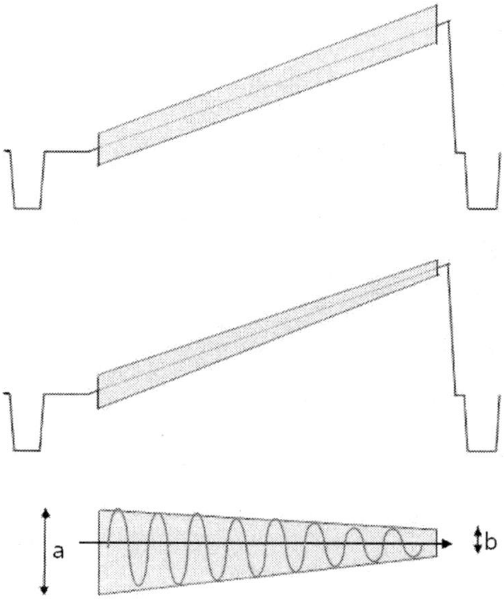

(2) 가색혼합과 감색혼합

- 가색혼합 : 빛의 삼원색인 R, G, B의 빛을 혼합하면 백색광이 되는 것과 같이 혼합하면 명도가 원래 색의 명도보다 높아지는 혼합
- 감색혼합 : 물감의 삼원색인 시안(Cy), 마젠터(Mg), 노랑(Y) 물감을 혼합하면 검정색이 되는 것과 같이 혼합하면 명도가 원래 색의 명도보다 낮아지는 혼합

(3) 디지털 컴포넌트 영상신호 4 : 2 : 2 신호

샘플링된 휘도신호와 색신호의 비가 4 : 2 : 2인 신호로

$Y : C_b : C_r$ = 13.5([MHz]) : 6.75([MHz]) : 6.75([MHz]) 임

50. 4 : 2 : 2 샘플링 주파수 = 13.5[MHz], 6.75[MHz], 6.75[MHz]

※ HD급, HDMI는 74.5[MHz], 37.125[MHz], 37.125[MHz], 10[bit] 양자화 → 1.485[Gbps]

51. 방송 프로그램이나 컨텐츠 저작권 보호를 위해 텍스트, 이미지, A/V 등의 데이터에 사람의 육안이나 귀로는 구별이 불가능하고 소유자만이 알 수 있는 마크를 삽입하여 네트워크를 통해 전송, 분배하는 것.

52. (1) 컬러 버스트 크기? 40 IRE
(2) 휘도(Luminance) 레벨? 140 IRE
(3) white 레벨? 100 IRE
(4) 시안(Cyan) 레벨? 56.1 IRE
(5) 수평동기 신호 크기? 40 IRE
(6) Set-up 레벨? 7.5 IRE
(7) 1 IRE = (7.14)mV

53. (백색) Y(황색) Cy(시안) G(녹색) M(마젠타) R(적색) B(청색) Blk(검정색)

54. 채도, 색상

55. $Y = 0.30R + 0.59G + 0.11B$

$R - Y = 0.70R - 0.59G - 0.11B$, $B - Y = -0.30R - 0.59G + 0.89B$

56. I 신호(R-Y, 시안계열) : 1.5[MHz], Q 신호(B-Y, 황록계열) : 0.5[MHz]

57. Block → Macro Block → Slice → Picture → GOP → Sequence

58. MPEG1 : 디지털 저장(CD, DAT), MPEG2 : 방송(D-TV), 통신
MPEG4 : 멀티미디어 응용, MPEG7 : 멀티미디어 내용 검색
MPFG21 : 멀티미디어 컨텐츠

59. 세기(loudness) : 음의 강약으로 음파의 진폭에 의해 정해짐

고저(pitch) : 음의 높낮이로 음파의 기본 주파수[Hz]에 의해 결정됨

음색(timbre) : 음의 맵시로 고조파 성분의 비율에 의한 파형의 차이에 의해 발생됨

60. (1) UHDTV : Ultra High Definition TV, 초고화질 TV로 해상도가 UHDTV 4K는 2160×3840으로 HDTV의 4배이며 UHDTV 8K는 4320×7680으로 HDTV의 16배임

(2) Smart-TV : 인터넷이 연결된 TV로 다양한 부가 서비스가 가능한 지능형 TV

(3) OHTV : Open Hybrid TV, 지상파 사업자가 제공하는 기존의 전파 방송에 인터넷을 이용한 리턴 채널을 결합하여 RF 망을 통한 푸쉬(push)형 VoD 등, 여러 가지 양방향 멀티미디어 서비스가 가능하게 한 차세대형 TV로 스마트 TV와 기능면에서 유사하나 원하는 컨텐츠를 다운로드하여 보려면 해당 컨텐츠를 제공하는 지상파 채널로 가서 서비스 받아야하는 점이 스마트 TV와 다른 점이다.

(4) DMB : Digital Multimedia Broadcasting는 음성 영상 등 다양한 멀티미디어 신호를 디지털 방식으로 변조하여 전송하고, 이를 고정 또는 휴대형, 차량용 단말기로 수신하는 이동형 멀티미디어 방송서비스로, 유럽의 DVB 규격과 같이 페이딩에 강한 OFDM 방식을 사용함으로써 휴대폰과 같은 이동 개인 단말기나 차량용 단말기를 통해 CD, DVD 급의 고음질, 고화질 방송을 즐길 수 있으며 위성 DMB와 지상파 DMB의 두 가지 서비스가 있다.

61. (1) Component 방식 : 컬러 영상신호를 R, G, B 3원색 또는 휘도 신호(Y)와 두 개의 색차 신호로 분리하여 독립적으로 처리하는 방식. 컴퓨터 모니터에서 주로 사용되는 RGB 방식이나 YUV, YCbCr 방식 등이 여기에 속하며 휘도 신호의 혼입이나 색 혼입이 발생하지 않으므로 고품질의 컬러 영상의 재현이 가능하다

(2) Composite 방식 : TV 방송 신호와 같이 휘도신호와 색차신호 및 수평동기신호를 하나의 신호에 복합적으로 합성하여 처리하는 방식으로 신호간 휘도와 색신호가 분리되지 않아서 신호 간 간섭에 의한 화질의 열화가 있다

(3) S-Video 방식 : 가정용, 업무용 비디오에서 좀더 나은 화질을 보여 주기 위해 컬러영상 신호를 휘도 신호(Y : Luminance)와 색 신호(C : Chrominance)로 분리하여 처리하는 방식. S는 분리(Separate)를 의미하며, Y/C 신호라고도 불린다. 휘도 신호와 색 신호가 분리되지 않은 컴포지트(Composite) 방식과 비교해 화질이 우수하고 복사 시의 열화도 비교적 덜하기 때문에 S-VHS, Hi : i-8, DV, Digital-8, DVD 플레이어와 같은 고화질 영상 기기, 그리고 고급형 TV 수상기에 이용된다.

(4) YP_bP_r 방식 : 컬러 영상신호를 휘도 신호와 두 개의 아날로그 방식의 색차신호인 P_r (= R-Y), P_b(= B-Y)로 분리하여 처리하는 방식, 아날로그 컴포넌트 방식이라고도 함

(5) YC_bC_r 방식 : 컬러 영상신호를 휘도 신호와 두 개의 디지털 방식의 색차신호인 C_r(= R-Y), C_b(= B-Y)로 분리하여 처리하는 방식, 디지털 컴포넌트 방식이라고도 함. YP_bP_r과의 관계는 다음과 같다. $C_b = P_b + 350$[mV], $C_r = P_r + 350$[mV]

(6) YUV 방식 : 컬러 영상신호를 휘도 신호(Y), 휘도 신호와 두 개의 색차 신호인 U신호(= B-Y)와 V신호(= R-Y)로 나타내며 아날로그 인코딩 방식을 사용하고 절대 색공간(color space)이 아닌 RGB 공간을 변환하여 색차신호를 얻는 방식이다. Y 성분은 오차에 민감하므로 색상 성분인 U와 V보다 많은 비트를 코딩하며, Y : U : V의 비율은 보통 4 : 2 : 2이다. TV, CD-I와 DVI(Digital Video Interactive)에서 사용된다. RGB 값으로부터 YUV로의 변환식은 Y = 0.3R + 0.59G + 0.11B, U = (B-Y) × 0.493, V = (R-Y) × 0.877이다.

Chapter 02 CATV 개요

2.1 정의

CATV는 "Cable Television"의 약칭으로 문자 및 정지 화상을 포함하여 영상, 음성, 음향 등을 유선 전기 통신 시설로 일반 수신자에게 송신하는 다채널 방송을 말하며, 전송망은 동축케이블이나 광케이블 같은 광대역 전송매체를 사용한다. 흔히 "케이블 TV"라고도 한다.

CATV는 안테나가 요구되는 지상파 TV 전송 방식과는 달리 광동축 혼합(HFC : Hybrid Fiber & Coaxial) 망과 같은 유선 전기 통신 시설을 이용하여 가입자에게 TV신호를 전송한다.

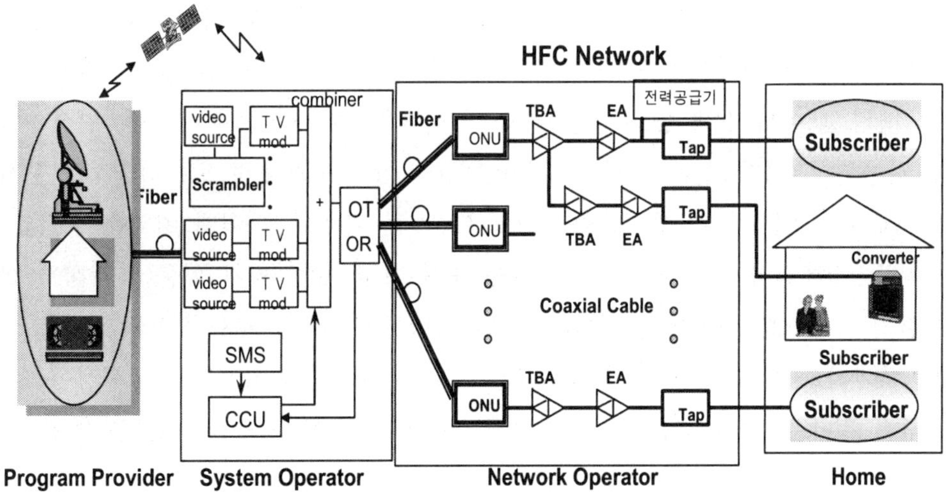

그림 2-1. CATV 시스템 구성도

2.2 등장 배경 및 발전 단계

CATV는 원래 1948년에 등장한 공동 안테나 텔레비전을 뜻했다. 텔레비전 난시청 해소용으로 산 위에 공동 안테나를 세워, 공동 수신된 텔레비전 프로그램을 동축 케이블로 각 가정에 나누어 전달하던 "공동 안테나 텔레비전(Community Antenna TeleVision)"의 약자였으나, 차츰 서비스가 다양해지고, 간단한 재송신에서 자체프로그램을 제작, 송출하는 기능을 가지게 되면서, 공중파 TV 방송에 대응하여 케이블을 이용한 텔레비전방송이라는 의미로서의 "Cable Television"으로 바뀌었다.

CATV은 유선 방송이라고도 하며 발상지는 미국의 펜실베이니아로, 1948년 난시청 대책으로서 동축 케이블을 사용하여 보통의 텔레비전 방송파를 재송신하기 시작한 것이 시초이다.

그 후 미국의 CATV는 눈부신 보급률의 신장을 보여, 최근 전 미국의 텔레비전 보유 세대수의 약 52[%](2010년 말 기준)가 CATV 가입자이다. 그 후 세계 각국에 널리 도입되기 시작하였으며 현재는 단순한 방송 재송신 목적뿐만 아니라 방송응답 서비스와 전기, 가스, 수도 등의 자동 검침, 방재, 방범 중앙감시시스템, TV 홈쇼핑 등의 각종 서비스로 확장되고 있다. 이것이 바로 양방향 CATV인데, CATV가 뉴 미디어일 수 있는 까닭은 바로 양방향이라는 점 때문이다. 양방향 CATV는 일종의 전기 통신이라 생각하면 이해하기 쉽다. 따라서 승차권의 예약, 레스토랑의 예약 따위에서부터, 다수를 대상으로 하는 여론 조사, 홈쇼핑, 홈 뱅킹, 데이터 검색 등도 가능하다. 이 밖에도 홈 시큐리티 시스템, 원격 의료 같은 것도 가능한데, 여기에는 의료법 등 관계 법규의 개정이 필요하므로 기술적인 문제와는 별개의 문제가 있기는 하다. 홈 쇼핑의 경우 CATV를 이용하면, 어떤 지역에 한정된 슈퍼마켓의 상품, 소매점의 상품 정보를 CATV를 통해 보낼 수가 있기 때문에 종래에 신문에 끼워서 돌리는 광고를 대신하는 셈이다. 또한 양방향 CATV는 교육산업에 있어서도 실로 매력적인 매체라고 할 수 있는데, 양방향 CATV를 이용한 교육 프로그램은 학생이 답을 입력하면 즉각 정답, 또는 채점을 받을 수 있기 때문에 맨투맨 교육을 받는 것과 같다고 할 수 있다.

우리나라도 공보처에서 1993년 8월에 CATV 프로 공급자 20개 사를 선정하였으며, 1993년 말 방송국 설립을 허가하였다. 따라서 1995년 3월부터는 보도, 영화, 스포츠, 교양, 오락 등 11개 분야의 CATV 방송이 영업을 개시하였다.

CATV는 헤드엔드(Head-End)에서 각 가정까지 광동축 혼합(HFC : Hybrid Fiber & Coaxial) 망으로 연결하여 방송국 헤드엔드에서 가정까지 TV 신호를 전송한다. 헤드엔드에서 각 가정으로 신호를 전송하는 하향 주파수 대역은 54[MHz] 이상을 이용하고, 각 가정에서 헤드엔드로 여러 가지 정보를 전달하는 상향 주파수대역은 5~42[MHz]를 이용한다. 또한, 광대역(Broadband) 매체를 이용하므로 다채널, 고화질화가 가능하며, 영상/음성(A/V) 신호 전송에 의한 방송 기능뿐 아니라 데이터 전송을 통한 통신 기능이 가능하다. 특히, 케이블 모뎀을 이용하면 수십 Mbps 급의 초고속 데이터 통신 기능을 제공할 수 있어, 주요 통신 사업자와 Cable망 제공업자들에 의해 이를 이용한 초고속 인터넷 서비스가 제공되고 있다.

최근에는 위성과 케이블 TV를 접목하여 다양하고 신속한 서비스를 제공하고 있으며 전송망도 기존 FTTC(Fiber To The Cube)와 유사한 개념의 기존 HFC망에서 광전송 구간을 좀 더 가입자까지 확장시킨 FTTH(Fiber To The Home) 개념의 케이블 TV망으로 고도화함으로써 광대역 통합망(BcN : Broadband Convergence Network)과 연동 가능한 광대역 정보통신 인프라로 발전하고 있으며 21C 정보화 사회의 선도적 미디어로의 역할을 수행하고 있다.

2.2.1 CATV의 변천(미국 중심)

CATV는 1948년 미국 펜실바니아 주 마하노미에서 난시청 해소책으로 공동수신 안테나와 케이블을 설치하여 공중선 전파를 재송신 하던 시스템으로부터 시작되었다. 1949년에는 미국 오리건 주(Oregon) 아스토리아 지방에서 주로 TV 전파 수신이 곤란한 산간지대에서 가까운 산 위 또는 양청지역에 공동수신 안테나(Master Antenna)를 설치하여 수신된 공중파를 유선 케이블로 전송하여 각각의 가입자에게 분배하는 방식으로서 난시청 해소기능을 갖는 공동수신 시스템(Community Antenna Television System)이 운용된 바가 있다. 그 후, 도시의 TV 난시청 대책으로 발전하다가 자체방송, 지역 정보를 제공하는 매체로 발전함으로써 오늘날의 "Cable Television"으로 변화되었다. 다시 말해, MATV(Master Antenna TV)로 출발하여 자체방송 및 지역정보를 제공하는 매체로 발전하면서 Cable Television으로 변화하였다고 볼 수있다. 1974년에는 PPV(Pay Per View) 채널 서비스가, 1975년에는 위성 방송 서비스가 도입되었고 1990년대 중반에 이르러서는 양방향 서비스가 도입되기 시작하였다.

2.2.2 CATV의 발전 단계

(1) 제 1세대는 산간벽지 및 대도시 전파 사각 지대에 대한 난시청 해소용의 지역 공동 수신 TV(Community Antenna Television)시대이다.

(2) 제 2세대는 자주 방송 CATV 시대로, 중계 재송신 서비스 외에 자체스튜디오에서 제작한 프로그램과 프로그램 공급자에게 제공받은 프로그램을 자주 방송하는 시대이다.

(3) 제 3세대는 위성 및 광전송로를 통하여 방송국 운영자에게 CATV 프로그램을 동시에 배급하는 전국적인 CATV 시대로 진입을 가리킨다.

(4) 제 4세대는 양방향 CATV 세대로 DB(Data Bank)와 가정용 컴퓨터를 연결, 고도 정보 매체로서의 기능을 수행한다.

표 2-1. CATV 발전 단계

구 분	제1세대	제2세대	제3세대	제4세대
시대	1950~1960년대	1970년대	1980년대	1990년대 이후
서비스 형태 및 목적	중계 재송신	자주 방송	정보 제공	정보 센터
스테이션 형태	공시청	헤드앤드	방송국	방송국 컴퓨터
통신 형태	단방향	단방향	단순 쌍방향	완전 쌍방향
전송로	동측 케이블	동축 케이블	동축/광/위성	광전송로/위성
서비스 범위	국지적	지역사회	지방/전국	전국/전세계

■ 요약

- 제 1세대 : 난시청 해소 지역 공동 수신 CATV(Community Antenna Television)시대
- 제 2세대 : 자주 방송 CATV시대
- 제 3세대 : 동축/위성/광 프로그램을 동시에 배급, 전국적 CATV시대
- 제 4세대 : 양방향 CATV 세대
- 제 5세대 : 양방향 디지털 CATV 세대

2.3 국내 CATV 연혁과 현황

2.3.1 국내 CATV 연혁

국내 CATV는 1970년대 중반 이후, 사내, 호텔, 학교, 병원 등의 특정용도 CATV 시스템 및 중계 재방송을 위한 CATV 방송국인 중계유선방송업체 중심으로 시작되었다.

(1) 1961년 난시청 해소를 목적으로 한 유선송수신관리법 제정

(2) 대도시, 중소도시 중심으로 비디오 방영 중심 영세 유선방송업자 증가, 난립함

(3) 1987년 7.1에 중계유선방송, 음악유선방송 자가 유선방송 등에 대해 규정한 새로운 유선방송관리법을 시행

(4) 1988년에는 서울 올림픽 경기장에 CATV 시스템을 설치 운영

(5) 1989년 종합유선방송시범사업을 추진하여 1991년 4월부터 한국통신 주관으로 서울 목동과 상계동에 각 5,000세대 규모의 종합 CATV 시범서비스를 실시

(6) 1991년 12월 종합유선방송법이 제정, 1992년 7월부터 시행, 전국에 걸쳐 지역별 사업자들이 선정

(7) 1994년 국산 기자재로 구성된 종합유선시범방송을 실시

(8) 1995년 3월 본격적인 종합유선방송 서비스를 실시

2.3.2 종합 유선 방송 개요

(1) 종합유선방송의 정의

영상(문자 및 정지화상 포함), 음성, 음향 등을 유선전기통신시설을 이용하여 수신자에게 송신하는 다채널 방송

(2) 종합 유선방송의 특성

- 다양성 : 채널의 다양화, 프로그램의 다양화, 소유의 다양화, 서비스의 다양화
- 전문성 : 기본 방송의 대중성을 보완하여 수용자에 대한 차별화 서비스를 통해 방송내용을 전문화, 심층화 함. 기존 공중파 방송은 전국적인 시청자 대상이나 종합유선방송은 일정 지역의 수용가를 대상으로 함으로써 전문화, 심층화가 가능
- 정보성 : 수용자의 요구에 의하여 정보를 제공하는 양방향 정보 채널 서비스 가능

(3) 종합 유선 방송의 사업 영역

- 프로그램 공급업자(PP, Program Provider) : 종합유선방송국에 방송프로그램을 공급하는 사업자
- 전송망 사업자(NO, Network Operator) : 전송로 시설을 설치 운영하는 사업자
- 종합유선방송국업자(S/O, System Operator) : 종합유선방송국시설을 갖추고 프로그램 공급업의 허가를 받은 자로부터 방송프로그램을 공급받아 종합유선방송을 송출하는 사업자

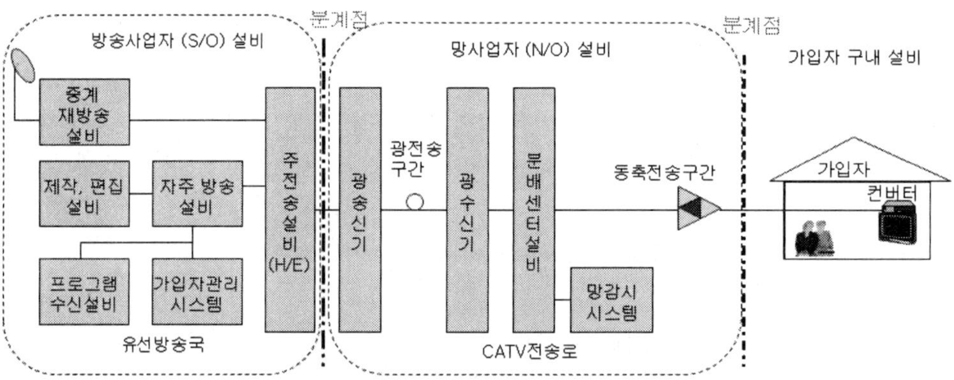

그림 2-2. 종합유선방송사업자별 시설 및 영역

2.3.3 국내 종합유선방송국(S/O) 현황

2012. 12월 현황(93개사)

방송구역		2012.6월
서울	종로구, 중구	㈜씨앤앰중앙케이블티브이
		㈜티브로드 종로중구방송
	서대문구	㈜씨앤앰서서울케이블티브이
		㈜티브로드 서대문방송
	용산구	㈜씨앤앰용산케이블티브이
	은평구	㈜씨제이헬로비전은평방송
	성동구, 광진구	㈜씨앤앰동서울케이블티브이
		㈜티브로드광진성동방송
	동대문구	㈜티브로드 동대문방송
		㈜씨엠비동서방송
	중랑구	㈜씨앤앰중랑케이블티브이
	성북구	㈜씨앤앰북부케이블티브이
	도봉구, 강북구	㈜티브로드 도봉강북방송
	노원구	㈜씨앤앰노원케이블티브이
		㈜티브로드 노원방송
	마포구	㈜씨앤앰마포케이블티브이
	양천구	㈜씨제이헬로비전
	강서구	㈜티브로드 강서방송
	구로구, 금천구	㈜씨앤앰구로금천케이블티브이
	영등포구	㈜씨엠비한강케이블티비
	동작구	㈜현대HCN동작방송
	관악구	㈜현대HCN
	서초구	㈜현대HCN서초방송
		㈜씨앤앰서초케이블티브이
	강남구	㈜씨앤앰강남케이블티브이
	송파구	㈜씨앤앰송파케이블티브이
	강동구	㈜씨앤앰
부산	중구, 동구, 영도구	㈜씨제이헬로비전중부산방송
	서구, 사하구	㈜티브로드 서부산방송
	진구	㈜씨제이헬로비전중앙방송

	동래구, 연제구	㈜현대HCN부산방송
	남구, 수영구	㈜티브로드 동남방송
	강서, 북구, 사상구	㈜티브로드낙동방송
	해운대구, 기장군	㈜씨제이헬로비전해운대기장방송
	금정구	㈜씨제이헬로비전금정방송
대구	중구, 남구	대구케이블방송㈜
		㈜티브로드대구방송
	북구	㈜현대HCN금호방송
	수성구	㈜씨제이헬로비전대구수성방송
		㈜씨엠비대구수성방송
	동구	㈜씨제이헬로비전대구동구방송
		㈜씨엠비대구동부방송
	달서구, 달성군	한국케이블TV푸른방송㈜
		티씨엔대구방송㈜
	서구	㈜티브로드 대경방송
인천	중구, 동구, 옹진군, 강화군	㈜티브로드 서해방송
	남구, 연수구	남인천방송㈜
	남동구	㈜티브로드 남동방송
	부평구, 계양구	㈜씨제이헬로비전북인천방송
	서구	㈜티브로드 새롬방송
광주	동구, 북구	㈜한국케이블TV광주방송
		㈜씨엠비광주방송동부지점
	남구, 서구, 광산구	㈜씨엠비광주방송
대전	중구, 서구, 유성구	㈜씨엠비대전방송
	동구, 대덕구	㈜씨엠비대전방송동대전지점
울산	울산 전역	㈜씨앤앰울산케이블티비
		제이씨엔울산중앙방송㈜
경기	수원시, 오산, 화성	㈜티브로드수원방송
	성남시	㈜아름방송네트워크
	고양, 파주	㈜씨앤앰경기케이블티브이
	과천, 의왕, 군포, 안양	㈜티브로드 에이비씨방송
	부천, 김포	㈜씨제이헬로비전드림씨티방송
	광명, 안산, 시흥	㈜티브로드 한빛방송

	의정부, 양주, 동두천, 포천, 연천	㈜한국CATV나라방송
		㈜씨앤앰우리케이블티브이
	구리, 남양주, 하남, 광주, 가평, 양평, 여주	㈜씨앤앰경동케이블티브이
		㈜씨앤앰경기동부케이블티브이
	용인, 평택, 이천, 안성	㈜티브로드 기남방송
강원	춘천, 홍천, 철원, 화천, 양구군, 인제	㈜강원방송
	강릉, 동해, 속초, 태백, 삼척, 양양, 고성	㈜씨제이헬로비전영동방송
	원주, 횡성, 영월, 평창, 정선	㈜영서방송
충북	청주, 옥천, 청원군, 영동, 보은군	㈜현대HCN충북방송
	충주, 제천, 단양, 괴산, 진천, 음성, 증평	㈜씨씨에스충북방송
충남	천안시, 천안군, 아산, 연기군	㈜티브로드 중부방송
	당진, 서산, 태안, 홍 성, 예산, 청양	㈜씨제이헬로비전충남방송
	공주, 논산, 보령, 부여, 금산, 서천, 계룡	㈜한국케이블TV충청방송
전북	전주, 완주군, 무주, 진안, 장수군	㈜티브로드 전주방송
	익산, 군산	금강방송㈜
	김제, 정읍, 남원, 고창, 부안, 임실, 순창	㈜한국케이블TV전북방송
전남	목포, 신안, 무안, 강진, 완도, 해남, 영암, 진도, 장흥	㈜한국케이블TV호남방송
	여수, 순천, 고흥, 광양	㈜씨제이헬로비전아라방송
	나주, 화순, 보성, 장성, 영광, 함평, 곡성, 구례, 담양	㈜씨엠비광주방송전남지점
경북	포항, 울릉, 영덕, 울진군	㈜현대HCN경북방송
		㈜한국케이블TV포항방송
	구미, 김천, 상주, 칠곡, 성주, 고령, 군위	㈜현대HCN새로넷방송
	경주, 영천, 경산, 청도	㈜씨제이헬로비전신라방송
	안동, 영주, 예천, 의성, 봉화, 문경, 청송, 영양	㈜씨제이헬로비전영남방송
경남	창원, 진해, 함안, 의령군	㈜씨제이헬로비전경남방송
	김해, 밀양, 양산, 창녕, 합천, 거창	㈜씨제이헬로비전가야방송
	마산, 통영, 거제, 고성	㈜씨제이헬로비전마산방송
		㈜하나방송
	진주, 사천, 남해, 하동, 산청, 함양	㈜서경방송
제주	제주 전역	㈜한국케이블TV제주방송
합 계		93개

2.3.4 종합유선방송사업자(S/O) 가입자 현황

(단위 : 만 단자)

구 분	2013년 12월말
티브로드	333
CJ헬로비전	404
씨앤앰	246
현대HCN	140
CMB	152
개별 S/O	209
합 계	1,484

연습문제

01. CATV의 유래 및 발전단계에 대해 잘못 기술한 것은?

① CATV는 원래 난시청 지역 해소를 목적으로 한 Community Antenna Television 개념으로 시작되었다.

② MATV(Master Antenna TV)로 출발하여 자체방송 및 지역정보를 제공하는 매체로 발전하면서 Cable Television으로 변화하였다.

③ 단순 방송 재송신 뿐 아니라 원격자동검침, 방법 방재 서비스, 홈쇼핑, 홈뱅킹 등의 부가 정보통신 서비스를 시작하면서 본격적인 제2세대 CATV로 발전하였다.

④ 1990년대 이후부터는 완전 쌍방향의 광대역 정보통신 매체의 역할을 수행하는 제4세대 CATV로 변화되기 시작하였다.

02. 다음 중 종합유선방송의 사업영역이 아닌 것은?

① 방송사업자(S/O) ② 안테나 설비자(A/P)

③ 프로그램 공급자(P/P) ④ 전송망 설비자(N/O)

03. 종합유선방송을 위한 전송 선로 설비를 이용약관에 의해 대여하는 사업자는?

① 종합유선방송사업자(S/O) ② 중계유선방송사업자

③ 프로그램공급업자(P/P) ④ 전송망사업자(N/O)

04. 종합유선방송을 위한 프로그램을 공급하는 사업자는?

① 종합유선방송사업자(S/O) ② 중계유선방송사업자

③ 프로그램공급업자(P/P) ④ 전송망사업자(N/O)

05. 종합유선방송의 특성으로 옳지 않은 것은?

① 정보성 ② 전문성

③ 다양성 ④ 광역성

06. CATV 시스템의 기본 구성 요소가 아닌 것은?

① 헤드엔드(Head End) ② 전송 분배 선로

③ LAN 스위칭 허브 ④ 가입자 단말 장치

07. 다음 중 종합유선방송의 사업자별 시설영역에서 주파수 변조방식에 의해 광케이블로 전송하는 경우의 분계점은?

① 진폭변조기와 광통신 송신기의 최초 접속된 단자

② 주파수변조기와 광통신 송신기의 최초 접속된 단자

③ 주파수변조기와 광통신 송신기의 최종 접속된 단자

④ TV 인코더와 광통신 송신기의 최초 접속된 단자

08. 국내 종합유선방송의 사업자별 시설영역에서 진폭변조방식에 의해 광케이블로 전송하는 경우의 분계점은?

① 텔레비전 인코더와 광송신기의 최초 접속점

② 광송신기와 광케이블의 최초 접속점

③ 진폭변조기와 동축케이블의 최초 접속점

④ 진폭변조기와 광송신기의 최초 접속점

09. 다음은 CATV에 대해 설명한 글이다. (　　)을 채워 넣어라

CATV는 원래는 (　　)해소용으로 산위에 지역 공동 안테나를 세워 수신된 신호를 동축케이블을 통하여 그 지역의 가입자에게 전송해주는 Community Antenna Television이었으나, 차츰 자가 방송 기능을 갖게 되면서 오늘날의 (　　)이 되었다.

10. 종합유선 방송의 정의를 기술하였다. 괄호 안을 채워라.

영상(문자 및 정지화상 포함), 음성, 음향 등을 (　　　)시설을 이용하여 수신자에게 송신하는 (　　) 방송이다.

11. 국내 종합유선방송의 3가지 사업영역(PP, S/O, NO)에 대해 설명하라.

연습문제 정답

09. 난시청, Cable Television

10. 유선 전기통신시설, 다채널

11. • 프로그램 공급업자(Program Provider) : 종합유선방송국에 방송프로그램을 공급하는 사업자
 • 종합유선방송국사업자(System Operator) : 종합유선방송국시설을 갖추고 프로그램 공급업의 허가를 받은 자로부터 방송프로그램을 공급받아 종합유선방송을 송출하는 사업자
 • 전송망 사업자(Network Operator) : 전송로 시설을 설치 운영하는 사업자

Chapter 03 CATV 전송망

3.1 CATV망의 특징

- 방송망(broadcasting network)이며 광대역 망(broadband network)임
- 양방향 CATV망에서 주파수대역으로 상향, 하향 채널 구분
- 동축 선로 상에 다수의 선로 증폭기 직렬 접속
- TV 신호를 전송하는 동축 망과 동일한 선로를 이용한 선로 증폭기 전력공급
- 상향 채널 잡음의 깔대기 효과(noise funneling) : 유합 잡음(cumulative noise)
- HFC(Hybrid fiber Coaxial, 광동축 혼합)망으로 성형과 수지분기형의 혼합형 망 구조
- 광케이블 전송망 대비 저렴한 비용으로 구축 가능
- 대부분 가공설치로 장애 요소가 많아 구축에 애로가 있음

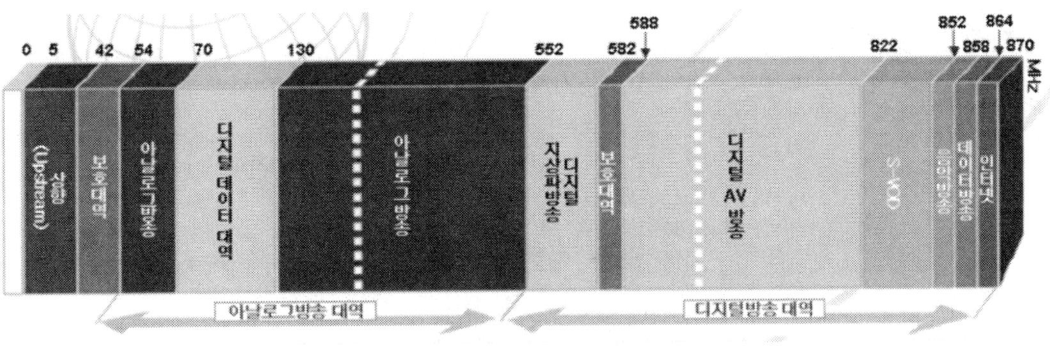

그림 3-1. 양방향 CATV의 상향 하향 주파수 대역

3.1.1 양방향 CATV 대역 분리 방식

양방향 CATV의 경우 상·하향 대역 구분 방식에 따라 다음과 같이 나눌 수 있다.

(1) Sub-Split

- 기존 공동수신용 CATV 시스템과 호환성이 큼
- 일반 TV 방송을 수신된 채널 그대로 전송 가능함
- 상향신호 전송 대역이 좁다.

(2) Mid-Split

- LAN에 많이 사용됨(IEEE802 위원회의 데이터 통신네트워크로 권장)

(3) High-Split

- 상향신호 전송 대역이 가장 넓은 방식
- 이용도가 낮음
- 향후 이용도 증가 전망

(4) Dual-Split

- 가용 대역이 가장 넓고 대역분리 필터가 필요 없음
- 설치 비용이 2배에 가까움

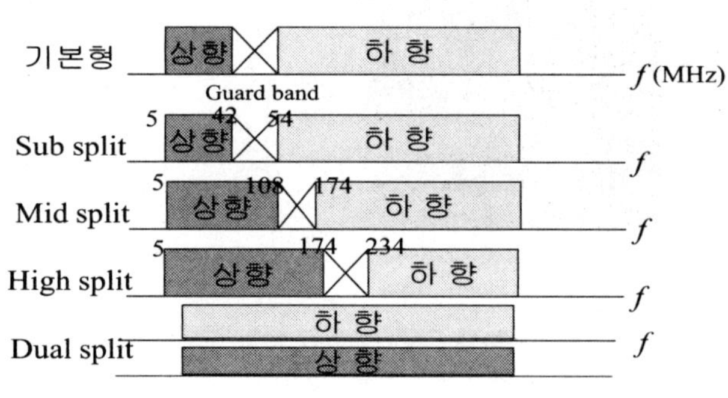

그림 3-2. 양방향 CATV의상 하향 대역 분리 방식

3.2 망 형태(Network Topology)

CATV망의 토폴로지(topology)는 수지분기(Tree and Branch)형이 일반적이나 인터넷 확산에 따라 방송 사업자들의 초고속인터넷 서비스, VoIP 등의 부가 통신 서비스를 위해 점차로 성형망 또는 성형과 수지분기형이 혼합된 형태가 증가하고 있다.

3.2.1 수지분기형(Tree and Branch)

가장 일반적인 망으로 전형적인 CATV망 형태로 구축비용이 비교적 저렴하고 방송망에 적절한 토폴로지이나 단말의 이상이 전체 시스템에 미치는 영향이 비교적 크고 고장 개소 검출이 어려운 단점이 있다.

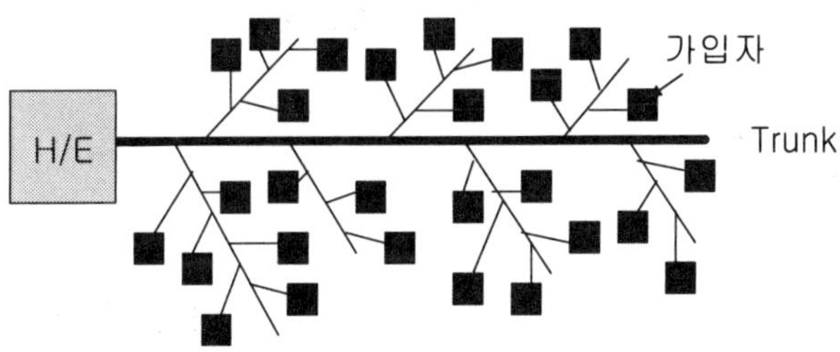

그림 3-3. 수지분기형 망

3.2.2 성형(Star)

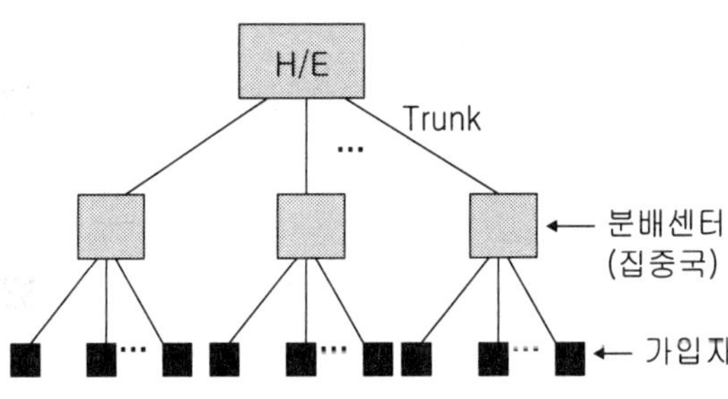

그림 3-4. 성형 망

공통의 전송로가 없이 각 가입자 단말까지 별도의 선로가 연결되므로 망 구축 비용이 많이 소요되며 전송로 길이도 길어진다. 단말의 고장으로 인한 전체 시스템에 미치는 영향이 적고 고장 검출이 용이한 장점이 있다.

3.2.3 교환 성형(Switched Star)

성형망의 구축 비용을 절감하기 위해 노드에 교환기를 설치한 형태의 망이다.

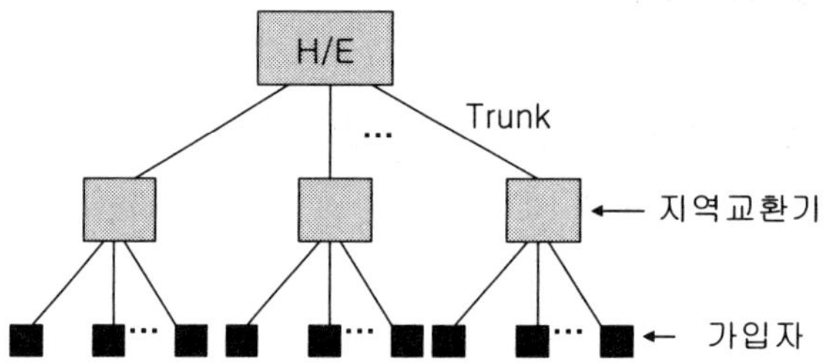

그림 3-5. 교환 성형 망

3.2.4 환형(Ring)

양방향 기능을 손쉽게 수용 가능, LAN과 같은 국부 지역 통신망에 적합, 전송로 길이를 가장 짧고 경제적으로 구축 가능하나, 망에 접속된 단말 고장 시, 전체 시스템에 미치는 영향이 크므로 별도의 보완 조치가 필요하다. 환형 케이블 TV망에서는 헤드엔드 시설에서 나간 케이블이 가입자를 통해 헤드엔드로 되돌아오기 때문에 양방향 기능을 쉽게 수용할 수 있는 장점이 있다. 그러나 LAN 시스템의 네트워크에 적합한 망이므로 케이블 TV 전송망으로는 그다지 좋은 구조로 볼 수 없다.

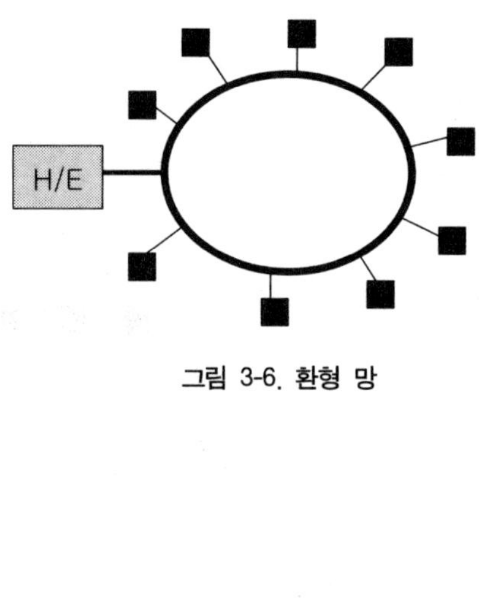

그림 3-6. 환형 망

3.2.5 혼합형(Hybrid)

성형과 수지분기형의 혼합형으로 국내 CATV 망의 전형적인 형태이다. 국내 CATV 망은 방송국 분배센터에서 동네 어귀의 노드까지는 성형 광케이블 망이고 동네 어귀에서 각 가입자까지는 수지분기형의 동축케이블 망으로 구축되어있다

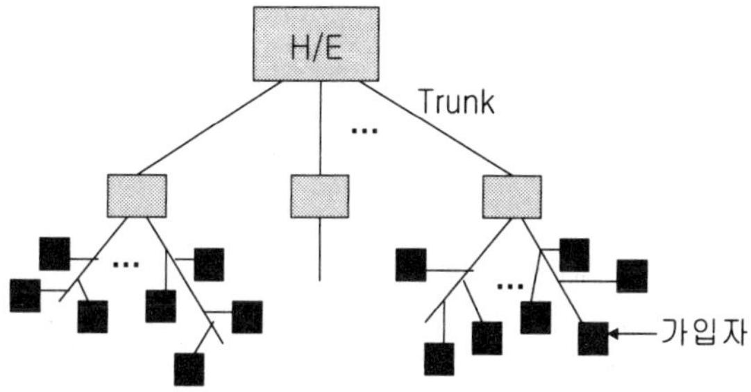

그림 3-7. 혼합형 망

3.3 CATV망의 종류

3.3.1 동축 아날로그 전송망

대부분의 아날로그 CATV 전송망으로 동축케이블로 구성되며 전송 대역폭이 450[MHz] 이내인 수지분기형 망임

3.3.2 광동축 혼합망(HFC : Hybrid Fiber & Coaxial)

신뢰성이 높은 시스템을 구축하기 위해 CATV 운용자들이 광을 이용한 전송시스템을 설치해 감에 따라 가능하게 된 방식으로, 분배국에서 셀단위의 노드까지는 광케이블로, 노드 이후에서 가 가입지까지는 동축 선로로 구성되어 있다. 광케이블 구간의 전송은 근거리일 경우 AM-VSB 변조 방식을, 원거리일 경우는 FM-VSB 변조 방식을 사용한다.

3.3.3 FTTC(Fiber To The Curve)

FTTH(Fiber To The Home)을 구축하기에는 경제적 측면에서 과다한 비용이 소요되므로 방송국과 전화국, 전화국에서 일정 지역의 노드, 즉 Curb까지는 광케이블로 구성하고 Curb에서 가입자 댁내까지는 일반 전화선을 이용하는 방식. 전화선 구간은 주로 xDSL 기술을 사용함.

3.3.4 광, 무선 혼합망

밀리미터파 소자 및 회로의 발전과 더불어 가능하게 된 전송망으로 방송국에서 각 셀 단위의 노드까지는 광케이블로 연결하고 각 노드에서는 무선 허브를 설치하여 마이크로 파(microwave)를 이용한 TV 분배망을 구성하는 방식이다. 주로 미국에서 사용되고 있으며 MMDS(Multichannel Muitipoint Distribution Service), LMDS(Local Multipoint Distribution Service)등의 방식이 있다.

3.3.5 CATV 전송선로 종류

(1) 초간선(Super Trunk Line)

유선방송국과 분배 센터 간의 선로

(2) 간선(Trunk Line)

분배센터에서 일정 서비스 지역 노드까지의 선로

(3) 분배선(Feeder Line)

일정 서비스 지역 내의 분배 선로

(4) 인입선(Drop Line)

분배선에서 가입자 댁내까지의 선로

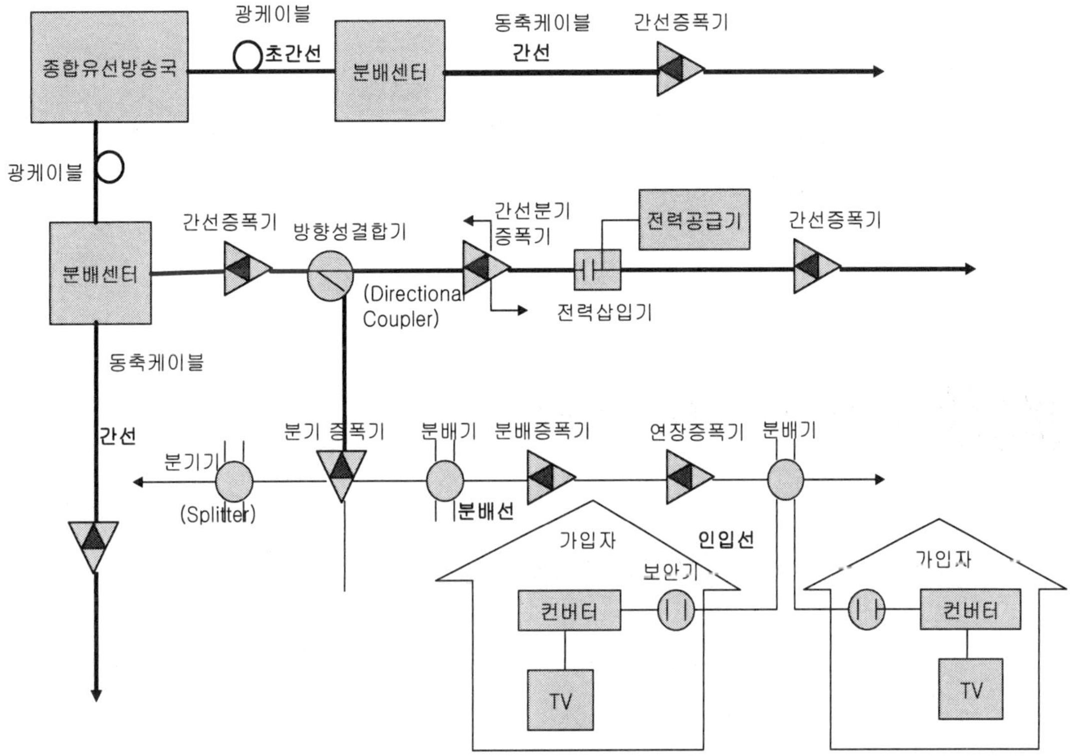

그림 3-8. CATV 전송망 구성 형태 및 종류

3.4 CATV 망의 기술적 문제점

(1) 망의 토폴로지의 문제 : 수지분기형(Tree & Branch) 으로 양방향 통신 서비스에 부적절

(2) 연결부, 취부, 부적절하게 마무리된 단자 등에서 유입되는 인입잡음(Ingress Noise) 및 혼신(interference)

(3) FM방송, HF 송수신기, CB 무전기 백색가전제품, 부적절하게 마무리된 단자, 전원 험 등에 의한 잡음, 혼신

(4) 헤드 엔드(H/E)와 가입자 간의 거리 차에 따른 전파지연시간 차

(5) 상향 채널의 유합 잡음

(6) 상향 채널의 대역폭 부족

(7) 정전 시의 대책 필요(life line 활용 가능성 확보)

(8) 선로 증폭기의 업그레이드

3.5 CATV망의 품질(C/N비)

3.5.1 상향 및 하향 선로 C/N비 계산 방법

CATV 망의 잡음 특성은 하향채널의 경우, 선로길이에 비례하여 잡음이 증가하고, 상향채널은 서비스 면적에 비례하여 증가한다.

(1) 하향채널의 C/N비 계산

N개의 선로 증폭기가 직렬(종속) 연결된 경우 : 직렬 연결 개수가 2배 될 때마다 3[dB]씩 열화 된다. 계산식은 다음과 같다.

$$C/N_{sys} = C/N_o - 10\log N$$

여기서

$$C/N_o = S_{in} - N_o - NF\,[\mathrm{dB}]$$

이다.

(2) 상향 채널의 C/N비 계산

2개의 서로 다른 C/N비의 선로를 결합할 경우에는 기본적으로 낮은 C/N비의 선로 보다 나빠지며 두 선로의 C/N비 차이가 클수록 낮은 C/N비의 선로 열화 정도가 적다.

(동일 C/N비의 2개 선로를 결합할 경우 3[dB] 열화 됨). 계산식은 다음과 같다.

$$C/N_c = C/N_2 - 10\log(1 + 10^{-0.1x})$$

여기서 x는 두 선로 간의 C/N의 차이이며,

$$x\,[\mathrm{dB}] = C/N_1 - C/N_2, (C/N_1 > C/N_2)$$

이다.

3.6 국내 CATV망 구성 예

- 국내의 CATV망은 대부분 HFC망으로 다음 그림과 같이 성(Star)형과 수지분기(Tree & Branch)형의 혼합형으로 구성되어있다.
- 1~2개 구 단위를 서비스 영역으로 나누어 구축되었으며 동단위의 셀(3,000~4,000 세대)로 나누어 집중국에서 각 서비스 셀의 ONU(Optical Network Unit)까지는 개별 광케이블(fiber)로 연결되고 각 셀에서 내에서는 동축 케이블로 연결된다.
- 방송국의 헤드엔드와 분배센터는 분리하여 구성하는 경우와 공용하는 경우가 있다.

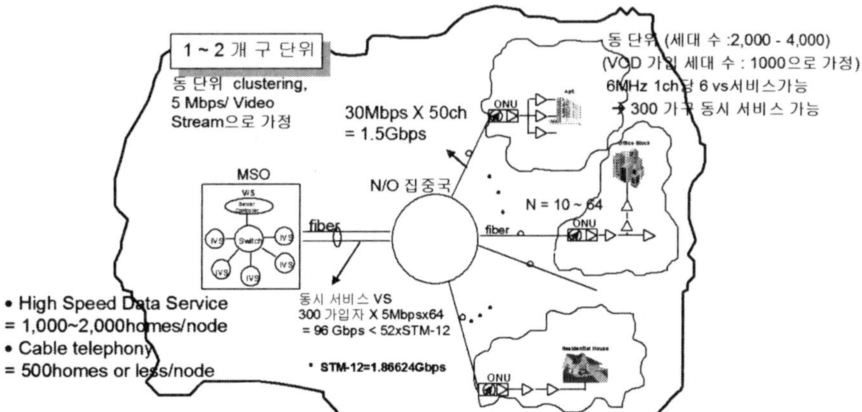

그림 3-9. 국내 CATV 망 구성 예

연습문제

01. CATV 다중화 방식은 어떤 방식을 주로 이용하는가?

① CAMA ② FDMA
③ TDMA ④ PCM

02. CATV 망의 특징이 아닌 것은?

① 방송망이며 광대역 망이다.
② 동축 선로에는 다수의 선로 증폭기가 직렬 접속된다.
③ 선로 증폭기의 전원은 별도의 전원선을 통하여 공급한다.
④ 상향 채널에 깔대기 효과에 의한 유합잡음이 있다.

03. 현재 우리나라에서 사용되는 쌍방향 CATV 망의 상하향 분리 방식은?

① Sub split ② Mid split
③ High split ④ Dual split

04. CATV 상 하향 대역 분리방식 중, 가장 최근의 국내 방식의 상, 하향 대역은?

① 상향 5~30[MHz], 하향 54~1[GHz]
② 상향 5~65[MHz], 하향 85~1[GHz]
③ 상향 5~108[MHz], 하향 174~870[MHz]
④ 상향 5~174[MHz], 하향 234~870[MHz]

05. CATV 시스템의 네트워크 구성형태 중 수지분기형에 대한 설명으로 맞지 않는 것은?

① 일 대 다의 방송에 적당한 망 구성형태이다.
② 망에 접속된 단말기의 이상이 전체 시스템에 미치는 영향이 크고 고장 개소 검출이 어렵다.
③ CATV 시설을 구성하는 가장 기본적인 망 구성이다

④ 광케이블 통신에 적절한 형태이다.

06. 우리나라 CATV 방송망의 일반적인 구성형태는?

① 성형 ② Hybrid형

③ 수지분기형 ④ 환형

07. 다음의 CATV 전송망 형태 중 초고속인터넷 서비스, VoIP 등의 부가통신 서비스에 적절한 형태는 어느 것인가?

① 수지분기형 ② 성형

③ 환형 ④ 메쉬형

08. CATV망에서 중계국까지는 광케이블을 그리고 중계국에서 가입자까지는 동축케이블을 이용하는 전송 방식은?

① HFR ② HFC

③ FTTC ④ FTTH

09. 초고속 가입자 망 중, 가입자 댁내까지 광케이블을 이용하는 방식은?

① HFR ② HFC

③ FTTC ④ FTTH

10. CATV 전송선로 종류가 아닌 것은?

① 간선 ② 분배선

③ 인입선 ④ 공시청회선

11. CATV 방송에서 S/O와 광송신기까지의 최초로 연결하는 초간선에 사용되는 전송 케이블은?

① 동축 케이블 ② 평행 2선식 케이블

③ 광섬유 케이블 ④ 전력선 케이블

12. 다음 중 유선방송국과 분배센터 간 선로에 해당하는 것은?

① 초간선 ② 간선

③ 분배선 ④ 인입선

13. 가입자 댁내까지 인입선(Drop Line)을 포설할 때, 인입선을 지지해주는 역할을 하는 선은?

① 분배선 ② 조가선

③ 전력선 ④ 간선

14. CATV 시스템의 C/N비에 대해 틀리게 기술한 것은?

① 하향채널의 C/N비는 직렬 연결된 증폭기의 수가 2배 증가할수록 3[dB]씩 열화된다.

② 아날로그 CATV 경우 C/N비가 낮으면 스노우 잡음이 발생한다.

③ 동일한 C/N비를 갖는 2개의 서로 다른 선로를 결합할 경우 상향채널 C/N비는 3dB 열화된다.

④ 서로 다른 C/N비를 갖는 2개의 선로를 결합할 경우 상향채널 C/N비는 선로간의 C/N 차이가 클수록 낮은 C/N비 선로가 더 많이 열화된다.

15. 다음 중 CATV망의 기술적 문제점이 아닌 것은?

① 상향 채널의 유합 잡음 ② 상향 채널의 대역폭 부족

③ 인입잡음 및 혼신 ④ 하향 채널의 유합 잡음

16. CATV망을 광대역 가입자 통신망으로 활용할 경우 기술적 문제점이 아닌 것은?

① 망 토폴로지 ② 깔대기 효과

③ 하향 채널 유합 잡음 ④ 상향 채널 대역 부족

17. 우리나라 종합유선 방송망의 구성형태에 대해 잘못 기술한 것은?

① 각 서비스 셀의 노드에는 ONU가 설치 되어있다

② 방송국에서 분배국까지는 주로 환형 광망으로 구성되고 분배국에서 가입자까지는 수지분기형의 동축케이블 망으로 구성되어있다

③ 주로 성형 망과 수지분기형 망이 혼합되어 있다

④ 주로 HFC 망으로 구성되어 있다.

18. 다음을 설명하라

(1) HFC

(2) FTTC

(3) 유합 잡음

연습문제 정답

18. (1) HFC : Hybrid Fiber & Coaxial, 광동축 혼합망으로 CATV망에서 사용하는 가입자 망
    (2) FTTC : Fiber To The Curb : 집단거주지, 동네 어귀까지 광케이블, 댁내까지는 다른 전송매체 사용하는 광대역 가입자 망
    (3) 유합잡음 : CATV 상향채널에서 가입자 단말로부터의 잡음은 수지분기형인 CATV 망의 구조상 궁극적으로 방송국으로 합해져서 인입되는데 이를 유합 잡음이라 함

Chapter 04 CATV 시스템 설비

4.1 CATV 시스템 설비의 구분

4.1.1 센터계(Center Section)

방송국(S/O)에서 방송 프로그램을 재송출하거나 자체 제작하여 송출하기 위한 시스템으로 다음과 같이 구분할 수 있다.

(1) **수신점 설비** : 공중파 및 위성 방송을 수신하기 위한 설비

(2) **스튜디오설비** : 프로그램을 제작 편집하기 위한 설비

(3) **헤드엔드 설비** : CATV의 주 전송 장비로, 신호를 변환, 증폭하여 전송로에 신호를 송신하기 위한 설비

(4) **운영관리 설비** : 가입자관리시스템, 가입자제어장치, 정보통신서비스의 데이터베이스(DB)

4.1.2 전송 분배계(Transmission Section)

전송 분배계는 헤드엔드에서 송출된 프로그램 신호를 각 가입자의 단말기까지 송신하기 위한 전송로이며, CATV 시스템의 규모, CATV 시스템의 적용 대상, 가입자 밀도, 헤드엔드의 위치, 지형적 조건 등에 따라 구성 방법이 달라지며, 단 방향 전송인지, 양방향 전송인지에 따라서도 달라진다. 주요 구성 선로는 주간선, 분배선, 인입선으로 구분하며, 전송기기는 증폭기, 케이블, 커넥터 및 수동 소자류로 구성된다.

전송분배계의 주요 구성 기기는 다음과 같다.

- 선로 증폭기
- ONU(Optical Network Unit)
- 선로 전력공급기
- 전송 선로(HFC)
- 망감시 시스템

4.1.3 단말계(Terminal Section)

가입자의 주요 단말 설비는 외부의 위험 전압 유입을 막는 보안기, 임피던스 정합기, 복수 단말 장치와 연결하기 위한 단말 분배기, 가입자컨버터, TV 수상기, FM 방송 수신기, 가입자가 헤드엔드로 지령이나 응답을 위한 자판, 리모컨, 자판으로부터의 신호를 헤드엔드에 전송하기 위한 변조, 제어 기능을 수행하는 단말 부가 장치 등, 서비스 종류에 따라 다양하다.

- 가입자 단말기(Set-Top Box) 또는 컨버터
- TV세트 및 리모컨
- 보안기, 분기기, 분배기, 정합기

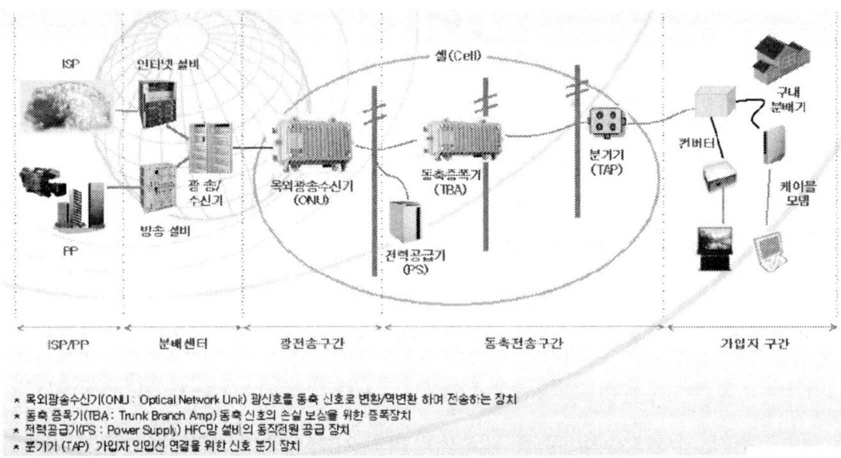

그림 4-1. CATV 시스템 구성 설비

4.2 CATV 시스템 주요 설비

4.2.1 센터계

(1) 수신점 설비

- 수신 안테나
- UHF/VHF변환기
- 분배기(Distributer)
- 수신 증폭기 : 저잡음 증폭기(LNA, Low Noise Amplifier)
- TV 신호처리기(TV Signal Processor)
- DBS(Direct Broadcasting Satellite, 직접위성방송) 수신기

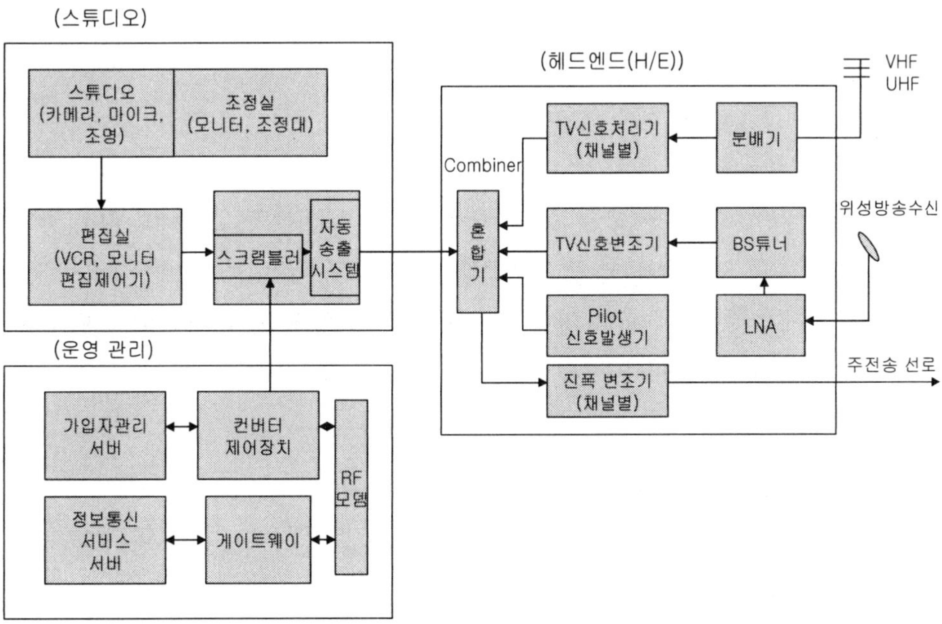

그림 4-2. CATV 방송국 시스템 구성도

(2) 스튜디오 설비

- 스튜디오 부

- TV 카메라(ENG : Electronic News Gathering)
- VCR, Color Monitor, Microphone
- 조명기기

■ 조정실

- 제어대(Control Console)
- 영상, 음성 특수효과 장치, 영상 절환기, 영상, 음성 분배기
- 감시 모니터, 스피커
- TV 동기 기준신호 발생기(Time Base Controller)
- LDP, CDP, CTR

■ 편집실

- U-matic VTR, VTR, Controller, Multi-Source Adapter

■ 송출실

- 자동프로그램 송출장치 : LD Playback System, CD Playback System, Auto Play System, Auto Spot System
- A/V Switcher, VCR, 감시모니터

(3) 헤드엔드(Head-End) 설비

헤드엔드(Head-End)는 주 송출 장치, 분배센터라고도 하며 안테나로부터 수신된 TV 신호를 적정레벨로 처리하여 주 전송 선로로 송출하기 위한 모든 설비를 말한다. 주요 기능은 전송망에 신호공급, 채널 변환, TV 공중파 방송 수신 및 재송신, TV 신호 분리, 혼합, 처리, 변조 기능 등이다.

■ 혼합기(Mixer)

■ TV 신호처리기(TV Signal Processor)

■ TV 신호 변조기(AM Modulator)

■ TV 신호 복조기(Demodulator)

■ 결합기(Combiner), 분기기(Splitter)

■ 분파기(Diplex Filter)

■ 방향성 결합기(Directional Coupler)

■ Pilot 신호 발생기

■ 가입자 (폴링) 제어장치(CCU, Communication Control Unit)

■ 고주파 모뎀(RF Modem)

그림 4-3. Head End 설비 예1

그림 4-4. Head End 설비 예 2

■ AM 광송신기(옥내용)

AM(Amplitude Modulation) 광송신기는 DFB 레이저 다이오드(laser diode)를 사용하여 전광 특성이 우수하며 송신기 모듈 내부에 제어 회로가 내장되어 있어 일정한 광출력 레벨을 유지한다. 마이크로 컨트롤러 보드가 있어 레이저 다이오드(LD)구동 레벨 제어와 감시를 할 수 있으며 레이저(laser) 광출력 및 상태 전류를 DC 전압으로 감시하고 2개의 송신 모듈을 장착할 수가 있으므로 운용 및 유지보수가 편리하다. 전면에는 광

입력 신호감시 LBD와 RF 출력레벨 감시 단자가 있어 출력 상태를 감시할 수가 있다.

하향 AM 광송신기(forward AM optical transmitter)는 고효율 SMPS에 의해 과전류 보호 기능이 있다.

상향 AM 광송신기(reverse AM optical transmitter) RF 입력신호를 광선로로 전송할 수 있는 광신호로 변환하며 레이저 다이오드를 구동할 수 있도록 RF 신호의 레벨을 일정한 수준으로 증폭하고 전원부는 A와 B 2가지 정류 모듈로 되어 있어 A가 이상이 있을 때 자동으로 B전원으로 절체된다.

■ AM 광수신기(옥내용)

AM 광수신기는 모듈이 플러그인(plug-in)방식으로 되어 있어 편리하며 영상 및 데이터를 수용하고 광수신기 모듈을 4개까지 설장할 수가 있다. 차후 채널 수요 증가에 대비하여 설계하였으며 PIN 다이오드 검출 모듈을 사용하였고 RF출력 레벨을 조정할 수가 있다.

상향 AM 광수신기(reverse AM optical receiver)는 전원 감시 LED와 광입력 감시 LED를 전면에 부착하여 운용을 도모하였으며 광입력 레벨을 DC 전압으로 감시하므로 유지보수가 용이하다.

하향 AM 광수신기(forward AM optical receiver)는 광 입력 신호 감시 LED및 RF출력 상태를 감시할 수 있는 단자가 있으며 전원부는 A와 B 정류 모듈이 있어 A가 이상이 있을 때 B로 자동 절체되어 운용상 조작이 편리하다.

(4) 운영 관리 설비 : 가입자 관리 시스템

- 종합 유선방송국의 운용관리 업무 자동화 시스템 S/W 및 H/W
- 최소의 인력으로 유선방송국의 효율적 운용 가능
- 가입자에게 양질의 다양한 서비스 제공 가능

■ 시스템 기능

- 가입자 원부 관리 : 가입자의 신규 가입, 설치, 해지 등
- 유지보수 관리 : 서비스 등록, 장비의 설치 공사 상황 등
- 요금 관리 : 기본 서비스료, 유료 프로그램, PPV(Pay Per View) 시청료 계산 처리, 요금 고지서 발행 등
- PPV(Pay Per View) 관리 : PPV 프로그램 작성, 시청률 통계분석

• 통계 관리 : 가입자 증감 현황, 시청 현황 관리

• 가입자 컨버터 제어 : 스크램블 해제, 이상 유무 판단, 시청 채널 데이터 수집 등

■ 시스템 구성

• 주장치(Main Console) : W/S, Storage, 프린터, 통신제어장치 접속 B/D

• 가입자 제어 장치 : PC, Storage, Data Modem, 통신제어보드(CCU) : Main 콘솔 I/F, Data Modem I/F, Scrambler I/F

• 결합기(Combiner)

• 스크램블러(Scrambler) : 도시청 방지를 위해 허가된 가입자만 볼 수 있도록 A/V 신호를 조작하는 장치로 제어모듈, 통신접속모듈, 타이밍제어모듈, 랜덤코드 발생 모듈, 데이터 전송모듈, 비디오 스크램블 모듈, 오디오 스크램블 모듈, 중간 주파수 대역 스크램블모듈, 전면판, 접속 모듈 등으로 구성된다.

• RF 모뎀 : 컨버터와 가입자 제어 장치 간의 통신정보를 고주파 신호대역으로 변조하여 동축케이블로 전송하기 위한 장치

• 운용 S/W : 가입자 관리 S/W : Real PG 프로그램, Data 화일, 화면구성 화일, 통신기능 화일

• 가입자 제어장치 S/W : 운용 S/W, 통신제어보드 F/W(Firmware)

• 가입자 컨버터 F/W : Data 통신관련 F/W

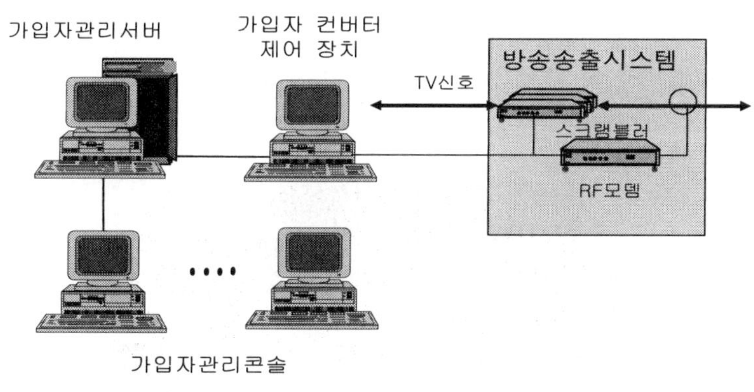

그림 4-5. CATV 가입자 관리 시스템 구성도

4.2.2 전송 분배계

전송 분배계는 헤드엔드에서 송출된 프로그램 신호를 각 가입자의 단말기까지 송신하기 위한 전송로이며, CATV 시스템의 규모, CATV 시스템의 적용 대상, 가입자 밀도, 헤드엔드의 위치, 지형적 조건 등에 따라 구성 방법이 다르게 된다. 또, 신호의 전송이 헤드엔드로부터 가입자를 위한 단 방향 전송, 양방향 전송 여부에 따라 달라진다. 주요 구성 선로는 주간선, 분배선, 인입선으로 구분하며, 전송기기는 증폭기, 케이블, 커넥터 및 수동 소자류로 구성된다.

(1) 전송기기

■ 선로 증폭기

CATV 분배국으로부터 광으로 전송된 영상 데이터가 ONU(Optical Network Unit)를 통해 전기적 신호로 변환된 후, 동축 분배망을 통해 전송되는 신호를 증폭하는 장치로서, 디지털 CATV 전송을 위해서는 750[MHz]대까지 증폭 가능한 선로 증폭기가 필요하며 주로 550~750[MHz]대역을 디지털 CATV 전송대역으로 사용한다.

부가 서비스 방송 및 인터넷 서비스는 물론, 음성 및 영상전화 서비스까지를 포함하는 TPS(Triple Play Service) 고려하는 경우에는 870[MHz]~1[GHz]급의 증폭기가 필요하게 된다.

- 간선 증폭기(TA : Trunk Amplifier) : 간선에 사용되며 전송로 자체의 신호 손실을 보상함. 이득조정, 경사조정 등의 기능을 갖는 저증폭도의 고품질 증폭기로서, 넓은 지역에 신호를 전송하므로 다단 접속이 불가피하며, 이에 따른 문제점을 줄이기 위해 좋은 품질과 낮은 신호 왜곡 특성이 필요하다.

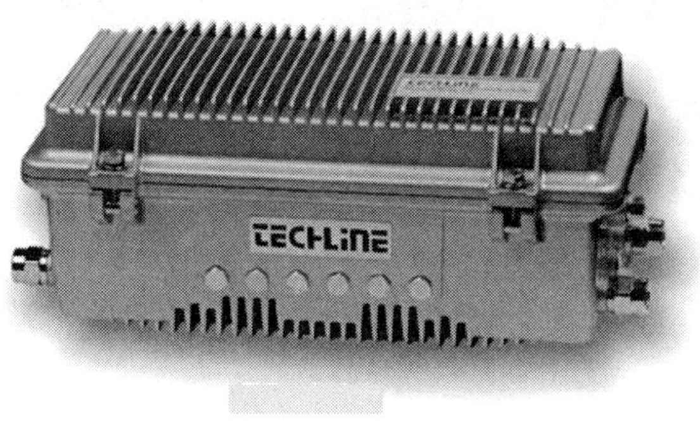

그림 4-6. 간선증폭기

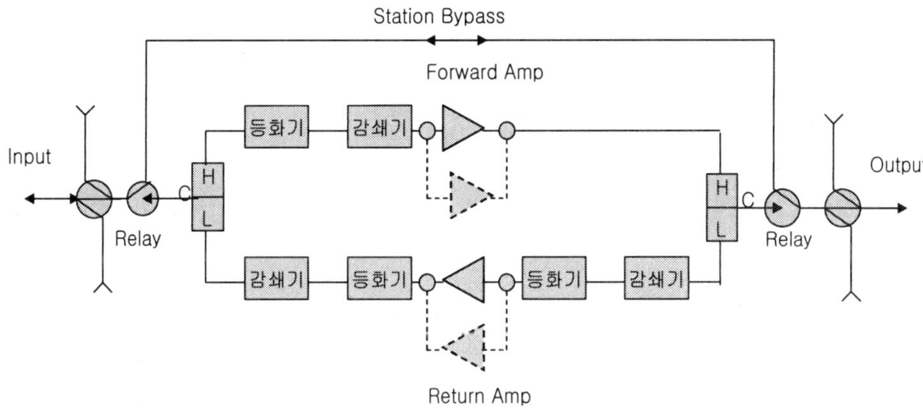

그림 4-7. 간선증폭기 블록도

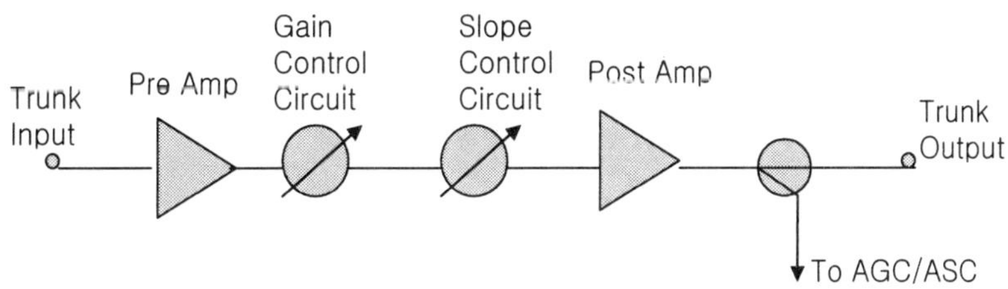

그림 4-8. 하향 간선증폭기 모듈 내부 구성도

- 간선 분기 증폭기(TBA : Trunk Bridger Amplifier) : 간선신호를 2분기 이상 분리시킬 필요가 있을 때 사용하는 증폭기로써 간선증폭기와 공동으로 사용되는 구조로 간선 분기 증폭기라고 부르기도 한다. 간선증폭기에 비해 높은 증폭도를 가진다.

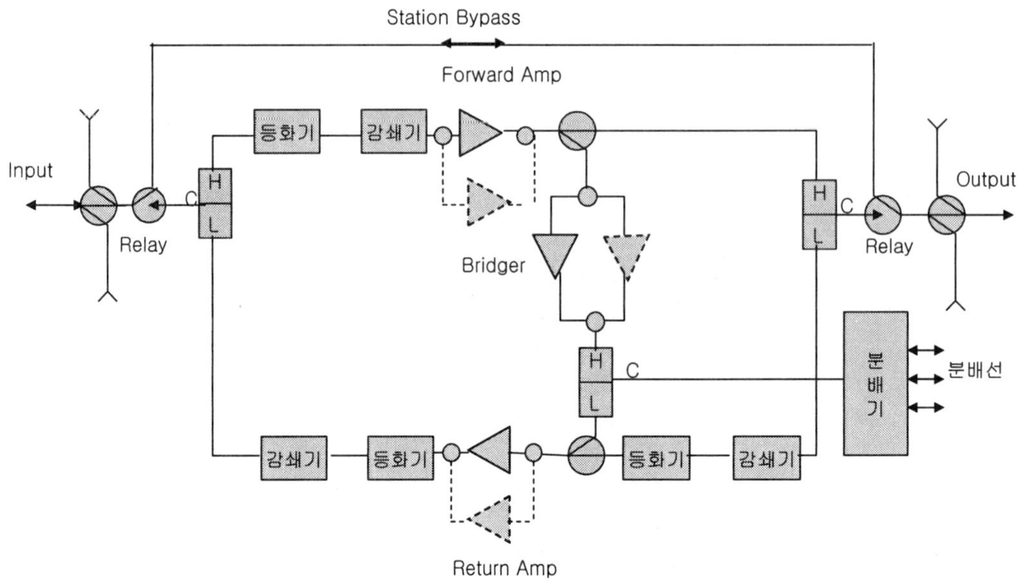

그림 4-9. 분기증폭기 블록도

- 분배 증폭기(Distribution Amplifier) : 일반적으로 간선 또는 분기선의 종단에서 신호를 2분배 이상 균등 분할하여 가입자에게 분배하기 위해 사용되는 증폭기이다.

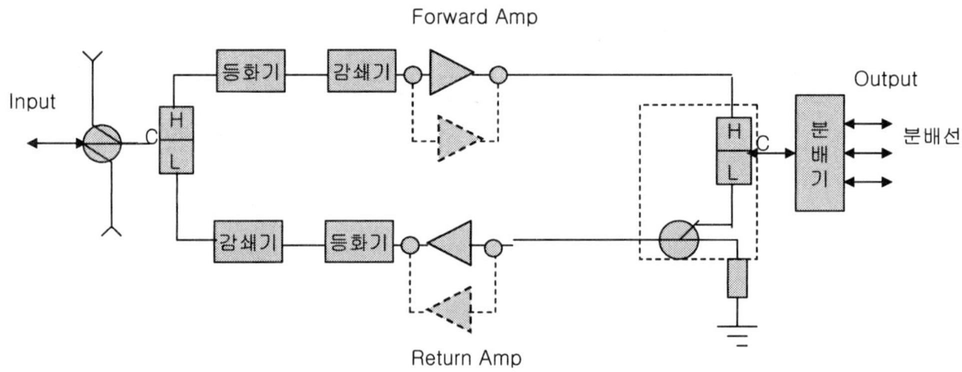

그림 4-10. 분배증폭기 블록도

- 연장 증폭기(Line Extender Amplifier) : 분배 또는 분기 증폭기에서 제공된 출력 신호를 원격지 수신 단말기까지 전송하려고 할 때 미약한 신호를 증폭해주기 위해 사용되는 증폭기로서 간선증폭기보다 증폭도가 높고 신호왜곡과 잡음현상이 심한 특성을 갖는다. 분배선로 또는 소규모 전송망에 사용되며 증폭도, 사용주파수대역에

따라 분류할 수 있다. 연장증폭기는 전기적인 특성이 간선 증폭기에 비해 나쁘기 때문에 1개 전송로에 3대 이상의 직렬 다단 접속이 불가능하다.

그림 4-11. 연장 증폭기

- 구내 선로 증폭기(Indoor Amplifier) : 구내선로에 설치되는 증폭기

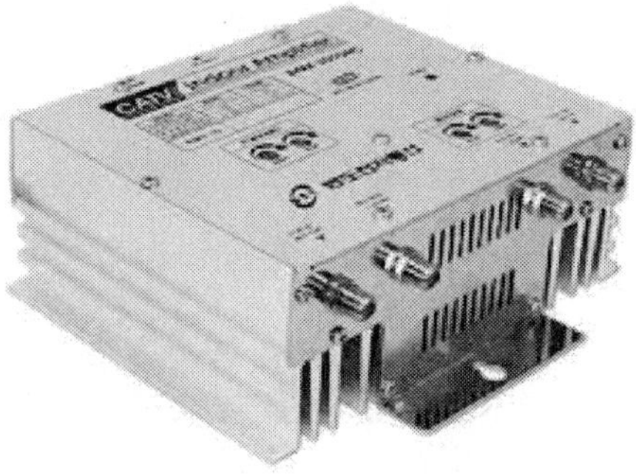

그림 4-12. 구내선로 증폭기

- 선로 증폭기의 일반적인 특징 : 선로 증폭기는 서비스의 종류, C/N, CTB, 입출력 레벨, 잡음 지수, 직렬접속 수량 등을 고려해서 선정하며 주요 성능 파라미터 값은 다음과 같다.
  - Passband : 50～450/550/750/1000[MHz]
  - Gain : 20～30[dB]
  - Gain Flatness : ±0.25[dB]

- Gain Control Range : 10[dB]
- Slope Control Range : 8[dB]
- Auto Gain Control Range : ±4[dB]
- Auto Slope Control Range : ±4[dB]
- Noise Figure : 9.0～10
- Operating Output Level : 증폭기가 제공할 수 있는 최대 신호레벨 +32[dBmV]
- Operating Input Level : +10[dBmV]
- CTB : −84～−91[dB]
- CS/O : −84～−85[dB]
- XM(Cross Modulation) : −84～−91[dB]
- Return Loss : −16[dB]
- Hum Modulation : −65[dB]

■ **옥외형 광송수신기**(ONU, Optical Network Unit)

옥외형 송수신기는 건물의 지하 공간이나 전주 강연선에 설치되며 간선 및 분기선으로부터 입력된 상향 신호를 광신호로 변환하고 헤드엔드로부터의 하향 광신호를 전기신호로 변환해주는 역할을 한다. 통상 덮개부에 장착된 상태 감시모듈은 옥외 광송신기의 상태를 원격으로 감시하는데 사용된다.

광동축 혼합(HFC)망을 이용한 대화형 CATV 시스템에서는 기존 아날로그 CATV 채널을 수용하고 상호 연동성을 가져야 하므로 전송과정에서 광전변환이 필수적이며 광 변복조 기술, O/E(Optical/ Electrical), E/O(Eletrical/Optical) 광전 변환용 부품제조 기술 및 보상회로 설계기술이 필수적이다. 광 동축 혼용전송망에서 필연적인 광전변환에 필요한 이 장치는 양방향 통신이 가능한 시스템이다.

ONU 및 광 송·수신 모듈의 요구 조건(예시)은 다음과 같다.

- 광전변환 구동·보상 기능
- 대역폭 : 750[MHz] 이상
- 사용파장 : 1.3～1.5[㎛]
- 전송속도 : 43[Mbps] 이상
- RF 증폭회로 내 신호 대역폭 : 750[MHz]

그림 4-13. 옥외형 광송수신기(ONU)

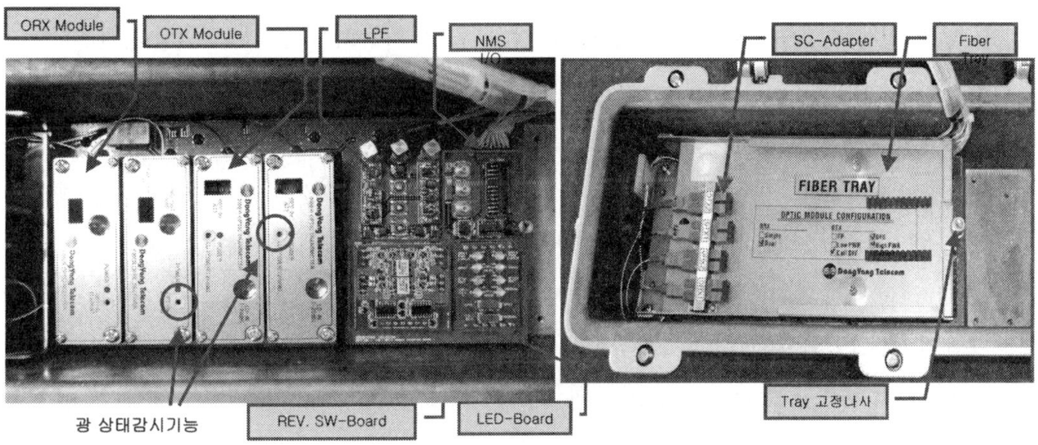

그림 4-14. ONU의 내부 구조(광 송수신 모듈과 fiber tray)

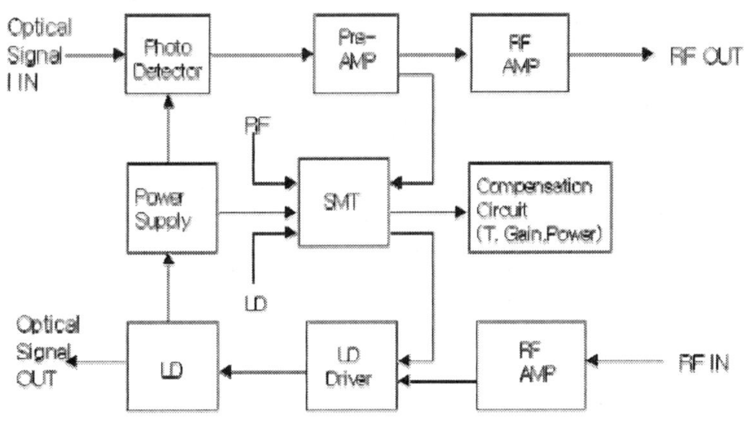

SMT:Status Monitoring Transponder

그림 4-15. ONU 기능 블록도

■ 선로 전력 공급기(Line Power Supply)

- 입력/출력 전압 : 220VAC / 60VAC 또는 24VDC
- 출력AC전력 : 900VA, 720VA, 540VA, 450VA, 360VA, 180VA(60VAC × 3A)
- 동작 모드 : On-Line/Standby(Battery)
  * 간선증폭기 전력 소모 : 30W～40W(@60VAC)
  * 연장증폭기 전력 소모 : 20W～25W(@60VAC)

■ 수동기기

- 전력 삽입기(Power Inserter) : 증폭기 전원공급을 위해 선로중간에 삽입하며 임피던스 변화를 일으키지 않고 증폭기 전원 공급 가능하도록 하는 역할을 한다.
- 분기기(Splitter) : 신호를 간선에서 지선으로 나눌 때 사용하며 삽입 손실(Insertion Loss), 분기손실(Tap Loss), 역결합 손실(Isolation of Tap to Out) 등을 고려해야 한다.
- 분배기(Distributer) : 신호를 동등한 레벨로 분배하기위해 사용한다. 2분배기, 3분배기, 4분배기 등이 있고 단자간 분배손실(Splitting Loss), 단자간 결합손실(Isolation of between Taps) 등을 고려해야 한다.
- 분파기(Diplex Filter) : 고(High)와 저(Low) 주파수 대역 신호를 분리시키는데 사용한다.

그림 4-16. 여러 가지 수동 소자(간선 분배기와 Tap-off)

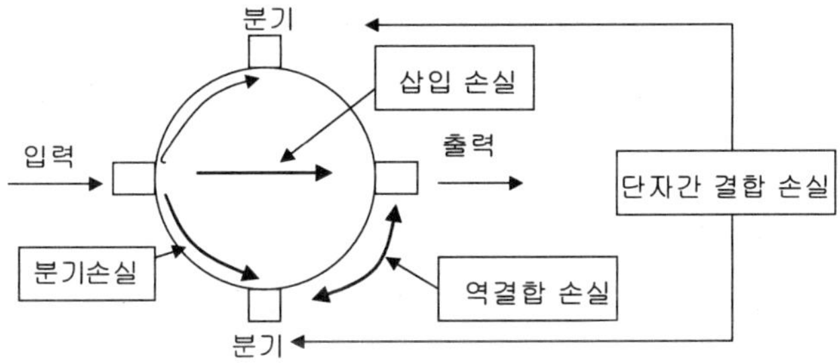

그림 4-17. 분기기의 각종 손실

- 방향성 결합기(Directional Coupler) : 어느 한쪽 입력단자에 입력된 신호는 특정 방향으로만 전달되고 다른 방향으로는 전달되지 않도록 하는 장치로 간선 또는 분기선에서 신호를 분기시킬 때 사용한다.
- 탭 오프(Tap-off) : 분기기에 분배기가 내장되어 있음. 가입자에게 신호를 분기시켜 주기 위해 사용한다.
- 등화기(Equalizer) : CATV 시스템에서는 동축케이블의 주파수 특성에 의해 틸트(tilt) 특성을 가지게 되며 수신 단말기에 채널간의 레벨차이를 줄이기 위해 증폭기 내부 혹은 케이블에 등화기를 설치하여 운영한다. 일반적으로 증폭기에서 단말 수신 레벨 균등화를 위하여 Flat Output, Flat Input, Flat Mid Span 같은 3가지 방법을 사용하고 있으며, 이중 Flat Output 형태를 가장 많이 활용하고 있다.
- 감쇄기(Attenuator) : 신호 감쇄용 수동기기
- 커넥터(Connector)
- 종단기(Terminator) : 75[Ω] 불평형(동축), 300[Ω]평형

(2) 망감시 시스템

■ 개 요

CATV 망감시 시스템은 CATV 망의 효율적인 관리를 위해 전송로 상의 각종 증폭기 및 전력 공급기들의 동작 상태를 헤드엔드(HEAD-END)나 망분배 센터에서 원격 측정, 감시하는 시스템으로 다음의 관리기능들을 수행한다.

- 구성 관리(Configuration Management) : 가입자 원장 관리 및 가입자 데이터 변경, 설비 공급, 가실, 장치 상태 데이터 변경, 망 재구성
- 장애 관리(Fault Management) : 고장 예측, 감시, 경보, 고장개소 추적, 수리, 분석

- 성능관리(Performance Management) : 망상태, 성능 감시 데이터 수집 분석
- 계정 관리(Accounting Management) : 채널 사용량 자료 수집 저장 및 처리, 과금 관리
- 보안 관리(Security Management) : 망 접속/사용보안, 도용감시
  - 망 관리 기능은 관리회사의 상황, 운용자 요구조건, 운용 환경 등에 따라 다를 수 있음

■ 필요성

- 운용 중 발생할 수 있는 장애의 조기 발견
- 고장 또는 이상 발생위치 및 종류의 신속 정확한 판단
- 전송 시스템의 고신뢰도 유지
- 전송 시스템의 유지 보수 비용 절감
- 전송 설비의 손쉬운 점검 및 진단
- 전송 선로의 집중 관리에 따른 망 효율의 극대화

■ 주요 기능

- 전송로상의 증폭기, 전력 공급기의 상태 감시, 분석 및 보고(폴링 기능)
- 증폭기 내의 바이패스 스위치, RBS 등의 원격 제어
- 암호 변경, 상태감시 데이터 저장 간격, 시간/날짜 지정 및 변경
- 감시 대상 기기별 이상 상태 판단 기준값 지정 및 변경
- 상태 감시 데이터의 이력 관리 및 통계 처리
- 고장 또는 이상 유무의 정확한 판단 및 시각, 청각 경보 기능
- 선로 구성 화일 입력 및 저장 기능

■ 시스템 구성

- 제어장치 : 컴퓨터(PC), 망감시 소프트웨어, 프린터, 백업용 하드디스크로 구성된 제어 시스템
- 정합장치 : 컴퓨터와 CATV 전송로 사이에 접속되어 통신을 원활히 수행할 수 있도록 전송 제어하고, 프로토콜을 변환하여 중계하는 통신 제어장치
- 상태감시모듈 : 전송 선로 상에 설치된 증폭기(간선, 분기, 분배, 연장 증폭기)와 전력 공급기의 상태 데이터를 수집, 저장하여 분배센터에서 의 폴링 명령에 따라 상태 데이터를 전송해주는 모듈(대부분 증폭기 내부에 설치되며 증폭기 함체 내의 각

기능 모듈과의 I/F가 중요함)

■ 감시 및 제어항목

- 상태데이터 : AC 전압, DC 전압, AGC/ASC 전압(간선, 분기증폭기), 데이터 반송파 신호레벨, 잡음레벨, 함체 내 온도, 함체 개폐 상태 등
  - 전력공급기의 경우, 증폭기의 경우와 대동소이하나, AC출력전류 운용 상태 On-Line/Stand-by 등이 다른 항목임
- 제어기능 : RBS(Reverse Bridger Switch) ON/OFF/-6[dB]제어, 순방향/역방향 Bypass Switch On/OFF 제어, 데이터 반송파 출력 주파수 및 레벨 제어, 상태 감시 모듈 출력(상향) 레벨 원격조정, 상태 감시 모듈 송수신 채널 주파수 원격조정

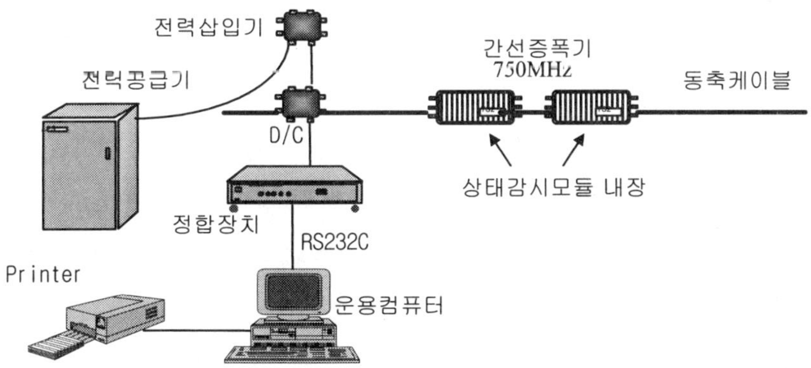

그림 4-18. CATV 망 감시 시스템 구성도

(3) 동축 케이블

■ 동축 케이블 종류

- 알루미늄 쉬스형(Aluminium Sheath)
- 알루미늄 테이프 형
- 편조 동축형

■ 동축케이블 특성

- 전송손실과 주파수 특성이 중요한 요소임
- 전송손실 : $L_c \propto \sqrt{f} \cdot \sqrt{\rho}$

어기서 f : 주파수, ρ 도체의 비저항(resistivity)

L_c값의 예 : 13[dB]/100[m] @ 200[MHz], 25.8[dB]/100[m] @700[MHz]

따라서 동축케이블 손실(cable loss)은 주파수가 높을수록 증가하며 전송 가능 거리도 짧아진다.

$$L_c = k\sqrt{f}\ [\mathrm{dB/km}]\ (k\text{는 상수})$$

표 4-1. CATV 용 동축케이블 감쇄 특성

명칭 \ 주파수[MHz]		표준감쇄량([dB]/[km])								용도
		70	90	220	250	300	450	770	1300	
알루미늄 쉬스	17C-FA(SS)	13	15	24	26	29	36	-	-	간선
	12C-FA(SS)	20	22	36	38	41	51	-	-	분기선
	8C-FA(SS)	26	30	48	51	57	71	-	-	분배선
라미네이트 알루미늄 쉬스	10C-FL(SS)	28	33	51	58	62	77	-	-	간선
	7C-FL(SS)	31	35	56	63	69	82	113	147	분기선
	5C-FL(SS)	45	51	81	90	98	116	176	240	인입선
편조 동축케이블	7C- FB	48	53	79	96	107	124	169	253	인입선 및 옥내선
	5C- FB	51	59	98	105	118	145	196	265	
편조 동축케이블 (옥내용)	5C-2V	72	84	130	140	156	199	290	-	옥내선
	3C-2V	98	118	195	-	-	-	365	-	
편조 동축케이블 (저손실용)	5C-FV	56	62	100	109	121	151	208	-	옥내선
	3C-FV	88	110	170	-	-	-	325	-	

■ 동축케이블 구조

- 중앙의 코어(core)는 구리 혹은 구리합금으로 되어있고 반듯하거나 꼬여 있고, 코어의 굵기나 꼬여있는 가닥수는 감쇄에 영향을 주는 요소이다.
- 절연층은 비전도체로 만들어지고 고 발포 폴리에틸렌 등을 사용한다.
- 차폐(shield)는 대개 알루미늄과 구리로 만들어진 그물형태이며 EMI 등의 간섭으로부터 보호하는 기능을 가진다.
- 외피는 폴리에틸렌을 사용한다.

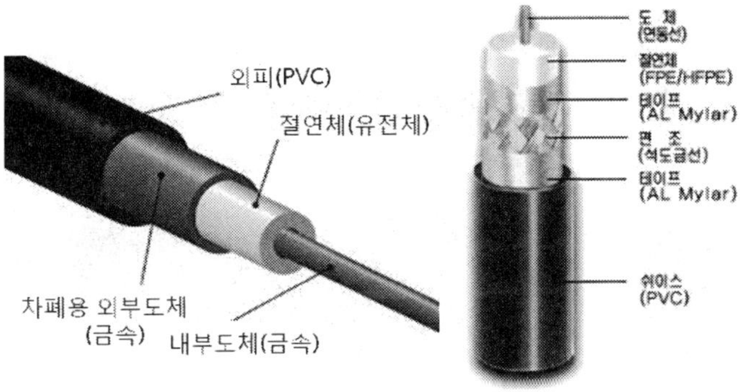

그림 4-19. 동축케이블(coaxial cable) 구조

4.2.3 단말계

가입자의 주요 단말 설비로서는 외부의 위험 전압 유입을 막는 보안기, 임피던스 정합기, 복수 단말 장치와 연결하기 위한 단말 분배기, 가입자 컨버터(Set-Top Box), TV 수상기, FM 방송 수신기, 가입자가 헤드엔드에 지령이나 응답을 하기 위한 자판, 리모컨, 자판으로부터의 신호를 헤드엔드에 전송하기 위해 필요한 변조 및 제어 기능을 갖는 단말 부가 장치 등, 서비스 종류에 따라 다양하다.

(1) 가입자 단말기(Set-Top Box)

■ 종류

- 단방향 단채널 : 단순한 주파수 변환 기능만 수행, 가입자 컨버터(converter)라고도 함
- 단방향 다채널 : 주파수 선택 및 주파수 변환 기능만 수행
- 양방향 어드레서블(Addressable) : 마이크로프로세서 내장, 고유의 ID를 가지고 있으며 각 가입자의 요구에 따라 스크램블을 해제하는 PPV 기능 지원, Set-Top Box 라고함

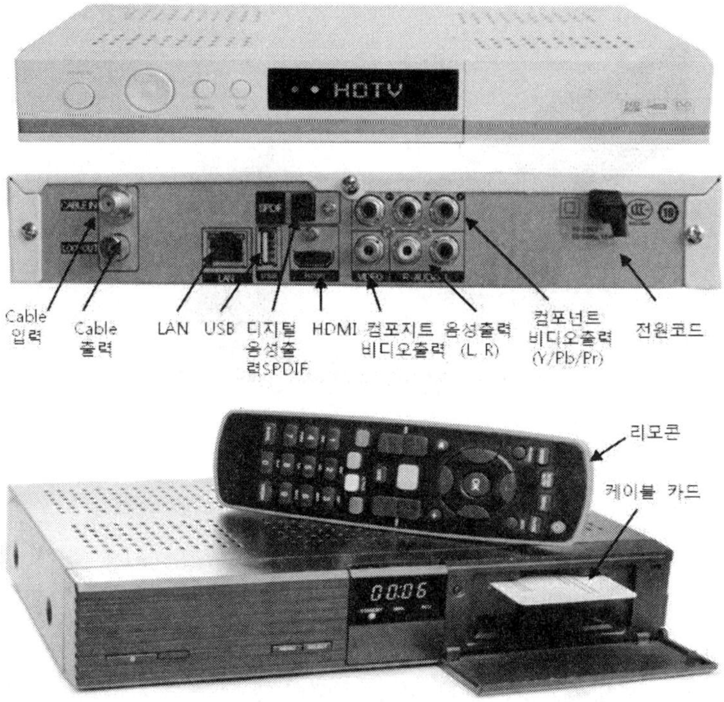

그림 4-20. CATV 가입자 단말기(디지털 Set-Top-Box)

■ 기능

- 주파수 변환기능
  - 유선 TV채널 수신용 튜너 사용, 단일 변환(single conversion)방식과 이중 변환(double conversion)방식이 있으며 인접채널 방해, 국부 발진 누설을 최소화 면에서 후자 방식이 유리함. 적정 A/V신호 레벨 유지, 저잡음화, 전자파 차폐 등을 고려해야 한다.
  - 디지털 CATV 가입자 단말기의 경우, 리모컨으로부터 채널 전환(channel zapping) 명령이 입력되면 현재 시청 중인 채널의 출력을 중단하고 입력된 채널번호를 기준으로 STB 메모리에 저장된 채널 맵(map)을 이용하여 PMT정보를 해독하고 해독된 정보를 통해 해당 채널에 대한 시청 권한 여부를 검사한 후, 해당 채널 주파수로 튜닝되고, 복조, 역다중화, 복호화 과정을 거쳐 변경된 프로그램(A/V 신호)을 출력한다.
- 디스크램블(Descramble) 기능 : 도시청 방지를 위한 기능, 해당 서비스 제공받을 권리가 있는 정당한 가입자만 시청할 수 있도록 하는 기능

Book Cafe

■ **디스크램블 기법**

- Video Inversion : 정현파 스크램블링, 동기 신호 억압
- Base band 방식 : 시간 축 반전, 주사선 이전, 위상 부호화(암호화), 디지털 신호 처리
- 복합방식 : 최근에는 2가지 이상의 기법을 복합적으로 적용하는 방식(수평동기 신호 제거, 수직 동기 신호 제거, 영상신호 반전, 동기신호 반전 등), 시간에 따라 스크램블링(Scrambling) 알고리즘이 변화하는 동적(Dynamic) 스크램블링 기법 등이 있다.
- 보안도, 복원 영상 화질, 전송주파수 대역폭 등을 고려하여 선정한다.

- OSD(On-Screen Display) 기능 : 가입자 컨버터의 동작모드, 채널, 시간 등에 관한 정보화면 표시(OSD), 프로그램 안내(Program Guide), 홈쇼핑, 홈뱅킹, 홈시큐리티, 각종 정보 서비스(예, Videotex) 등에 필요한 도형, 문자 정보 표시
- 데이터 통신 기능 : RF 모뎀 모듈을 이용 컨버터 제어에 필요한 각종 데이터를 전송하는 기능, In-band, Out-band 전송방식이 있으며, 전송제어 방식은 주로 폴링/셀렉팅(Polling/Selecting) 방식을 사용한다.
- 원격 제어 명령 수행 기능 : 방송국으로 부터의 각종 제어 명령(TV 제어 포함), 리모컨으로부터의 명령을 수신하여 동작을 수행한다.

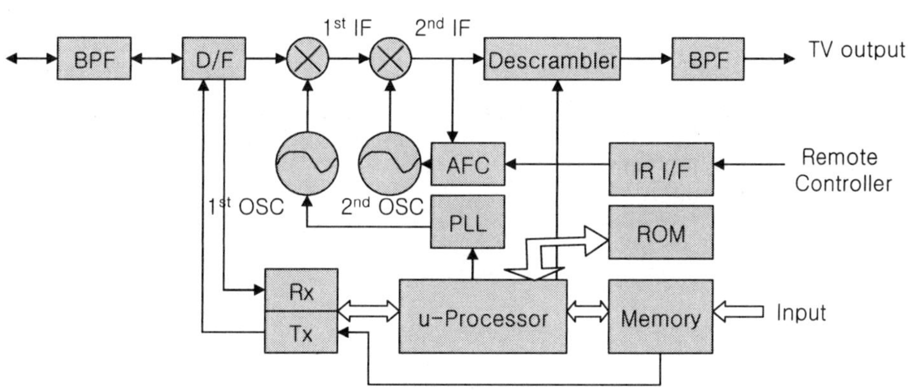

그림 4-21. 양방향 CATV Set-Top Box 기능 블록도

(2) TV 세트 및 리모컨

리모컨은 제어 코드를 PWM 신호로 변환하고, 이를 다시 수십 [kHz](30~40[kHz])로

변조하여 적외선(IR : Infra Red)로 송출한다.

(3) 보안기(Surge Protector)

낙뢰, 과전압으로부터 단말기 및 가입자를 보호하는 장치

(4) 정합기

TV 수상기 신호 입력 단자가 300[Ω]일 경우, 동축케이블 임피던스인 75[Ω]으로 변환시켜주는 장치(75[Ω] → 300[Ω]). 삽입 손실은 0.5[dB] 이하, 입출력 정재파비(VSWR)은 1.5 이하이다.

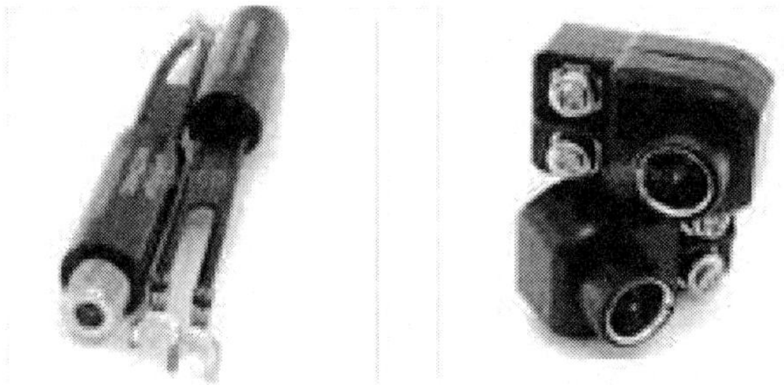

그림 4-22. 정합기

(5) 기타 장치

혼합기(Mixer), 분파기(UHF, BS 대역분리), 혼신방지기(Bypass Filter), 75[Ω]/300[Ω] 아웃렛 유닛(Outlet Unit) 등

연습문제

01. CATV 시스템의 센터계 설비가 아닌 것은?

① Pilot 신호 발생기 ② 스크램블러
③ 망감시 시스템 ④ TV 신호 처리기

02. CATV 시스템 전송 분배계 설비가 아닌 것은?

① 망감시 시스템 ② ONU
③ Pilot 신호발생기 ④ TBA

03. CATV 망의 센터계 설비 중 신호를 변환, 증폭하여 전송로에 신호를 송신하기 위한 설비는?

① 수신점 설비 ② 스튜디오설비
③ 헤드엔드 설비 ④ 운영관리 설비

04. CATV 방송국이 방송신호를 직접 측정, 시험하기 위하여 갖추어야 할 장비에 속하지 않는 것은?

① 파형분석기 ② 벡터스코프
③ TV 신호발생기 ④ Time Base Corrector

05. CATV 스크램블에 대한 설명 중 옳은 것은?

① 화면의 잡음을 없애고 특성을 개선하는 장치이다.
② 보호(안전)채널과의 간섭을 말한다.
③ 프로그램 공급자나 CATV 사업자가 필요에 따라 해제할 수 있다.
④ 단말기 조정 장치를 말한다.

06. 종합유선방송국이 사용하여야 할 영상신호의 기저대역 주파수는?

① 4.2[kHz] 범위 내

② 4.2[MHz] 범위 내

③ 50[Hz]~15[kHz] 범위 내

④ 5.75[MHz]~450[MHz] 범위 내

07. CATV 간선증폭기에 대해 잘못 기술한 것은?

① 동축 CATV 전송로 간선에 사용되며 고증폭도의 고품질 증폭기이다.

② 등화기와 감쇄기로 입력레벨을 조정 및 등화 할 수 있다.

③ 스위치 조작에 의해 자동 또는 수동으로 이득 및 경사를 조절할 수 있다.

④ 입력된 전원을 자체 증폭회로에 공급하며 수동으로 전 후단에 연결 또는 차단할 수 있다.

08. CATV 전송로 중간선에서만 사용되는 증폭기로서 전송로의 신호 손실을 보상하며, AGC 등의 기능을 가진 고품질의 증폭기는?

① DA(Distribution Amplifier)

② EA(Extender Amplifier)

③ SP(Splitter)

④ TA(Trunk Amplifier)

09. 다음 중 증폭기 전원 공급을 위해 선로 중간에 삽입하는 기기는?

① 간선증폭기

② 간선분기증폭기

③ 분배증폭기

④ 전력삽입기

10. 다음 중 신호를 간선에서 지선으로 나눌 때 사용하는 기기는?

① 분배증폭기

② 분배기

③ 분기증폭기

④ 분파기

11. CATV 전송로에서 1차 측의 신호전력의 일부를 2차 측으로 결합시키는 장치로서 방향성 결합 회로를 기본으로 하는 장치는?

① 중계 증폭기

② 분기기

③ 분배기 ④ 정합기

12. 다음 중 CATV 하향신호와 상향신호를 분리시켜주는 역할을 하는 수동기기는?

① 방향성결합기(D/C) ② 분파기(D/F)

③ Tap-Off ④ 분기기

13. 다음 중 신호를 동등한 레벨로 분배하기 위해 사용하는 기기는?

① 분배증폭기 ② 방향성결합기

③ 분기증폭기 ④ 분기기

14. CATV 망에서 동축케이블의 주파수 특성에 의해 기울기(tilt) 특성을 가지게 되며 수신 단말기에 채널간의 레벨차이를 줄이기 위해 사용하는 기기는?

① 등화기 ② 분배기

③ 분기증폭기 ④ 분기기

15. HFC 전송망에서 광신호를 전기신호로 변환하여주는 옥외형 장치는?

① TBA ② ONU

③ Router ④ Tap-off

16. CATV 시스템에서 분기단자에 신호를 가했을 때, 입력레벨과 간선의 출력단자에서 나오는 출력레벨과의 차에 의한 손실은?

① 분배 손실 ② 단자 간 결합 손실

③ 결합 손실 ④ 역결합 손실

17. CATV 망감시 시스템의 주요 구성 요소가 아닌 것은?

① 상태감시모듈 ② 정합장치

③ 운용컴퓨터 ④ 전력공급기

18. CATV 가입자 인입선에 주로 사용하는 동축케이블의 손실 값은 주파수에 따라 어떻게

변하는가?

① 주파수에 정비례한다.

② 주파수 자승에 비례한다.

③ 주파수에 반비례한다.

④ 주파수의 평방근에 비례한다.

19. 우리나라 CATV 방송 시스템에 동축케이블의 공칭 임피던스는 얼마인가?

① 50[Ω] ② 75[Ω]

③ 200[Ω] ④ 300[Ω]

20. CATV 양방향 어드레서블 컨버터(Converter)의 내부 구성 요소가 아닌 것은?

① 디스크램블러 ② 진폭 변조기

③ RF 모뎀 ④ 튜너

21. TV공시청 전송 선로 설비 중 수신안테나의 레벨 조정 시 채널 간 레벨 범위는?

① 2[dB] 이내 ② 3[dB] 이내

③ 4[dB] 이내 ④ 6[dB] 이내

22. CATV의 방송시스템의 T/O(Tap-Off) 단자에서의 반사파는 얼마를 기준으로 하는가?

① − 124[dB] ② − 104[dB]

③ − 74[dB] ④ − 24[dB]

23. 다음을 설명하라

(1) TBC

(2) CATV의 평탄 손실과 케이블 손실

(3) CATV에 사용되는 Diplex Filter(D/P)

(4) CAS

(5) 다이나믹 레인지

24. 다음과 같은 분기기의 양 분기단 간의 손실을 무엇이라 하는가?

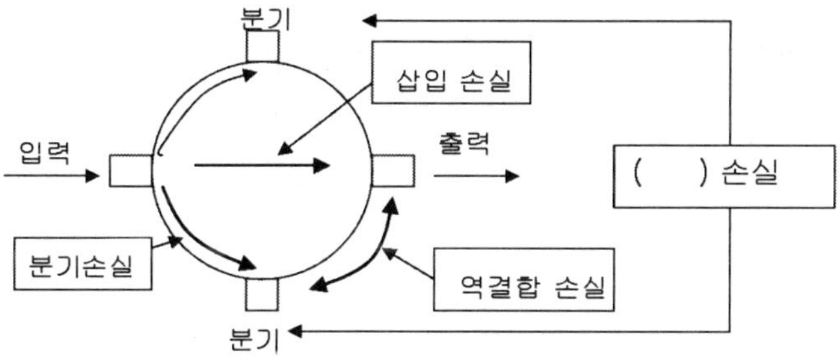

25. CATV 분기기 손실을 나타내는 다음 그림에서 괄호 안을 채워라

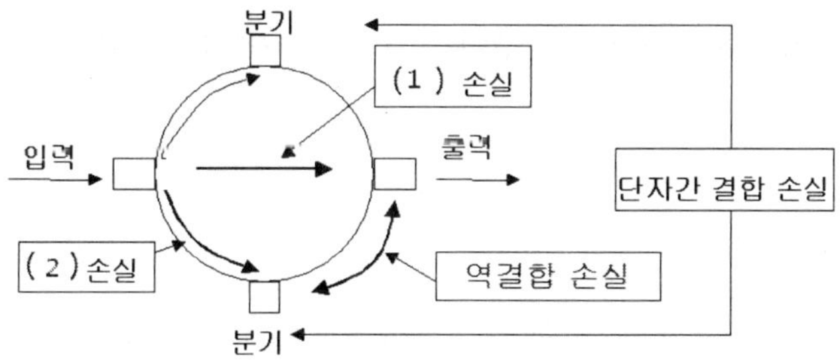

26. 방향성 결합기(Dirctional Coupler)의 용도(기능)를 설명하고 분기손실과 삽입 손실을 기술하라

27. CATV망에서 간선, 분기선의 케이블 손실이나 분배기, 분기기, 탭 오프 등의 수동 소자에 의한 평탄 손실을 보상하고 필요한 신호레벨을 유지시키는 장치는?

28. CATV 선로 중, 인입선의 허용 곡률 반경은 얼마인가?

29. 안테나에서 수신한 일정 주파수 대역의 입력 RF 신호를 시스템에서 요구하는 신호 품질 및 레벨을 유지시키기 위해 사용하는 장비는?

30. 송신소에서 영상과 음성을 합치는 장치는 무엇인가?

31. CATV 신호의 CS/O, CTB를 측정할 수 있는 장비는?

32. 다음 영상 수신회로에서 tuner의 요소 중(1)~(4)을 채우시오

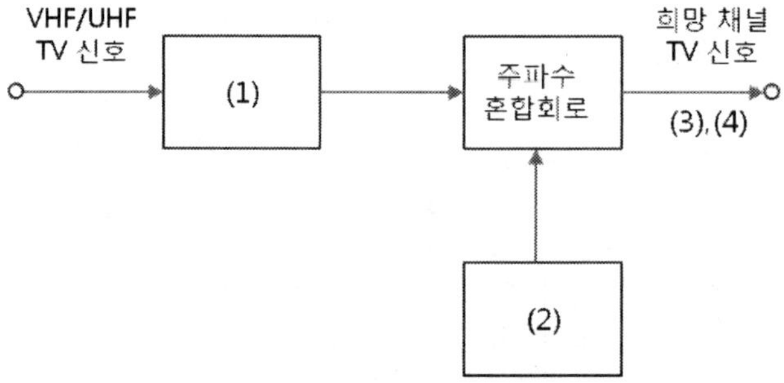

• 영상중간주파수 (   )   • 음성중간주파수 (   )

33. Super Heterodyne 수신기에서 발생하는 혼신의 종류를 들고 경감대책을 쓰시오.

(1) 영상혼신

(2) 혼변조

(3) 근접 주파수 혼신

34. Yagi 안테나의 Element 수가 증가할 때의 장점을 기술하라

35. 방송국 프로그램 제작 시 사용되는 조명의 종류 중, Key Light와 Fill Light에 대하여 간단히 설명하라

(1) Key Light

(2) Fill Light

36. 방송국 프로그램 제작 시 사용되는 스피커의 종류에 대해 설명하라

37. ENG 카메라와 EFP에 대해서 설명하라

38. SNG에 대해 설명하라

39. Non-linear 편집기에 대해 설명하라

연습문제 정답

23. (1) TBC : Time Base Corrector(시간 축 보정기) : VTR의 재생시 테이프 주행 및 헤드 주행 과정에서 빚어지는 여러 가지 오차, 테이프 자체의 결함, 기타 제반 기계적 · 전기적 문제들로 인해 발생하는 불안정 요소들을 제거하여 안정된 동기를 유지하도록 하는 기능을 하는 장치

 컬러 시스템에서 동기펄스가 불안해지면 지터(jitter), 화면의 수직변동, 스큐(skew), 스캘로핑(scalloping), 색상과 포화도의 불균일 등의 결함이 생기는데 이것을 지연회로와 적절한 디지털 신호처리 과정에 의해 개선하는 장비

(2) CATV의 평탄 손실과 케이블 손실

- 평탄 손실 : CATV 수동기기(분기기, 분배기, D/F, D/C, 탭오프 등)에 의해 발생하며 전 주파수 대역에서 일정하게 발생하는 손실
- 케이블 손실 : 동축케이블에 의한 손실로 주파수에 비례하여 증가하는 손실

(3) CATV에 사용되는 분파기(D/P, Diplex Filer) : CATV에서 5~42[MHz]의 낮은 주파수 대역의 상향신호와 54[MHz] 이상의 높은 주파수 대역의 하향신호를 분리하기 위하여 사용하는 여파기

(4) CAS(Conditional Access System) : CATV의 수신제한 시스템, 즉 cable card와 같은 일종의 가입자 인증시스템.

(5) 다이나믹 레인지 : 최대 신호레벨과 최소 신호 레벨 간의 차이[dB]

24. 단자 간 결합 손실

25. (1) 삽입손실

(2) 분기손실

26. • 용도 : 신호를 분기(신호 레벨을 불균등하게 분배함) 할 때 사용하는 수동기기

- 삽입손실 : 2[dB]
- 분기손실 : 8[dB]

27. 선로 증폭기(Trunk Amplifier)

28. 케이블 외경의 6배 이상

29. 신호 처리기(signal processor)

30. 멀티플렉서(multiplexer) (혼합기)

31. 스펙트럼 분석기(spectrum analyzer)

32. (1) 고주파 증폭기 (2) 국부발진기 (3) 45.75[MHz] (4) 41.25[MHz]
영상중간주파수 ((3)), 음성중간주파수 ((4))

33. (1) 영상혼신
가. 고주파 증폭부 동조회로의 Q를 높인다.
나. 공중선 회로에 trap을 넣는다.
다. 중간 주파수를 높게 한다.
라. Doble-Super 방식을 취한다.
(2) 혼변조
가. 고주파 증폭단의 입력 회로의 선택도를 좋게 한다.
나. 고주파 증폭단의 직선 범위에서 동작 시킨다.
다. 특정한 주파수일 경우는 안테나에 트랩(trap)을 사용한다.
(3) 근접 주파수 혼신
가. 중간주파 필요 대역폭을 최소한으로 한다.
나. C가 큰 수정필터 등을 사용한다.
다. 중간주파 증폭단의 감쇄 특성을 급속하게 한다.
라. 중간주파 증폭단 수를 알맞게 선정한다.

34. 이득증가

35. (1) Key Light : 피사체 정면 30~40°앙각에서 순광으로 비추는 주 조명으로 주요 피사체의 밝기를 결정하고 피사체 표현에 중요한 역할을 함
(2) Fill Light : 키 라이트에 의해 생기는 강한 그림자를 부드럽게 하기 위한 조명으로 키 라이트 반대쪽의 순광이나 측광으로 주 조명보다 약간 낮게 비춤

36. 스테이지 스피커 : MC, 출연자, 밴드용 스튜디오 스피커 : 객석용
콘트롤 스피커 : 믹싱용, 오디오 스피커 : 음향 기술자용

37. (1) ENG(Electronic News Gathering) : 소형 카메라와 소형VTR 또는 VTR 일체형 카메라에 의한 뉴스 취재 방법으로 두 사람의 적은 인원을 가지고 운용 가능하며 중계차를 사용하지 않기 때문에 비용이 저렴하며 속보성이 뛰어나 생중계에 적용 가능함
(2) EFP(Electronic Field Production) : 야외에서 소형 TV 프로그램을 제작하는 것으로 뉴스

취재의 ENG방식을 발전 시켜서 프로그램 제작에 응용한 것을 말함

38. Satellite News Gathering의 약자로 통신 위성을 통한 TV 뉴스 취재 시스템 즉, 위성을 통해 뉴스 소재를 전송하거나 생방송에 사용되는 시스템이다. 이동형 방송 송신용 위성지구국이라고도 불리며 ENG가 하나의 장비임에 비해 이동방송국이나 소지구국처럼 자체적으로 송수신이 가능한 시스템이다.

39. 영상과 오디오를 디지털 부호화하여 하드디스크와 같이 랜덤 엑세스가 가능한 저장장치에 기록하고 컴퓨터에 프로그램에 의해 편집하는 장치

Chapter 05 CATV 시스템 설계

5.1 개 요

5.1.1 설계 시 고려 사항

서비스 내용, 망의 구조와 형태(Topology), 서비스 영역(Coverage), 확장성(Expansion), 주파수 할당(Frequency Allocation), 헤드엔드(Head-End) 구성, 수신점 선정, 시스템 신뢰성과 유지 보수, 정보의 유용성(Information Utility) 등을 고려하여 설계한다.

(1) 시설자 측면(시설조건)

- **목적** : 특정 지역의 난시청 개선, 도시의 난시청 개선, 특정 구역의 재송신, 자체프로그램의 제작 및 송신.
- **대상** : 가입자, 대상지역의 특징
- **서비스 채널** : 수신국, VHF, UHF별 채널 수 등
- **서비스 품질** : 최저~최고 성능 수준
- 소요 예산 규모

(2) 입지조건의 측면

- **지형** : 평지, 산악, 지역면적 등
- **기후** : 기온, 적설 등
- **사회** : 세대수, 세대분포, 집단부락 분포, 공사상의 제약 등
- **전파** : 직접파 전계강도, 수신점의 전압 강도 등

(3) 시청자 측면

- 제공 품질의 확보 여부
- 경제성 : 설치비 및 운영비
- 취향, 선호 프로그램 제공 여부 : 전문성, 다양성 검토

5.1.2 시스템의 기본 설계

시스템 기본 설계는 아래와 같은 순서에 따라 한다.

(1) 시스템의 전기적 성능을 정한다.

- 수신 안테나 출력레벨

  전계 강도를 간접적으로 규정하는 것으로 대개 VHF에서 60[dBμV]이상, UHF에서 62[dBμV] 이상이어야 하고, 산간의 지역에서는 60[dBμV]을 확보하기가 어려우므로 조건이 나쁜 곳은 VHF에서 50[dBμV]이상으로 한다.
- 가입자 단자 레벨

  포화 직접파 방해에서 최저 60[dBμV] 최고 85[dBμV] 이므로 직접파 방해의 우려가 있는 지역은 최저 70[dBμV]이상으로 잡는 것이 좋다.
- 기타

  신호대 잡음의 비, 혼·변조 비, 주파수 허용편차, 기타 방해 및 일그러짐, 가입자 단자간의 결합도 등을 검토한다.

(2) 시스템을 구성한다.

- 세대 밀도, 집단부락의 분포 등으로부터 간선 및 분기 증폭기의 배치를 정하고 소요 성능과 단체기기의 성능에서 간선경로와 간선증폭기 수신점의 강도, 시스템의 크기를 정하고 기후와 공사상 제약에 의한 설치 상의 변화 등을 검토한다.
- 시스템 구성의 기본 분류는 밀집 지역, 광역 지역, 밀집광역 지역에 적합한 구성으로 분류된다.
- 간선은 1계통의 간선증폭기의 단계가 될 수 있는 한 적게 되는 경로를 선택한다. 이

를 위해 간선을 도중에서 분기하는 경우도 있다.

- 최대 단수는 소요 성능과 기기의 규격에 따라 정해지고 일반 방식에서는 5대, 대규모 시스템에서는 20대 이하로 할 것이 요망된다.
- 1개의 H/E에서 분배되는 간선의 본선은 한정되어 있지는 않으나 1개당 중계 단계가 많은 경우는 수신점을 2개 이상으로 하여 시스템을 분할하여야 한다.
- 기본 구성과 사용 기기가 정해지면 수신점 장치 및 간선계 분기, 분배선계의 구체적인 구성, 신호의 운용 레벨, 공사 방법과 소요기자재 등을 결정하여야 한다.

5.1.3 수신점의 설계

(1) 수신점의 선정

- 채널간의 레벨차가 적고 수신안테나 출력 전압이 VHF-60[dBμV], UHF-62[dBμV]이상이 바람직하다. 산간 집단 부락에서는 최소한 VHF-50[dBμV], FM-40[dBμV]이상이 확보될 수 있는 장소를 선정한다.
- 수신 화질 및 음질은 고스트(Ghost), 혼선, 외래 잡음 등에 의한 방해가 적고, 안정하게 수신할 수 있어야 한다.
- 수신 안테나의 출력은 실용 상 지장이 없는 범위에 있어야 한다.(페이딩에 의한 변동은 실용 상 지장이 없는 범위일 것)

(2) 방송 채널의 선정

- 동일 송신 점에서의 VHF채널을 수신하는 경우 그대로 채널을 송출하고 송신점이 다른 VHF채널을 수신하는 경우, 수신채널이 겹치는 경우가 발생하므로 V-V 컨버터를 설치하며 인접배치가 되도록 채널을 변환하여 송출한다.
- 시스템 수신국에 송신소와 같은 강한 VHF 잠재 전계가 있는 경우 직접 중복에 의하여 가입자 단자에 유기되는 전압과 시스템의 출력 신호 사이에 선간의 지연을 일으켜 고스트가 발생한다.

  이와 같은 경우 빈 채널이 있으면 수신점에서 채널을 변환하여 잠재전계와 다른 채널로 송출한다.

(3) 수신점의 회로 구성

- 수신안테나, 수신증폭기, 컨버터 등에 의한 회로 구성은 수신 전파의 강도, 안정도, 채널간 레벨 차 등 전파의 조건과 채널 수, 접속된 시스템 규모 등에 의해 달라진다.
- 채널 간 불균형이 10[dB]를 넘어 광대역 수신이 불가능한 경우에는 개별 수신하며 채널 전용 수신 증폭기를 사용한다.

(4) 수신점 각 부의 운용 레벨

- 수신점 증폭기에서의 소요 입력 레벨 : 시스템의 열잡음과 안테나 출력 전압 변동 등을 고려하여 수신증폭기 소요 입력 레벨은 60[dBμV]가 표준이다.
- C/N(신호전력과 잡음전력의 비) : 36[dB](열잡음에 의한 방해가 허용되는 수준
- NF(잡음지수) VHF에서 1대당 10[dB] 정도
- 도시의 경우 수신 증폭기 소요 입력레벨은 외래 잡음의 영향을 막기 위해 20[dB] 높인 값인 80[dBμV]로 설정하는 것이 바람직하다.

5.1.4 간선로의 설계

- 면적의 대소 및 가입자의 밀집여부에 따라 간선구성의 방향이 정해져야 한다.
- 간선로는 선로증폭기를 종속 접속해서 설계한다.

(1) 간선로의 운용 레벨

간선증폭기를 일정 간격으로 N 개를 종속 접속하여 설치하는 경우

$$E_m = E_i + 10\log 10 N + E_{si}$$

여기서 E_i : 입력레벨 dB, 10log10 N : 열잡음 증가에 의한 C/N 저하의 보정 값, E_{si} : 각종 편차 변동의 dB 보정 계수(0.2[%])

(2) 간선로의 분포 경로

간선 증폭기의 최적 위치는 가입자 분포를 고려하여 선정(분기증폭기 내장형, 외장형)

(3) 간선로 증폭기의 간격

- 간선 증폭기는 바로 후 단에 접속되는 간선증폭기의 소요 입력 레벨만 만족시키면 된다. 즉 선로 손실만 보상하면 된다.
- 간선증폭기의 중계간격은 증폭기 이용 정도와 케이블 손실로 정해지며 일반적으로 350∼700[m] 정도 간격으로 설정한다.
- 분배증폭기는 분배 수에 따라 달라진다.

(4) 간선로 케이블 굵기의 결정

가장 레벨이 낮다고 생각되는 가입자를 선정하여 허용 케이블 손실을 구하고 해당되는 케이블을 선정한다.

(5) 틸트(Tilt) 특성

동축케이블의 감쇄량, 즉 손실은 주파수의 제곱근에 비례하는 특성이 있다. 따라서 간선로에 있어서 증폭기 입·출력에 대한 각 채널의 신호 레벨은 주파수에 따라서 기울기를 정할 필요가 있다. 틸트 방식에는 full tilt, half tilt, flat output 방식이 있다.

5.1.5 분기, 분배 선로의 설계

(1) 분배 증폭기의 운용 레벨

- 분기 증폭기의 일그러짐은 간선계 전체의 일그러짐과 같은 값으로 설정하고 있기 때문 에 간선 증폭기보다는 출력 운용 레벨을 높게 잡을 수 있다.
- 일반적으로 분기 증폭기 출력의 운용 레벨은 간선 증폭기 보다 약 10[dB] 정도 높은 100[dBμV]정도가 된다.
- 입력 레벨은 간선 증폭기와 같이 75[dBμV] 정도가 적당하다.

(2) 분배 선로의 레벨 계산

- 가입자 단자 레벨은 60[dBμV] 이상이면 좋으나 방해파 및 잠재 자계가 있는 경우에는 70∼80[dBμV] 정도가 좋다.

■ 가입자 레벨([dBμV]) = 분기증폭기 출력 레벨 − 분기기 결합손실(1[dB])
− 케이블 손실 − Tap Off 결합 손실(10[dB])

5.1.6 설계 시 주요 파라미터

(1) 선로 증폭기의 C/N비

반송파에 의해 점유되는 스펙트럼 내의 4[MHz] 대역폭에 대해 상대적인 잡음 전력에 대한 반송파 신호 전력의 비로 단일 선로 증폭기의 C/N비(Carrier-to-Noise Ratio) 계산식은 다음과 같다.

$$C/N[\mathrm{dB}] = S_i + 59 - NF$$

여기서 C/N = 반송파신호 대 잡음비([dB]), S_i = 증폭기 입력신호 레벨([dBmV]), NF = 증폭기의 잡음지수([dB]), 59는 상온에서의 이론적인 열잡음 임계 치(-59[dBmV])이다.

(2) 시스템 C/N비

C/N비가 C/No 인 선로 증폭기 N 개를 직렬 종속 접속할 경우의 시스템 C/N비는

$$C/N_{sys} = C/N_o - 10\log N$$

단, C/N_o : 증폭기의 C/N비, C/N_{sys} : 시스템의 C/N비, N : 직렬 연결 증폭기 수이다.

표 5-1. C/N비에 따른 화질

C/N[dB]	S/N[dB]	화질 등급
45	40	아주 좋음(무왜곡)
35	29	좋음(약간 찌끄러짐)
29	23	보통(찌그러짐)
25	19	나쁨

* S/N 비는 복조 후의 신호대 잡음비를 말하여 일반적으로 C/N비 보다 5~6[dB] 정도 낮다

(3) 비직선 왜곡(Nonlinear Distortion)

■ CSO(Composite Second Order(Beat))

컴포지트 2차 비트라고 하며 $|f_i \pm f_j|$ 또는 $2f_i$와 같은 2차 왜곡이다, 다채널 케이블 TV 시스템에서 2개의 서로 다른 주파수 신호에 의해 발생 되는 상호 변조 주파수 성분 중에서 영상 반송파에서 ±0.75[MHz], ±1.25[MHz] 떨어진 곳에서 2차 비트가 집군되어 있는 것으로 영상 반송파의 피크 레벨간의 비로서 dB로 표현한다. CSO의 경우에는 시스템의 중앙보다 최하위나 최상위의 채널에서 많이 발생한다. 왜곡 위치가 영상 반송파와 관계가 있기 때문에 CSO 시험은 변조를 끈 상태에서 해야 한다.

■ CTB(Composite Triple Beat)

컴포지트 3차 비트라고 하며 $|f_i \pm f_j \pm f_k|$ 또는 $|2f_i \pm f_j|$, $3f_i$와 같은 3차 왜곡이다. 세 개의 서로 다른 입력 주파수신호의 고조파 주파수들끼리의 합과 차로 조합된 3차(3rd order) 수파수의 왜곡 성분으로 방송채널의 영상반송파의 위치에 존재하는 왜곡 요소이다. 표준 주파수 할당 케이블 TV 시스템에서 최악의 경우, 즉 CSO/CTB의 왜곡이 영상 반송파 주변에 나타는데 CTB의 경우, 최악의 왜곡은 정확하게 반송파 주파수에 나타난다. 아래 그림은 이를 나타낸 것이다.

CTB는 왜곡 위치가 영상 반송파와 관계가 있기 때문에 CTB 시험은 반송파를 끄고 해야 한다.

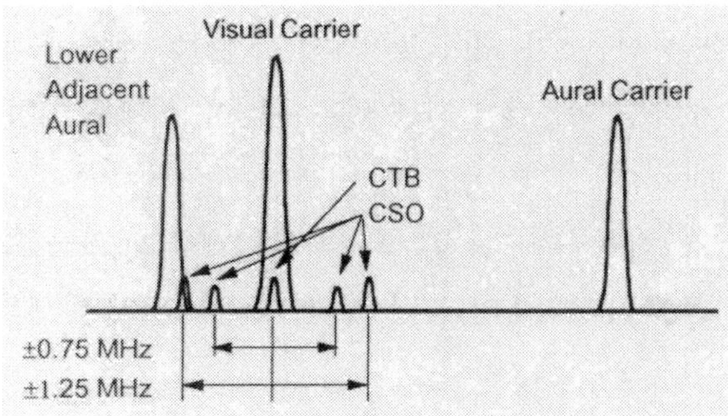

그림 5-1. CS/O 및 CTB의 주파수

■ XM(Cross Modulation)

교차 변조 또는 혼변조라고 한다. 희망파가 방해파에 의해 변조를 받는 현상이다. 즉 CATV 증폭기에 다채널의 합성신호를 입력하면 비직선성에 의해 발생하는 3차 왜곡 신호가 다른 영상파로 바뀌는 현상으로 TV 화면에 굵은 종선 및 횡선이 나타난다. 다시 말해 CATV 시스템에 다채널 신호가 한꺼번에 입력될 때 희망 채널의 TV 신호가 하나 또는 그 이상의 다른 TV 채널 신호에 의해 변조되는 현상으로 채널이 20개 이하인 CATV 시스템에서 가장 심각하다.

시스템의 교차 변조 전력은 다음과 같다.

$$C_{xsys} = C_{xo} - 20\log N$$

(여기서 C_{xsys} : 시스템 종합 성능, C_{xo} : 증폭기 1개의 교차 변조 전력, N : 직렬 연결된 증폭기 수)

교차변조(Cross Modulation)는 혼변조, 즉 상호변조(Inter-Modulation)와 기본적인 원리는 동일하다. 비선형 시스템에 주파수가 다른 2개 이상의 신호가 입력될 때, 이들 신호의 기본 주파수와 고조파들 사이의 합과 차의 조합으로 불필요한 새로운 주파수를 만들어 냄으로써 원래의 신호 파형을 변화, 즉 왜곡시키는 현상이다. 이를 IMD(Inter- Modulation Distortion) 라고도 한다. 하지만 두 가지는 왜곡을 발생시키는 신호원에 따라 달리 구분된다. 상호변조는 원래 원하는 신호의 주파수 대역 안에서 여러 주파수 성분들의 조합에 의해 발생하는 왜곡을 말한다. 즉 원하는 수신 또는 송신 신호 자체들의 조합에 의해 발생한다. 반면 교차변조는 자체적인 주파수 자원 내부가 아닌, 아예 상관없는 주파수 신호원이 인입되어 발생하는 상호변조 현상을 말한다. 예를 들면 수신 단에 송신신호가 새어 들어와서 발생하는 현상이 대표적인 교차변조이고 외부에서 인입된 주파수 잡음원에 의한 변조 현상을 전체를 지칭하기도 한다.

■ HM(Hum Modulation)

험변조라고 한다. 전원주파수나 그 고조파(예 : 60[Hz] 또는 120[Hz]) 또는 여타 저주파 외란에 의해 TV 영상반송파가 불필요하게 변조되어 발생하는 왜곡이다.

(4) 신호레벨(Signal Level)

CATV 사용 주파수 중 가장 높은 주파수에서 측정하는 값을 기준으로 한다.

■ 영상신호레벨(Video Carrier Level)

- 가장 기본이 되는 신호레벨
- H/E 출력 − 시스템 손실 = 단말 입력 신호레벨을 고려해서 설정함

■ **음성 신호 레벨(Audio Carrier Level)**

- 인접 채널간의 혼신 현상 배제를 고려함
- 일반적으로 비디오 반송파(Video Carrier) 레벨보다 15[dB] 낮게 전송함

■ **데이터 신호레벨(Data Carrier Level)**

- 영상신호 레벨보다 충분히 낮게 전송
- $D_{CL} = V_{CL} - 10 \log N_C$ (단, N_C : Data Carrier 수)

■ **잡음레벨(Noise Level)**

- 열잡음(Thermal Noise) : $E_m = -125 + 10\log B$[dBmV](단, B : 대역폭)
- 잡음지수(Noise Figure) : NF : $NF_o + 10 \text{ Log } N$[dB]

  (단, NF : 시스템의 잡음 지수, NF_o : 증폭기 1대의 잡음 지수, N : 직렬 접속 증폭기 수)

■ **증폭기 직렬 접속에 의한 잡음 레벨(Noise Floor)**

- $E_n = -59 + NF_o + 10\log N$[dBmV]

  (단, NF_o : 증폭기 1대의 잡음 지수, N : 직렬 접속 증폭기 수)

5.1.7 주요 파라미터 별 TV 화면 증상

(1) C/N 비가 나쁠 때

아래 그림과 같이 눈 잡음(snow noise)현상이 발생함

그림 5-2. C/N 비가 나쁠 때 TV화면의 증상

(2) 비직선 왜곡 발생 시

(a) CSO : 물결무늬

(b) CTO : 2~3개씩의 수평 띠

(c) 혼변조 : 종횡 띠

(d) 험변조 : 수평 띠

그림 5-3. 비직선 왜곡 발생 시 TV 화면의 증상

5.2 시스템 설계 이론

5.2.1 기본 개념

Unity Gain 설계 이론(0[dB]) 설계 이론 : 증폭기 이득 (G)= 평탄손실(L_f) + 케이블 손실(L_c))을 적용하여 설계한다. 여기서

증폭기 이득 : 선로 증폭기 이득.

평탄 손실 : 전송로 케이블을 제외한 모든 수동 소자들에 의해 발생한 손실로 전 사용 주파수 대역에 걸쳐 거의 일정함.

케이블 손실 : 주파수에 따라 기울기(Tilt)를 갖는 손실로 주파수에 제곱근에 비례하여 손실이 증가함. 따라서 고주파 대역의 손실이 큼.

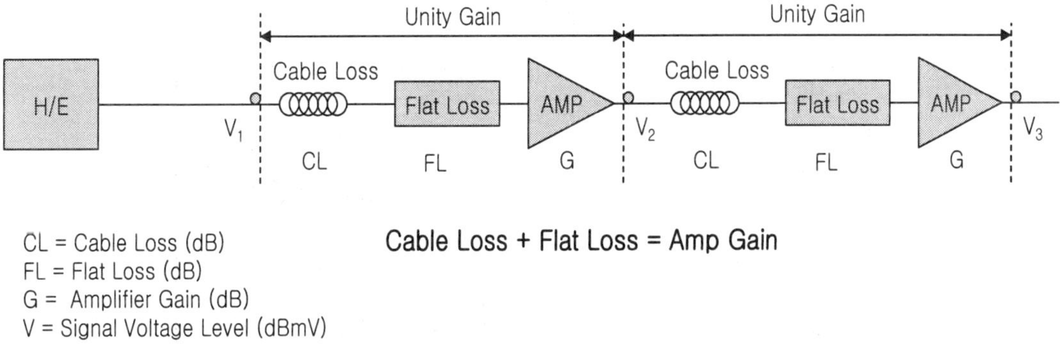

그림 5-4. CATV 시스템 설계 개념(Unity Gain 설계)

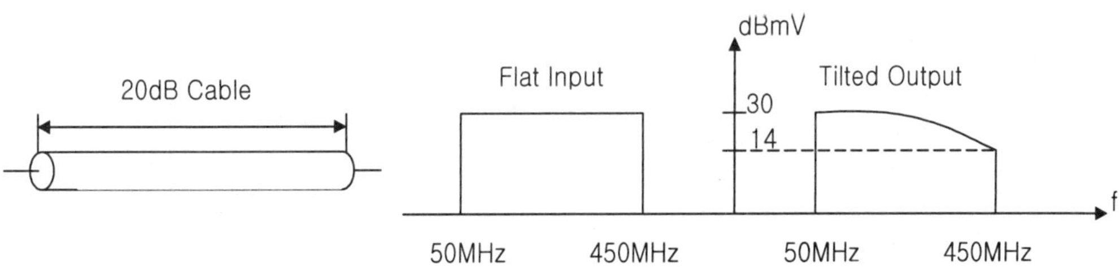

그림 5-5. 동축케이블의 손실 특성

5.2.2 동축 케이블 손실

동축 케이블을 이용하는 CATV에서는 증폭기가 설치된 한 구간에서의 전송 선로의 손실량 즉, 중계 구간 손실(repeater section loss)이 다음과 같이 주파수 제곱근에 비례하여 증가한다. 즉

$$L_c \propto \sqrt{f} \cdot \sqrt{\rho}$$

(L_c값의 예 : 13([dB]/100m) @ 200[MHz], 25.8([dB]/100m) @700[MHz]))

이러한 손실은 중계기 역할을 하는 일정 이득의 증폭기로 보상되며, 중계기 간격은 현실성을 고려하여 결정하는데, 전송 대역이 넓어짐에 따라서 좁아진다. 아래 그림은 동축케이블의 손실 특성과 동축케이블의 표준 감쇄량을 나타낸 것이다.

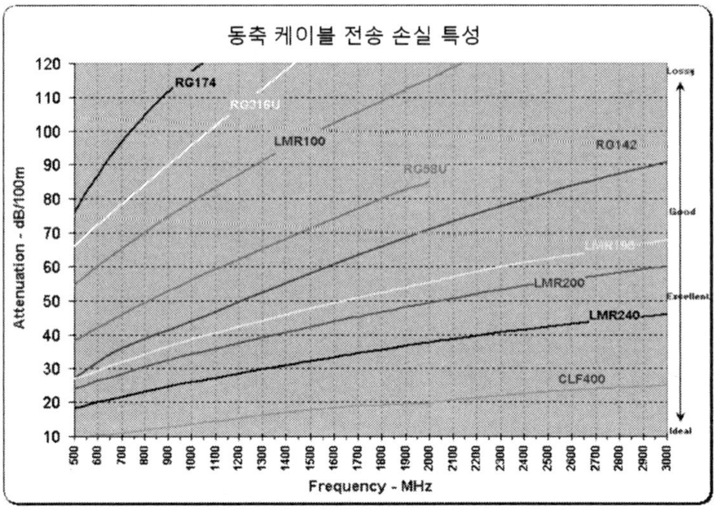

그림 5-6. 동축케이블의(전송)손실 특성

주파수	표준감쇄량 (dB/km)								비고
품명	70	90	220	250	300	450	770	1,300	
7C-HFL	31	35	56	63	69	82	113	147	옥내용,고발포형
8C-HFA	26	30	48	51	57	71	-	-	옥내용,고발포형
10C-EFA	25	28	46	50	55	65	-	-	옥내용
12C-HFA	20	22	36	38	41	51	-	-	옥내용,고발포형
17C-HFA	13	15	24	26	29	36	-	-	옥내용,고발포형
5C-HFB	51	59	98	105	118	145	196	265	옥내용,고발포형

주파수	표준감쇄량 (dB/km)								비고
품명	70	90	220	250	300	450	770	1,300	
5C-FV	56	62	100	109	121	151	208		옥내용,저손실형
7C-2V	51	59	97	105	115	145	197		옥내용
S-7C-FB	44	50	81	-	-	-	163	233	옥내용,위성방송수신용 ※1
7C-FB	38	43	69	74	82	103	140		옥내용,위성,저손실
5C-FL	50	57	91	101	110	136	192	240	옥외용
5C-HFL	45	51	81	90	98	116	176	240	옥외용,고발포형
7C-FL	36	41	65	71	78	98	134	170	옥외용,저손실

※1: 주택,도시정비공단 사용 적합품

주파수	표준감쇄량 (dB/km)								비고
품명	70	90	220	250	300	450	770	1,300	
3C-2V	98	118	195	-	-	-	365	-	옥내용
3C-FV	88	110	170	-	-	-	325	-	옥내용
BS-4CFB	70	90	143	-	-	-	285	385	옥내용,위성방송수신용 ※1
TVEFCX	74	104	165	-	-	-	320	430	옥내용,위성방송수신용 ※1
5C-2V	72	84	130	140	156	199	290	-	옥내용
S-5C-FB	62	70	111	-	-	-	220	311	옥내용,위성방송수신용 ※1
5C-FB	55	61	96	103	113	140	190	-	옥내용,저손실

※1: 동축케이블은 최대감쇄량(표준치의 115%)로 표시

그림 5-7. 동축케이블 표준 감쇄량

5.3 간선망 설계

5.3.1 링크 설계(Link Budget)

광전송 시스템(system)을 설계할 때에는 광케이블의 1개소 당 접속 손실은 0.04~0.01[bB]/[km]이하로 하며 자동이득조정(AGC)의 범위를 초과할 때에는 중계기나 광 감쇄기 등을 사용하기도 하는데 광수신기의 입력신호 레벨이 허용 레벨 이상일 때에는 입력신호 레벨의 범위를 충족시키는 광 감쇄기(optical attenuator)를 사용하여야 한다. 이때 최대 광 전송 거리는 광섬유 케이블 손실 특성([dB]/[km])에 반비례하게 된다.

(1) 광 구간 Link Budget 계산

- 광 입력[dBm] = 광 출력[dBm] − 전송로 손실[dB] − 환경 마진 = 광 출력[dBm] − (케이블 손실 + 접속 손실 + 커넥터 손실 + 분배 손실) − (환경 마진)
- 계산 특성
  - Cable Loss : 0.35[dB]/[km] @1310[nm], 0.25[dB]/[km] @1550[nm]
  - Splice Loss : 0.05[dB]/[km](fusion splices)
  - Connector Loss : 0.25[dB]/개소(set)
  - Sag & Storage : 4[%] to fiber cable length
  - Coupling Loss : splitter = 10log(출력 단자 수) + 0.6
    coupler = 10log(분배 비[%]/100) + 0.6
  - 환경 마진 : 1[dB]
- ONU 1의 적정 광 입력을 위한 송신기의 광 출력 계산
  - 총 손실(Total Loss)

    - ONU 1

    Sag & Storage = 10.6[km] × 0.04 ≒ 0.5[km]

    Cable & Splice loss = (10.6 + 0.5) × 0.4 ≒ 4.5[dB]

    Connector Loss = 0.25[dB] × 3 = 0.75[dB]

    Splitter Loss = 10log(2) + 0.6 = 3.7[dB]

$\therefore$ Total Loss $= 4.5 + 0.75 + 3.7 \fallingdotseq 9$[dB]

■ **광 입력**

- ONU 1 : 0.3[dBm], ONU 2 : 0.8[dBm]　　(예) 30[%] : 70[%] coupler
- 30[%]측 손실 = (분배 비[%]/100) + 0.6 =10log(30[%]/100) + 0.6 ≒ 5.8[dB]
- 70[%]측 손실 = (분배 비[%]/100) + 0.6=10log(70[%]/100) + 0.6 ≒ 2.2[dB]

■ **전송 거리 산출**

- 장치 간 최대 중계 거리는 다음과 같이 산출한다.

$$L[\text{km}] = (G_s - M_c - N_c L_c - N_s L_s - L_j)/L_f$$

L(최대 중계 케이블 길이)　G_s(시스템 이득)　M_c(환경 마진, [dB])
N_c(커넥터 사용 수량)　L_c(커넥터 손실(개소))　N_s(케이블 접속 개소)
L_s(케이블 접속 개소 손실)　L_j(국내 점퍼케이블 손실, [dB])
L_f(광섬유 케이블 손실 특성, [dB]/[km])

■ **광 감쇄기 선택**

광 수신기의 입력신호 레벨이 최대 허용레벨 이상일 때, 입력 신호 레벨 범위를 만족하는 광 감쇄기를 선택

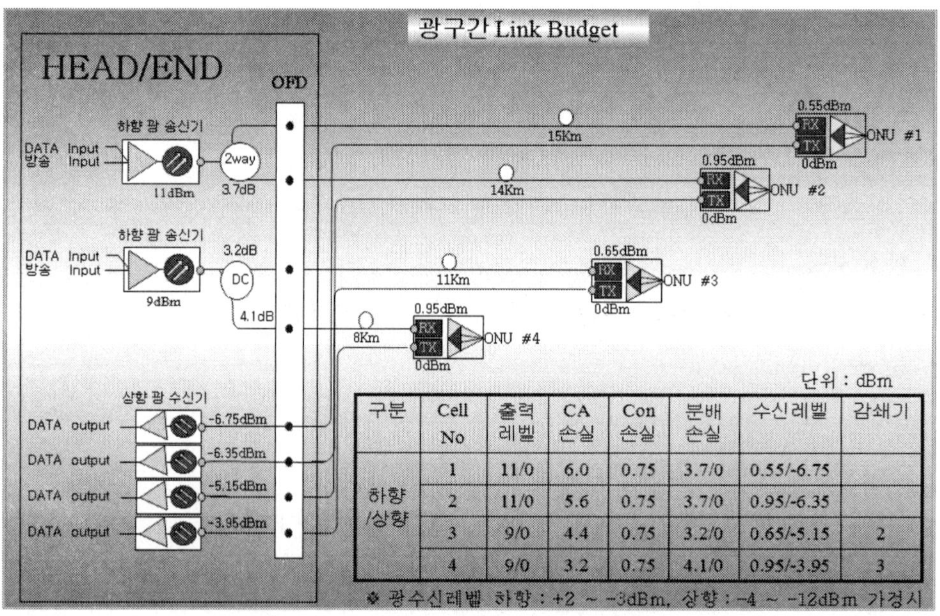

구분	Cell No	출력 레벨	CA 손실	Con 손실	분배 손실	수신레벨	감쇄기
하향/상향	1	11/0	6.0	0.75	3.7/0	0.55/-6.75	
	2	11/0	5.6	0.75	3.7/0	0.95/-6.35	
	3	9/0	4.4	0.75	3.2/0	0.65/-5.15	2
	4	9/0	3.2	0.75	4.1/0	0.95/-3.95	3

※ 광수신레벨 하향 : +2 ~ -3dBm, 상향 : -4 ~ -12dBm 가정시

그림 5-8. HFC 망의 광구간 링크 버짓(링크 예산)의 예

5.3.2 증폭기 이득 계산

(1) 모든 증폭기가 동일할 경우

$$C/N_{EOL} = C/N_{AMP} - 10\log(N)$$

$$CSO_{EOL} = CSO_{AMP} - 10\log(N)$$

$$CTB_{EOL} = CTB_{AMP} - 10\log(N)$$

[N= 직렬 접속된 증폭기의 수]

(2) 여러 종류의 증폭기가 혼재할 경우

$$C/N_{EOL} = -10\log\Big[10^{\frac{-C/N_1}{10}} + 10^{\frac{-C/N_2}{10}} RIGHT + \ldots + 10^{\frac{-C/N_N}{10}} RIGHT\Big]$$

$$CSO_{EOL} = -10\log\Big[10^{\frac{-CSO_1}{10}} + 10^{\frac{-CSO_2}{10}} RIGHT + \ldots + 10^{\frac{-CSO_N}{10}} RIGHT\Big]$$

$$CTB_{EOL} = -20\log\Big[10^{\frac{-CTB_1}{20}} + 10^{\frac{-CTB_2}{20}} RIGHT + \ldots + 10^{\frac{-CTB_N}{20}} RIGHT\Big]$$

예제 다음 그림과 같은 HFC 전송망에서 가입자까지의 성능을 만족할 수 있는 증폭기의 최대 종속 접속(cascade) 접속 단수는?

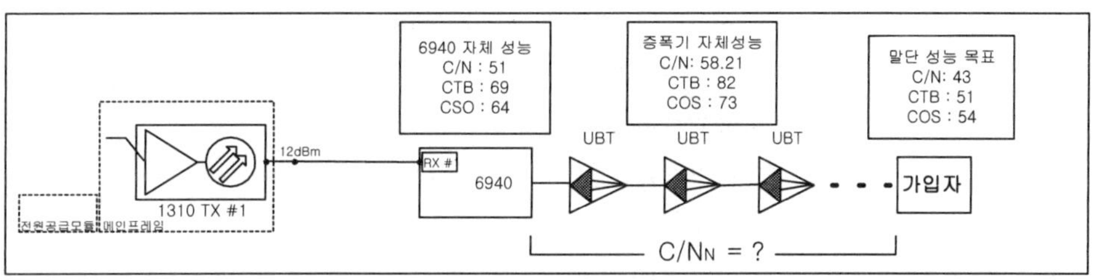

그림 5-9. 증폭기가 종속 접속된 HFC 망

➔해설 ■ C/N

$$-10\log\Big[10^{\frac{-51}{10}} + 10^{\frac{-C/N_N}{10}}\Big] = 43\text{에서}$$

$$\Big[10^{\frac{-51}{10}} + 10^{\frac{-C/N_N}{10}}\Big] = 10^{\frac{-43}{10}}$$

$$10^{\frac{-C/N_N}{10}} = 10^{\frac{-43}{10}} - 10^{\frac{-51}{10}} = 0.000042175$$

$$\left[10^{\frac{A}{10}} = B \Rightarrow A = 10\log B\right]$$

$$C/N_N = 10\log(0.000042175)$$

$$\therefore \ C/N_N = 43.75(dB)$$

$$58.21 - 10\log N = 43.75dB$$

따리서 $N - 27.9$개

■ CTB

$$-20\log\left[10^{\frac{-69}{20}} + 10^{\frac{-CTB_N}{20}}\right] = 51$$

$$\left[10^{\frac{-69}{20}} + 10^{\frac{-CTB_N}{20}}\right] = 10^{\frac{-51}{20}}$$

$$10^{\frac{-CTB_N}{20}} = 10^{\frac{-51}{20}} - 10^{\frac{-69}{20}} = 0.00246$$

$$10^{\frac{-CTB_N}{20}} = 0.00246$$

$$\therefore CTB_N = 52.17dB$$

$$82 - 20\log N = 52.17dB$$

따라서 $N = 31$개

■ CSO

$$-10\log\left[10^{\frac{-64}{10}} + 10^{\frac{-CSO_N}{10}}\right] = 54$$

$$\left[10^{\frac{-64}{10}} + 10^{\frac{-CSO_N}{10}}\right] = 10^{\frac{-54}{10}}$$

$$10^{\frac{-CSO_N}{10}} = 10^{\frac{-54}{10}} - 10^{\frac{-64}{10}} = 0.00000358$$

$$\therefore CSO_N = 54.46dB$$

$$73 - 10\log N = 54.46dB$$

따라서 $N = 71.45$

5.3.3 증폭기 입력 전압 계산

간선망 설계 시의 증폭기의 입력 전압은 다음과 같이 케이블의 온도에 따른 저항 값의 변화를 고려하여 계산한다.

■ **온도에 따른 루프(loop)의 저항 변화** : $R_L = R_L(20℃) \times (1 + 0.00396(t - 20℃))$

예를 들어 상온 20[℃]에서 다음 그림의 "A"지점에서 "B"지점까지의 전압강하는 $V_d = R \times I =$ (케이블 거리×$0.558[\Omega]$)$\times 4[A] = (2.5 \times 0.558) \times 4 = 5.6[V]$이고, 50

[℃]에서 "A"에서 "B"까지의 전압강하는 동축케이블의 경우 10[℃]에서 저항 값이 100[m] 당 약 4[%]가 변화하므로

$$R_L(50℃) = R_L(20℃) + (R_L(20℃) \times 4\% \times (\triangle T/10℃))$$
$$= 0.558 + (0.558 \times 0.04 \times 3) = 0.625$$

이다. 또한 50[℃]에서의 전압 강하는

$$V_d = R \times I = (\text{케이블거리} \times R_L(50[℃])) \times 4[\mathrm{A}] = (2.5 \times 0.625) \times 4 = 6.3[\mathrm{V}]$$

이다. 따라서 온도에 따른 입력 전압의 차이는

$$\triangle V = 6.3 - 5.6 = 0.7[\mathrm{V}]$$

이다. 일반적으로 설계 시에는 설치 지역의 연중 가장 높은 온도에 10[℃]이상의 온도를 더한 경우의 입력 전압의 차를 고려하여 설계한다.

증폭기 입력전압 계산

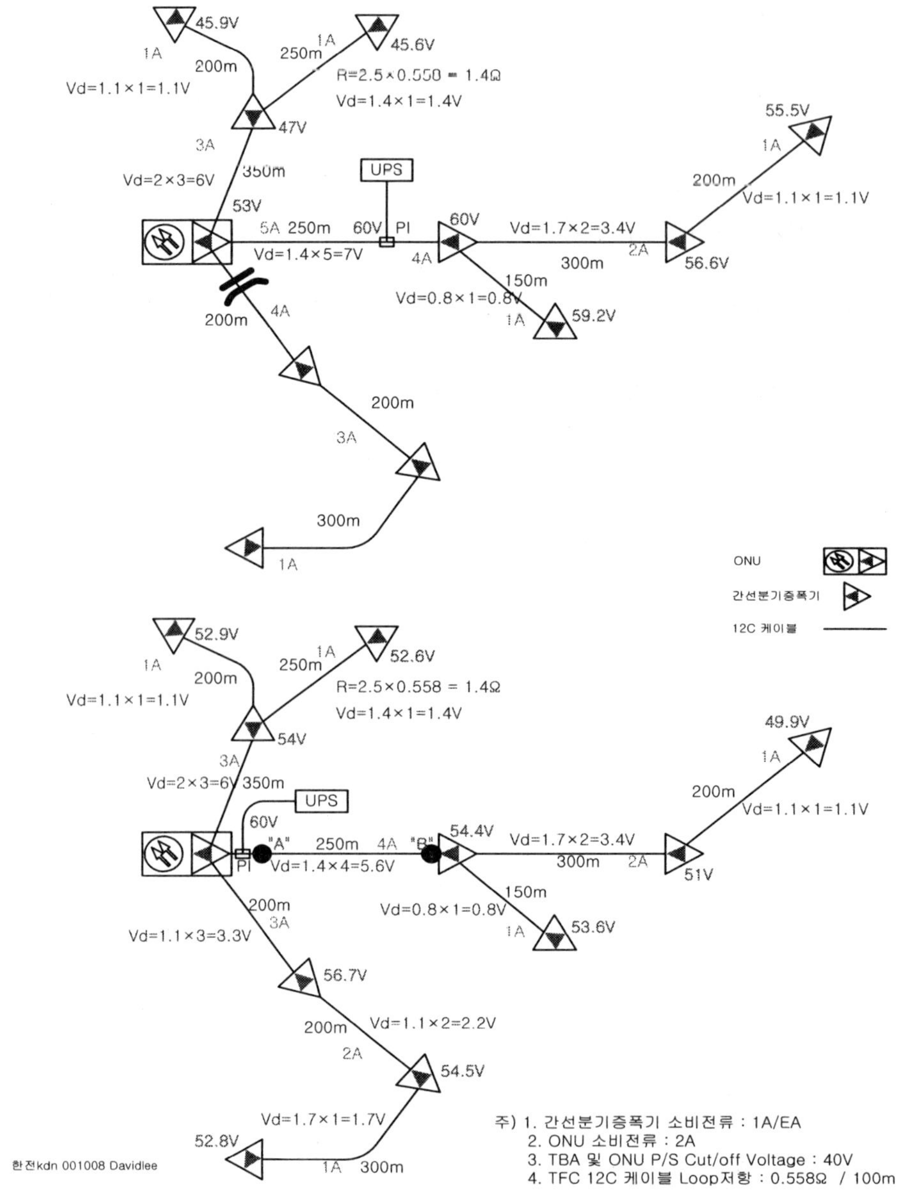

그림 5-10. 증폭기 입력전압 설계의 예

5.4 중계구간과 이득

5.4.1 중계기 이득

중계기의 최대 중계 거리는 중계기의 잡음지수(Noise Figure), 왜곡, 전송 대역폭, 이득, 케이블 손실에 따라 달라진다. 잡음지수와 왜곡만을 고려할 경우에는 시스템의 최대 중계 거리에 부여할 수 있는 중계기 이득은 1[Neper]로

$$1\,[N_P] = \frac{20}{\ln 10} \cong 8.686\,[\mathrm{dB}]$$

이다.

CATV는 신호를 원거리 전송하고 분배하는 시스템이므로 최적의 중계기, 즉 선로 증폭기의 이득은 신호 분배 지역의 면적과 가입자 밀도에 따라 달라진다. CATV 품질의 가장 중요한 요소인 C/N비는 주로 선로 증폭기 자체의 잡음지수와 입력신호 레벨에 따라 좌우되며 왜곡은 증폭기 자체의 왜곡과 운용 시의 출력 신호 레벨에 따라 좌우된다. 따라서 중기, 즉 증폭기의 최대 중계 이득은 이러한 요소들을 고려하여 최적 균형점을 찾아 결정하여야한다.

5.4.2 중계 단수

일정한 C/N비를 가정하고 채널수에 따른 중계 가능 단수와 중계기 출력 레벨에 따른 중계 가능 단수의 변화를 아래 그림에 보였다. 두 경우 모두 반비례 관계에 있음을 알 수 있다. 따라서 수용 채널수가 증가하면 중계 가능 단수가 줄고, 중계기의 출력 레벨을 크게 할수록 중계 가능 단수가 줄어든다.

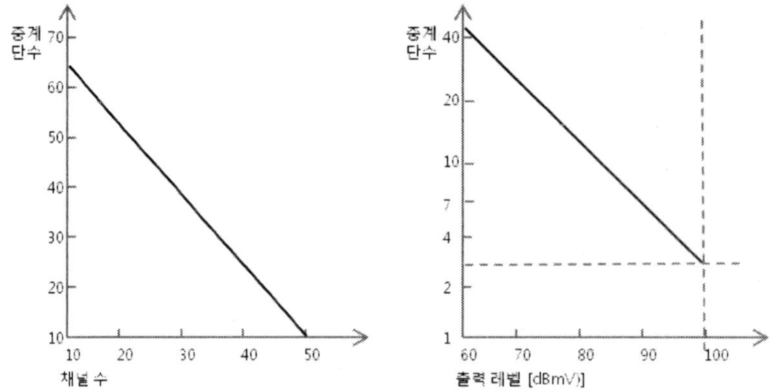

그림 5-11. 채널수와 증폭기 출력 레벨에 따른 중계 단수

30채널, 20단 중계 일 경우, 여러 가지 왜곡을 고려한 증폭기 출력 레벨에 따른 신호품질, 즉 C/N 비는 다음 그림과 같다.

최대 중계 가능 거리는 중계 가능 단수와 중계기 이득, 그리고 사용하는 케이블의 손실에 따라 결정된다.

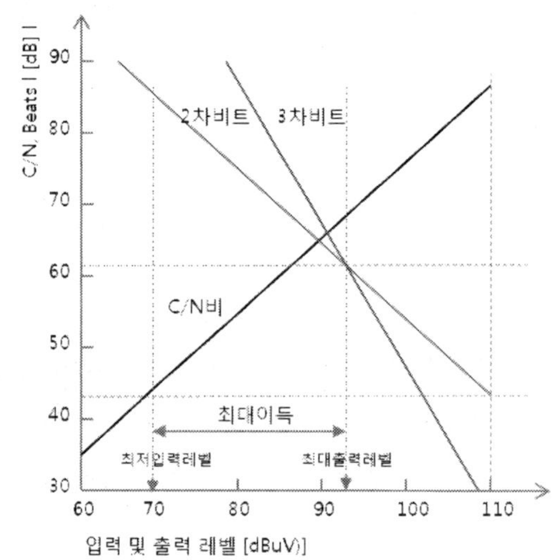

그림 5-12. 증폭기 입출력 레벨과 신호 품질과의 관계

5.5 등 화

5.5.1 등화란?

CATV망에서 동축케이블에 의한 손실이 주파수 제곱근($\sqrt{f}$)에 비례하여 증가하므로 전송로에서의 고주파 대역 신호 감쇄가 저주파 대역 신호 감쇄보다 크게 되고 전 대역에 걸쳐 일정한 신호레벨의 전송이 어려운 문제가 발생하게 된다. 따라서 전 대역에 걸쳐서 주파수 응답을 평탄하게 하기 위해서는 선로 증폭기의 진폭 주파수 응답을 동축케이블 손실 특성과는 반대로 하여(상보적으로) 동축케이블 손실을 보상하는 특성을 갖도록 하여야 하는데, 이러한 것을 등화(Equalization)라고 하고, 이 역할을 하는 장치가 등화기(Equalizer)이다. 즉, 신호의 증폭이나 전송 과정에서 생기는 변형을 보정하기 위해 증폭기나 전송로에 삽입하여 신호의 입출력 간 전체 특성의 총합이 전송로의 전 대역에 걸쳐 원하는 범위 내에서 균일한 주파수 특성을 갖도록 하는 장치, 즉 전송로와 상보(相補)적인 주파수 특성을 가짐으로써 고주파 대역의 감쇄량을 보상하여 전체의 종합 주파수 특성을 평탄하게 만들어주는 장치이다.

5.5.2 다단중계의 등화

대규모 시스템에서 중계 증폭기의 종속 중계 단수가 증가하게 되면 등화 역시 편차가 증가하게 되는데 이를 보상하기 위해서는 일반적으로 다음과 같은 방법을 사용한다.

(1) 예등화(pre-distortion)

헤드엔드(Head-End)에서 간선계의 말단까지 누적된 등화도 편차를 측정하여 그 편차의 $\frac{1}{2}$을 헤드엔드에서 미리 등화함으로써 간선계의 중간 지점에서 등화도 편차가 없도록 하는 방식이다. 예를 들어 증폭기 1대 당 편차가 X[dB]이고 간선의 중계 단수를 n으로 하면, 다음 그림과 같이 최종 단의 누적편차 nX[dB]을 2등분하여 $nX/2$ [dB]을 헤드엔드에서 예등화(豫等化)하는 방식이다. 따라서 전송선로 전체를 고려하면 등화도 편차에 따른 왜곡을 개선할 수 있다.

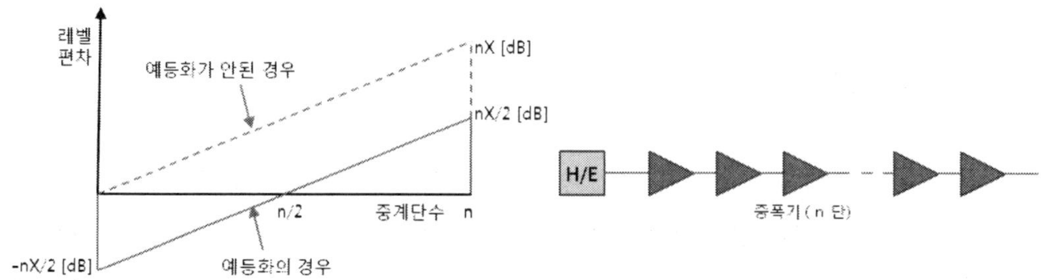

그림 5-13. 예등화 방식

(2) 잔류편차등화(mop-up)

다음 그림과 같이 간선에서 증폭기에 의해 어느 정도 누적된 편차를 그 때 그 때 적절한 수준에서 보상함으로써 등화하는 방식으로 여러 개의 증폭기마다 등화기를 삽입시킨다. 이 방식의 경우, 편차의 누적을 보다 세밀하게 억제할 수 있고 간선의 분기선(tree)에 삽입하면 분기선마다 레벨 편차를 별도로 억제할 수 있다는 장점이 있다. 특히 중계 단수가 많은 시스템에 적절하다.

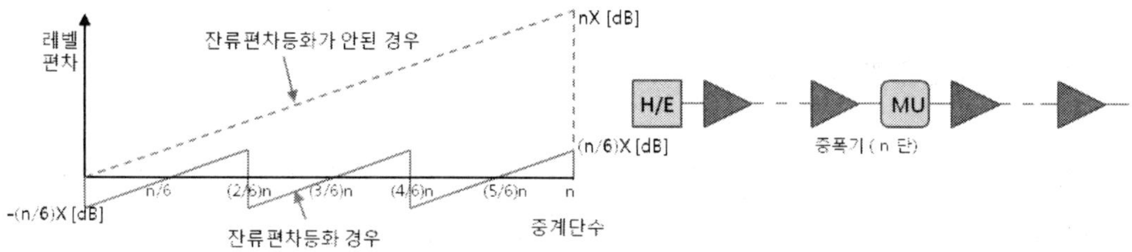

그림 5-14. 잔류편차등화 방식

(3) 등화기 경사(tilt)값 계산과 경사 방식

등화기 실제 경사 값은 등화기 자체의 삽입 손실이 있으므로 등화기(EQ)의 표시 값 그대로 적용되지 않고 보통 다음과 같은 식으로 결정된다.

$$\text{실경사값} = EQ\,\text{표시값} \times 0.784$$

예를 들어, 다음 그림과 같은 경우, 실선은 50[MHz], 점선은 870[MHz]의 레벨을 나타낸다.

전단 증폭기에서 똑같이 38[dBmV]로 출력된 신호는 330[m]의 동축케이블을 지나면서 870[MHz]에서는 25.4[dB]가 감쇄되지만 50[MHz] 에서는 5.64[dB]만 감쇄 되어 다음 단 증폭기의 입력에서는 50[MHz]에서는 32.36[dBmV], 870[MHz]에서는 12.6[dBmV]로, 19.76[dB]의 레벨 경사가 발생한다. 이때 이를 등화하기 위해서는 19.76[dB] 등화기를 사용하는 것이 아니라 표시값이 25.4[dB]인 등화기를 사용하여 등화시켜야 한다.

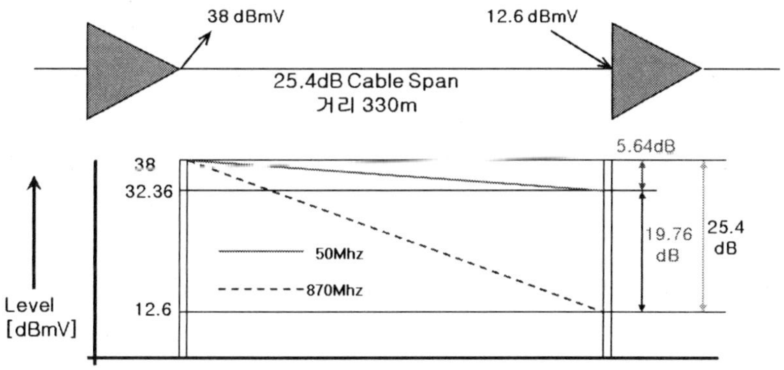

그림 5-15. 등화기의 틸트 값 산정

(4) 등화 방식

동축케이블의 손실은 주파수의 제곱근 $(\sqrt{f})$에 비례하므로 주파수가 높아질수록 커지게 된다. 따라서 고주파 대역의 TV 채널의 C/N비가 나빠지게 된다. 이를 개선하기 위해서 선로 증폭기의 이득 특성을 저주파 대역 신호는 이득을 낮게하고 고주파 대역 신호는 이득을 크게 하여야 한다. 이에 따라 증폭기의 주파수에 따른 이득 곡선이 경사(slope)가 생기게 되는데 이를 "기울기, 기울이다" 라는 의미로 틸트(tilt)라고 한다. 이러한 틸트의 대표적인 방식은 다음과 같다.

■ Full Tilt

증폭기 입력신호의 주파수 특성을 평탄(flat)하게하고 증폭기의 이득을 케이블 손실 특성을 전부 보상하도록 틸트시켜 출력 신호의 주파수 특성이 주파수에 따라 증가하는 특성을 갖도록 하는 방식

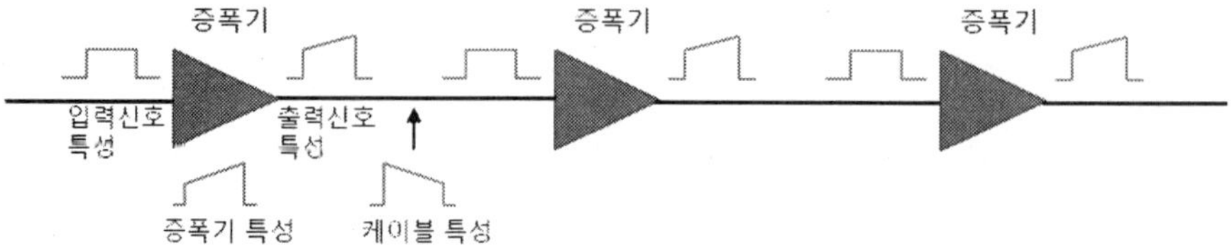

그림 5-16. 풀 틸트(Full Tilt) 방식

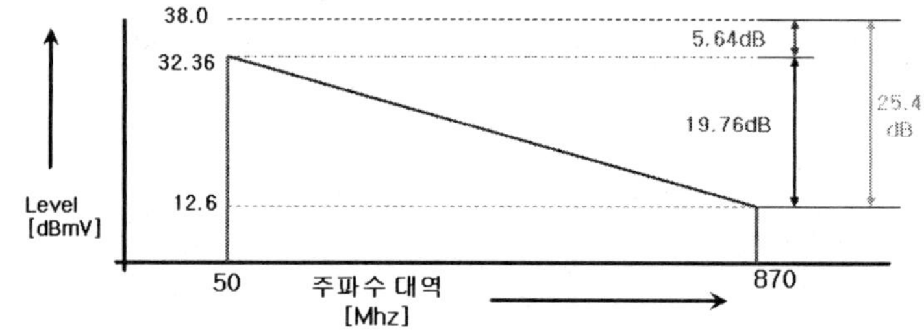

그림 5-17. Full Tilt 시의 케이블 손실에 의한 실경사 그래프(출력 경사 0[dB]의 경우)

■ Half Tilt

증폭기의 입력신호가 이미 케이블 손실 특성에 따른 주파수 특성의 기울기의 1/2 정도만 보상함으로써 주파수에 따라 이득이 줄어드는 틸트 특성을 갖도록 하고 증폭기에서 케이블 손실만큼을 보상함으로써 출력 신호가 주파수에 따라 원래의 케이블 손실 특성 기울기의 1/2 정도의 기울기를 갖도록 틸트하는 방식

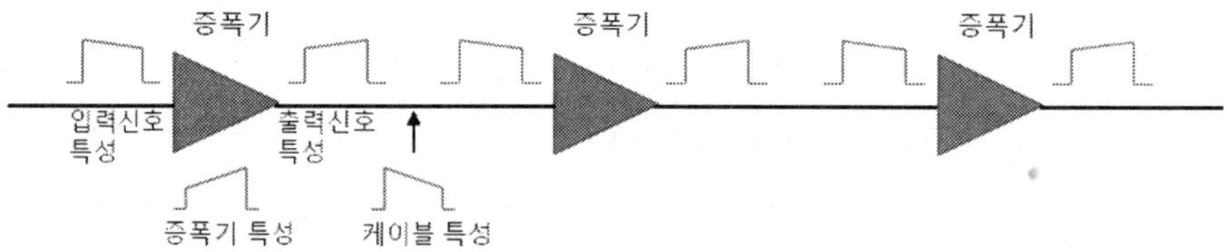

그림 5-18. 하프 틸트(Half Tilt) 방식

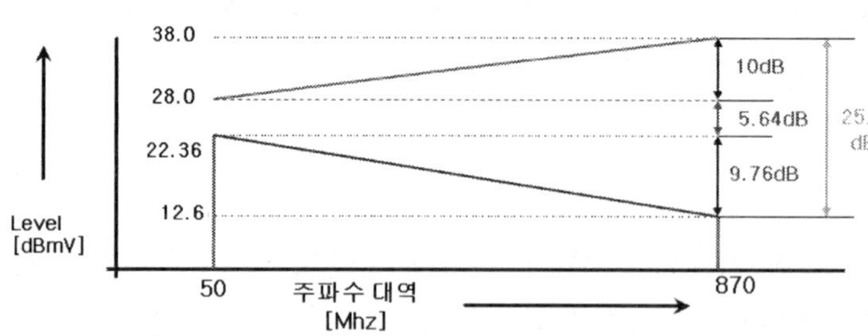

그림 5-19. Half Tilt 시의 실경사 그래프 (출력 경사 10[dB] 경우)

5.6 AGC

자동이득조정(Automatic Gain Control : AGC)은 레벨 변동을 자동적으로 일정하게 억제하고 제어하는 것으로 레벨 변동을 보상한다. 동축케이블의 온도변화 및 외부변화에 따른 레벨 변동을 일정 출력으로 보상해주는 기능이다. 선로 증폭기에 AGC 기능을 부가를 위한 설계 방법은 다음과 같다.

우선 케이블은 10[℃]당 약 1.8[%]의 손실 값 변동을 갖는다. 예를 들면 17C 케이블은 550[MHz]에서 4.1[dB]/100[m], 12C 케이블은 5.97[dB]/100[m] 손실 값을 갖는다. 이러한 케이블에 대하여 저녁과 오후 겨울과 여름의 최대 온도 변화 폭을 감안하여 30[℃], 겨울은 −20[℃] 로 50[℃] 변동 폭으로 온도 변화에 따른 손실 값 변동을 계산하면 1.8[%] × 5 = 9[%], 즉 여름과 겨울 온도 변화에 의해 케이블 손실 값이 9[%]까지 변동될 수 있다. 이때 AGC 동작 범위인 ±4[dB], 즉 $\Delta G = 8\,[\mathrm{dB}]$를 감안하여 AGC를 사용하여야 하는 케이블 거리를 계산하면, 17C 케이블은 손실이 4.1[dB]/100[m] 이므로 4.1[dB] × 9[%] ≅ 0.37[dB], 따라서 8[dB]/0.37[dB] ≅ 21, 따라서 17C 케이블의 경우, 50[℃] 온도 변동 폭을 감안할 때 매 2,100[m] 구간 이내에 AGC 모듈이 장착된 증폭기를 사용하도록 하고, 12C 케이블의 경우, 손실이 5.97[dB]/100[m] 이므로 5.97 × 9[%] ≅0.54[dB], 따라서 8[dB]/0.54[dB] ≅14, 매 1400[m] 구간 이내에 AGC 모듈이 장착된 증폭기를 사용하도록 설계하면 된다.

5.6.1 AGC 관련 주요 파라미터에 따른 AGC 모듈 장착 구간 값 계산방법

(1) 국내 온도 변화 조건에서의 동축 케이블 손실 값 변동

- 동축케이블 온도 특성 : 10[℃] 변화 시, 1.8[%] 손실 값 변동
- 국내 사계절의 평균 온도 변화폭 50[℃]
- 국내 온도 환경에서의 손실 값 변동 : 1.8[%] × 5 = 9[%]

  12C 동축 케이블 손실은 5.97[dB] / 100m(@ 550[MHz])이고 17C 동축 케이블 손실은 4.1[dB] / 100m(@ 550[MHz])이므로 이에 대해 계산하면

  - 12C 케이블 : 5.97×9[%] = 0.54([dB]/100[m])

- 17C 케이블 : 4.1 × 9[%] = 0.37([dB]/100[m])

■ AGC 동작범위 : ± 4dB(ΔG = 8[dB])

■ AGC 기능 부가 구간 값 계산

- 12C 케이블 : 8[dB] / 0.54[dB/m] = 14 → 매 1400m 마다 AGC 모듈 장착
- 17C 케이블 : 8[dB] / 0.37[dB/m] = 21 → 매 2100m 마다 AGC 모듈 장착
- 증폭기 간격이 평균 350[m]로 가정하면, 증폭기 4대마다 1대의 AGC가 필요함

5.7 채널 배열

5.7.1 TV 주파수 배열

(1) HRC

Homogeneously Regulated Carrier 또는 Harmonically Related Carrier의 약어. 케이블에 전송하는 각 채널의 주파수를 6[MHz]의 정수 배로 배열하는 방식이다. 모든 비트 성분이 반송파 위치에 떨어지도록 하는 방식으로 약 6[dB]의 왜곡 개선 효과가 있다.

(2) IRC

Incrementally Related Carrier 또는 Incremental Coherent Carrier(ICC)의 약어. 특정 채널 주파수를 기준으로 6[MHz]의 간격으로 배열하는 방식으로 HRC 방식과 거의 같은 효과가 있다.

5.7.2 주파수 배열 표

HRC와 IRC에 따른 TV 주파수 배열 표는 다음 그림과 같다.

케이블TV	EIA	STD		IRC		HRC	
		Video	Audio	Video	Audio	Video	Audio
T7		7,0000	11,5000				
T8		13,0000	17,5000				
T9		19,0000	23,5000				
T10		25,0000	29,5000				
T11		31,0000	35,5000				
T12		37,0000	41,5000				
T13		43,0000	47,5000				
T14		49,0000	53,5000				
2	2	55,2500	59,7500	55,2625	59,7625	54,0027	58,5027
3	3	61,2500	65,7500	61,2625	65,7625	60,0030	64,5030
4	4	67,2500	71,7500	67,2625	71,7625	66,0033	70,5033
A8	1			73,2625	77,7625	72,0036	76,5036
5	5	77,2500	81,7500	79,2625	83,7625	78,0039	82,5039
6	6	83,2500	87,7500	85,2625	89,7625	84,0042	88,5042
A5	95	91,2500	95,7500	91,2625	95,7625	90,0045	94,5045
A4	96	97,2500	101,7500	97,2625	101,7625	96,0048	100,5048
A3	97	103,2500	107,7500	103,2625	107,7625	102,0051	106,5051
A2	98	109,2500	113,7500	109,2625	113,7625		
A1	99	115,2500	119,7500	115,2625	119,7625		
A	14	121,2500	125,7500	121,2625	125,7625	120,0060	124,5060
B	15	127,2500	131,7500	127,2625	131,7625	126,0063	130,5063
C	16	133,2500	137,7500	133,2625	137,7625	132,0066	136,5066
D	17	139,2500	143,7500	139,2625	143,7625	138,0069	142,5069
E	18	145,2500	149,7500	145,2625	149,7625	144,0072	148,5072
F	19	151,2500	155,7500	151,2625	155,7625	150,0075	154,5075
G	20	157,2500	161,7500	157,2625	161,7625	156,0078	160,5078
H	21	163,2500	167,7500	163,2625	167,7625	162,0081	166,5081
I	22	169,2500	173,7500	169,2625	173,7625	168,0084	172,5084
7	7	175,2500	179,7500	175,2625	179,7625	174,0087	178,5087
8	8	181,2500	185,7500	181,2625	185,7625	180,0090	184,5090
9	9	187,2500	191,7500	187,2625	191,7625	186,0093	190,5093
10	10	193,2500	197,7500	193,2625	197,7625	192,0096	196,5096
11	11	199,2500	203,7500	199,2625	203,7625	198,0099	202,5099
12	12	205,2500	209,7500	205,2625	209,7625	204,0102	208,5102
13	13	211,2500	215,7500	211,2625	215,7625	210,0105	214,5105
J	23	217,2500	221,7500	217,2625	221,7625	216,0108	220,5108
K	24	223,2500	227,7500	223,2625	227,7625	222,0111	226,5111
L	25	229,2625	233,7625	229,2625	233,7625	228,0114	232,5114
M	26	235,2625	239,7625	235,2625	239,7625	234,0117	238,5117
N	27	241,2625	245,7625	241,2625	245,7625	240,0120	244,5120
O	28	247,2625	251,7625	247,2625	251,7625	246,0123	250,5123
P	29	253,2625	257,7625	253,2625	257,7625	252,0126	256,5126
Q	30	259,2625	263,7625	259,2625	263,7625	258,0129	262,5129
R	31	265,2625	269,7625	265,2625	269,7625	264,0132	268,5132
S	32	271,2625	275,7625	271,2625	275,7625	270,0135	274,5135
T	33	277,2625	281,7625	277,2625	281,7625	276,0138	280,5138
U	34	283,2625	287,7625	283,2625	287,7625	282,0141	286,5141
V	35	289,2625	293,7625	289,2625	293,7625	288,0144	292,5144
W	36	295,2625	299,7625	295,2625	299,7625	294,0147	298,5147
AA	37	301,2625	305,7625	301,2625	305,7625	300,0150	304,5150
BB	38	307,2625	311,7625	307,2625	311,7625	306,0153	310,5153
CC	39	313,2625	317,7625	313,2625	317,7625	312,0156	316,5156
DD	40	319,2625	323,7625	319,2625	323,7625	318,0159	322,5159

그림 5-20. TV 주파수 배열 표 1(HRC, IRC)

케이블TV	EIA	STD		IRC		HRC	
		Video	Audio	Video	Audio	Video	Audio
EE	41	325,2625	329,7625	325,2625	329.7625	324.0162	328.5162
FF	42	331,2625	335,7625	331,2625	335.7625	330.0165	334.5165
GG	43	337,2625	341,7625	337,2625	341.7625	336.0168	340.5168
HH	44	343,2625	347,7625	343,2625	347.7625	342.0171	346.5171
II	45	349,2625	353,7625	349,2625	353.7625	348.0174	352.5174
JJ	46	355,2625	359,7625	355,2625	359.7625	354.0177	358.5177
KK	47	361,2625	365,7625	361,2625	365.7625	360.0180	364.5180
LL	48	367,2625	371,7625	367,2625	371.7625	366.0183	370.5183
MM	49	373,2625	377,7625	373,2625	377.7625	372.0186	376.5186
NN	50	379,2625	383,7625	379,2625	383.7625	378.0189	382.5189
OO	51	385,2625	389,7625	385,2625	389.7625	384.0192	388.5192
PP	52	391,2625	395,7625	391,2625	395.7625	390.0195	394.5195
QQ	53	397,2625	401,7625	397,2625	401.7625	396.0198	400.5198
RR	54	403,2500	407,7500	403,2625	407.7625	402.0201	406.5201
SS	55	409,2500	413,7500	409,2625	413.7625	408.0204	412.5204
TT	56	415,2500	419,7500	415,2625	419.7625	414.0207	418.5207
UU	57	421,2500	425,7500	421,2625	425.7625	420.0210	424.5210
VV	58	427,2500	431,7500	427,2625	431.7625	426.0213	430.5213
WW	59	433,2500	437,7500	433,2625	437.7625	432.0216	436.5216
XX	60	439,2500	443,7500	439,2625	443.7625	438.0219	442.5219
YY	61	445,2500	449,7500	445,2625	449.7625	444.0222	448.5222
ZZ	62	451,2500	455,7500	451,2625	455.7625	450.0225	454.5225
AAA	63	457,2500	461,7500	457,2625	461.7625	456.0228	460.5228
BBB	64	463,2500	467,7500	463,2625	467.7625	462.0231	466.5231
CCC	65	469,2500	473,7500	469,2625	473.7625	468.0234	472.5234
DDD	66	475,2500	479,7500	475,2625	479.7625	474.0237	478.5237
EEE	67	481,2500	485,7500	481,2625	485.7625	480.0240	484.5240
FFF	68	487,2500	491,7500	487,2625	491.7625	486.0243	490.5243
GGG	69	493,2500	497,7500	493,2625	497.7625	492.0246	496.5246
HHH	70	499,2500	503,7500	499,2625	503.7625	498.0249	502.5249
III	71	505,2500	509,7500	505,2625	509.7625	504.0252	508.5252
JJJ	72	511,2500	515,7500	511,2625	515.7625	510.0255	514.5255
KKK	73	517,2500	521,7500	517,2625	521.7625	516.0258	520.5258
LLL	74	523,2500	527,7500	523,2625	527.7625	522.0261	526.5261
NNN	75	529,2500	533,7500	529,2625	533.7625	528.0264	532.5264
MMM	76	535,2500	539,7500	535,2625	539.7625	534.0267	538.5267
OOO	77	541,2500	545,7500	541,2625	545.7625	540.0270	544.5270
PPP	78	547,2500	551,7500	547,2625	551.7625	546.0273	550.5273
QQQ	79	553,2500	557,7500	553,2625	557.7625	552.0276	556.5276
RRR	80	559,2500	563,7500	559,2625	563.7625	558.0279	562.5279
SSS	81	565,2500	569,7500	565,2625	569.7625	564.0282	568.5282
TTT	82	571,2500	575,7500	571,2625	575.7625	570.0285	574.5285
UUU	83	577,2500	581,7500	577,2625	581.7625	576.0288	580.5288
VVV	84	583,2500	587,7500	583,2625	587.7625	582.0291	586.5291
WWW	85	589,2500	593,7500	589,2625	593.7625	588.0294	592.5294
XXX	86	595,2500	599,7500	595,2625	599.7625	594.0297	598.5297
YYY	87	601,2500	605,7500	601,2625	605.7625	600.0300	604.5300
ZZZ	88	607,2500	611,7500	607,2625	611.7625	606.0303	610.5303
	89	613,2500	617,7500	613,2625	617.7625	612.0306	616.5306
	90	619,2500	623,7500	619,2625	623.7625	618.0309	622.5309
	91	625,2500	629,7500	625,2625	629.7625	624.0312	628.5312
	92	631,2500	635,7500	631,2625	635.7625	630.0315	634.5315
	93	637,2500	641,7500	637,2625	641.7625	636.0318	640.5318
	94	643,2500	647,7500	643,2625	647.7625	642.0321	646.5321
	100	649,2500	653,7500	649,2625	653.7625	648.0324	652.5324
	101	655,2500	659,7500	655,2625	659.7625	654.0327	658.5327
	102	661,2500	665,7500	661,2625	665.7625	660.0330	664.5330
	103	667,2500	671,7500	667,2625	671.7625	666.0333	670.5333
	104	673,2500	677,7500	673,2625	677.7625	672.0336	676.5336
	105	679,2500	683,7500	679,2625	683.7625	678.0339	682.5339
	106	685,2500	689,7500	685,2625	689.7625	684.0342	688.5342
	107	691,2500	695,7500	691,2625	695.7625	690.0345	694.5345
	108	697,2500	701,7500	697,2625	701.7625	696.0348	700.5348
	109	703,2500	707,7500	703,2625	707.7625	702.0351	706.5351
	110	709,2500	713,7500	709,2625	713.7625	708.0354	712.5354
	111	715,2500	719,7500	715,2625	719.7625	714.0357	718.5357

그림 5-21. TV 주파수 배열 표 2(HRC, IRC)

연습문제

01. CATV 시스템의 C/N비에 대해 틀리게 기술한 것은?

① 하향채널의 C/N비는 직렬 연결된 증폭기의 수가 2배 증가할수록 3[dB]씩 열화된다.

② 서로 다른 C/N비를 갖는 2개의 선로를 결합할 경우 상향채널 C/N비는 선로간의 C/N 차이가 클수록 낮은 C/N비가 더 많이 열화된다.

③ 동일한 C/N비를 갖는 2개의 서로 다른 선로를 결합할 경우 상향채널 C/N비는 3[dB] 열화된다.

④ C/N비가 35[dB] 이상이면 양호한 화질을 얻을 수 있다.

02. 단일 간선 증폭기의 입력신호레벨 $S_{in} = +5[\text{dBmV}]$이고 $NF = 9[\text{dB}]$일 때 증폭기 단수가 10단인 CATV 선로의 C/N비는?

① 45[dB] ② 40[dB]

③ 35[dB] ④ 30[dB]

03. TV화면에 다음과 같은 증상이 나타났다. 무엇에 의한 열화 현상인가?

① CSO ② CTB

③ XM ④ HM

04. TV화면에 다음과 같은 증상이 나타났다. 무엇에 의한 열화 현상인가?

① CSO ② CTB

③ XM ④ HM

05. CATV 망에서 동축케이블의 주파수 특성에 의해 기울기(tilt) 특성을 가지게 되며 수신 단말기에 채널간의 레벨차이를 줄이기 위해 사용하는 기기는?

① 등화기 ② 분배기

③ 분기증폭기 ④ 분기기

06. 다음 중 CATV 증폭기의 등화 방식이 아닌 것은?

① Full Tilt ② Half Tilt

③ Flat Output ④ Pre Tilt

07. Unity Gain 설계 개념에 대해 설명하라

08. CATV의 평탄 손실과 케이블 손실에 대해 설명하라

09. CATV 선로 등화를 위해 경사(tilt)를 주는 이유와 방식에 대해 설명하라

10. NF = 9[dB]인 간선 증폭기에 + 3[dBmV]의 신호가 입력될 경우 C/N는 몇 [dB]인가? 이때 상기 증폭기를 2대 직렬 접속하면 C/N는 몇 [dB]인가?

11. C/N비가 40[dB]인 간선 증폭기를 8개를 직렬 연결하였다. 이 경우의 C/N비는 몇 [dB]인가?

12. 단일 간선 증폭기의 입력신호레벨 $S_{in} = +5[\mathrm{dBmV}]$이고 $NF = 9[\mathrm{dB}]$일 때 증폭기 단수가 10단인 CATV 선로의 C/N비는 얼마인가?, 또한, 이때의 이론적인 S/N비는 얼마인가?

13. C/N비가 35[dB]인 두개의 동일한 CATV 상향 선로를 결합(combine)할 때, 이론적인 C/N비는 얼마가 되는가?

14. 다음의 단위를 변환하라

(1) 1[mW] = ( )[dBm] = ( )[mV] /75[Ω] = ( )[dBmV] /75[Ω]

(2) 10[dBm] = ( )[mW]

(3) 0[dBmV] = ( )[dBμV]

(4) 20[dBm] = ( )[mW]

(5) -20[dBm] = ( )[mW]

15. 다음의 단위변환에 적절한 값을 적어라

(1) 40[dBmV] = ( )[mV], -40[dBmV] = ( )[mV]

(2) 전력으로 10[dB]와 -10[dB]의 의미는?

16. 다음과 같은 증폭기를 직렬 연결하였을 때 전체 이득과 전체 잡음지수를 구하시오 ([dB]로 표기할 것)

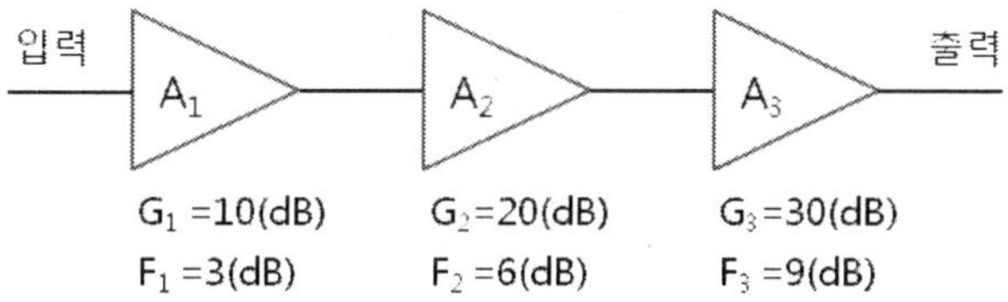

17. 전송선로의 입력전력이 10[mW]이고, 출력전력 5[mW]일 때 손실은 몇 [dB]인가?

18. -60[dBm]의 신호를 40[dB] 이득을 갖는 Pre-Amplifier를 거쳐 Main Amplifier로 전달하는 도중에 10[dB]의 감쇄가 발생하였다. Main Amplifier의 출력이 1[W]였다면 이 Main Amplifier의 이득은 얼마인가?

19. 1[W]의 송신기의 출력에서 전력이 30[dB] 감쇄하였다면 몇 [dBm]이 되는가?

20. 동축 케이블의 임피던스가 75[Ω]일때 0[dBm]의 전압은 몇 [V]이고 몇 [dBmV]인가?

21. 급전선에서 부하저항이 50[Ω]일 때 측정된 반사계수 Γ = 0.1 이었다면 이 급전선의 특성 임피던스는?

22. 300[Ω]의 TV의 피더 선로에서 75[Ω] 안테나를 접속할 때 정재파비는?

23. 임피던스가 75[Ω]인 안테나에 특성임피던스가 50[Ω]인 급전로를 연결할 때의 반사계수와 정재파 비를 구하라

24. 선로의 특성임피던스 Z_c =50[Ω], 부하 임피던스 Z_L =75[Ω] 일 때,

(1) 반사계수(Γ)를 구하라

(2) 입력전압이 10[V] 일 때, 입력전류, 반사전압과 전류를 구하라

25. 다음과 같은 T형 패드를 사용하여 특성임피던스 Z_c= 600[Ω]인 선로와 임피던스 정합 시키고자 할 때 저항 R의 값을 구하라

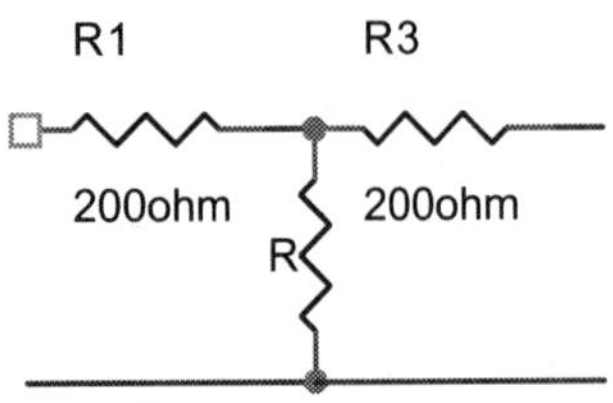

26. 다음과 같은 직렬 RLC 회로의 임피던스 및 공진주파수는?

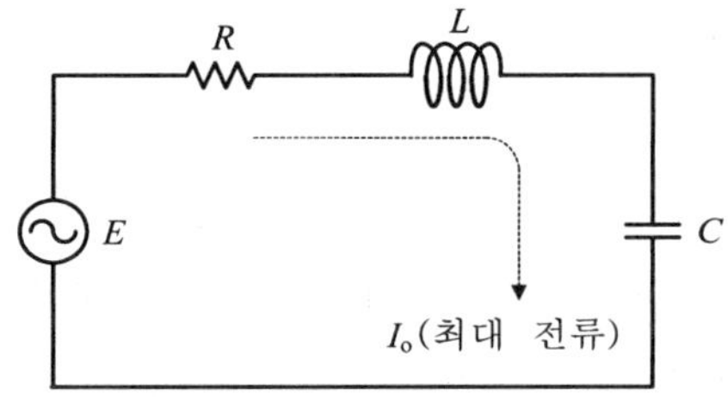

27. AM신호에서 최대값 A와 최소값 B의 비율이 2 : 1일 때 변조도[%]를 구하라

28. 다음 그림과 같은 AM 피변조파에서 변조도 m_a를 구하는 계산식을 적어라

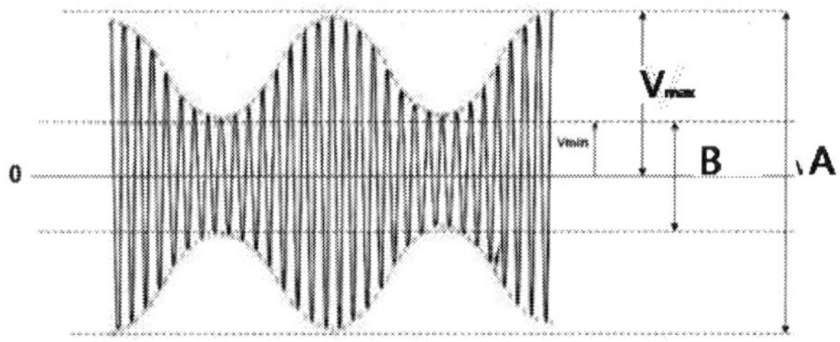

29. 위성의 사용주파수가 12[GHz] 이다. 직경 1[m] 이고 개구효율은 0.64인 위성 파라볼라 안테나의 이득을 구하라

30. 가로 39[cm] 화면에서 3[cm]의 고스트 현상이 발생하였다 수평주사 시간이 52[μs]일 때 신호파와 직접파의 경로 차를 구하라

31. 무선국, 방송국 설계 절차를 기술하라

32. 방송국 시설 접지저항은 얼마인지 기술하라

33. 다음에 대해 간단히 설명하라

(1) CSO, CTB

(2) 험변조(Hum Modulation)

(3) 혼변조(Cross Modulation)

34. TV에서 인접채널의 신호레벨이 상대적으로 높을 때 그 동기 펄스가 혼입되어 발생하며 방해파에 의해 희망신호의 진폭이 감소함으로써 해당 부분(블로킹 부분)이 화면에서 흰 선으로 나타나며 이것이 좌우, 상하로 이동하는 현상은?

35. 다중 경로 페이딩으로 수신신호에 나타날 수 있는 대표적인 영향 2가지를 설명하라

36. 다음 용어는 송신 주파수 불규칙에 따른 문제로 TV 신호의 품질을 나타내는 중요한 요소이다. 이들을 간단히 설명하라

(1) 스트리킹(Streaking)

(2) 스미어(Smear)

(3) 고스트(Ghost)

(4) 링잉(Ringing)

연습문제 정답

07. Unity Gain, 즉, 0[dB] 설계 이론으로 CATV 망의 선로 증폭기 이득 (G)= 평탄손실(L_f) + 케이블 손실(L_c)이 되도록 시스템을 설계하는 것을 뜻한다.

08. 평탄 손실 : CATV 수동기기(분기기, 분배기, D/F, D/C, 탭오프 등)에 의해 발생하며 전 주파수 대역에서 일정하게 발생하는 손실
케이블 손실 : 동축케이블에 의한 손실로 주파수에 비례하여 증가하는 손실

09. CATV 동축 케이블에 의한 손실이 주파수의 평방근에 비례하므로 고주파 대역의 신호 감쇄가 저주파 대역 신호보다 크다. 따라서 이를 평탄하게 하기 위해서는 저주파 대역 신호의 증폭도를 작게 하여야 하고 이에 따라 증폭기의 주파수 특성에 경사(tilt)를 주어야 함. 이를 등화(equalization)라고 하는데 여기에는 다음과 같은 방식이 있음.
   (1) Full Tilt : 증폭기 입력신호의 주파수 특성을 평탄(flat)하게 하고 증폭기의 이득을 케이블 손실 특성을 전부 보상하도록 틸트시켜 출력 신호의 주파수 특성이 주파수에 따라 증가하는 특성을 갖도록 하는 방식
   (2) Half Tilt : 증폭기의 입력신호가 이미 케이블 손실 특성에 따른 주파수 특성의 기울기의 1/2 정도만 보상함으로써 주파수에 따라 이득이 줄어드는 틸트 특성을 갖도록 하고 증폭기에서 케이블 손실만큼을 보상함으로써 출력 신호가 주파수에 따라 원래의 케이블 손실 특성 기울기의 1/2 정도의 기울기를 갖도록 틸트하는 방식

10. $C/N[\text{dB}] = S_i + 59 - NF = 3 + 59 - 9 = 53[\text{dB}]$
$$C/N_{sys}[\text{dB}] = C/N - 10\log N = C/N - 10\log 2$$
$$= 53 - 10 \times 0.3010 \cong 50[\text{dB}]$$

11. $C/N_{sys}[\text{dB}] = C/N - 10\log N = C/N - 10\log 2^3$
$$= 40 - 10 \times 3 \times 0.3010 \cong 31[\text{dB}]$$

12. 증폭기 1 대의 C/N는 $C/N[\text{dB}] = S_i + 59 - NF = 5 + 59 - 9 = 55[\text{dB}]$
10단일 경우 $C/N_{sys}[\text{dB}] = C/N - 10\log N = C/N - 10\log 10$
$$= 55 - 10 \times 1 \cong 45[\text{dB}]$$

13. $C/N_s = C/N_2 - 10\log(1 + 10^{-0.1x})$, 단 $C/N_1 > C/N_2$, $x = C/N_1 - C/N_2$인데

$C/N_1 = C/N_2 = 35[\text{dB}]$로 같으므로

$C/N_c = 35 - 10\log(1+10^0) \cong 35 - 3 = 32[\text{dB}]$

14. (1) 0, 274, 48.75 (2) 10 (3) 60 (4) 100 (5) 0.01

15. (1) 40[dBmV] = (100)[mV], -40[dBmV] = (0.01)[mV]

(2) 10[dB] : 전력이 10배 크다는 뜻, -10[dB] : 전력이 10배 작다는 뜻($\frac{1}{10}$의 의미)

16. $G_T = 10 + 20 + 30 = 60[\text{dB}]$

$$F_T = F_1 + \frac{F_2 - 1}{G_1} + \frac{F_3 - 1}{G_1 G_2} + \dots = 2 + \frac{4-1}{10} + \frac{8-1}{10^3} \cong 2.3$$

$F_T[\text{dB}] = 10\log(2.3) \cong 3.62[\text{dB}]$

17. 3[dB]

18. $-60[\text{dBm}] --\rightarrow -60 + 40 - 10 + \text{x} = 30 --\rightarrow 30[\text{dBm}](=1\text{W})$

$x[\text{dB}] = 60[\text{dB}]$

19. $dBm = 10\log\frac{P}{1m\,W} = 10\log\frac{1\,W \times 10^{-3}}{1m\,W} = 10\log 1 = 0[\text{dBm}]$

20. $P = \frac{V^2}{R}$, $V = \sqrt{PR} = \sqrt{1 \times 10^{-3} \times 75} = 0.27[\text{V}]$

$$dBm\,V = 20\log_{10}\left(\frac{274 \times 10^{-3}}{1 \times 10^{-3}}\right) = 48.75[\text{dBmV}]$$

21. $$\Gamma = \left|\frac{Z_l - Z_c}{Z_l + Z_c}\right| = \left|\frac{1 - \frac{Z_c}{Z_l}}{1 + \frac{Z_c}{Z_l}}\right|, \quad Z_c = Z_l\left(\frac{1-\Gamma}{1+\Gamma}\right) = 50 \times \frac{0.9}{1.1} = 40.9[\Omega]$$

22. $$\Gamma = \left|\frac{Z_l - Z_c}{Z_l + Z_c}\right| = \frac{75 - 300}{75 + 300} = 0.6, \quad S = \left|\frac{\Gamma + 1}{\Gamma - 1}\right| = \frac{1.6}{0.4} = 4$$

23. $$\Gamma = \left|\frac{Z_l - Z_c}{Z_l + Z_c}\right| = \frac{75 - 50}{75 + 50} = 0.2, \quad S = \left|\frac{\Gamma + 1}{\Gamma - 1}\right| = \frac{1.2}{0.8} = 1.5$$

24. (1) $$\Gamma = \left|\frac{Z_l - Z_c}{Z_l + Z_c}\right| = \frac{75 - 50}{75 + 50} = 0.2$$

(2) 입력전류 $I_i = \dfrac{V_i}{Z_i} = \dfrac{V_i}{Z_c + Z_l} = \dfrac{10}{125} = 80[\text{mA}]$

반사전압 $V_r = \Gamma V_i = 2[\text{V}]$

반사전류 $I_r = \dfrac{V_r}{Z_l} = \dfrac{2}{75} = 26.7[\text{mA}]$

25. $Z_c = 600[\Omega] = \sqrt{(200+R)\left(200 + \dfrac{200R}{200+R}\right)}$ 에서 R 을 구하면

$R = 800[\Omega]$

26. 임피던스 : $Z = R + j\left(\omega L - \dfrac{1}{\omega C}\right)$, 공진 주파수 : $f_o = \dfrac{1}{2\pi\sqrt{LC}}$

27. 변조신호 진폭 $V_m = \dfrac{1}{2}B$, 반송파 진폭 $V_c = \dfrac{3}{2}B$, $m_a = \dfrac{V_m}{V_c} = \dfrac{1}{3}$ 따라서 변조도는 33.3[%]이다.

28. $$m_a = \frac{\text{변조신호진폭}}{\text{반송파진폭}} = \frac{V_m}{V_c} = \frac{\text{피변조파의 최대값과 최소값의 차의 }\frac{1}{2}}{\text{피변조파의 크기의 평균값}}$$

$$= \frac{\frac{A-B}{2}}{\frac{A+B}{2}} = \frac{A-B}{A+B} \quad \therefore m_a = \frac{A-B}{A+B} \times 100[\%]$$

29. $$G[\text{dB}] = 10\log\left\{\eta\left(\frac{\pi D}{\lambda}\right)^2\right\} = 10\log\left\{0.64\left(\frac{\pi \times 1}{0.025}\right)^2\right\}$$

$$= 10\log(10096) = 40.04 \cong 40[\text{dB}]$$

30. $\left(\dfrac{3}{39}\right) \times 5.2 = 4[\mu s]$

31. 시스템 설계 → 공간 설계 → 장비 선정 → 장비 발주 → 설치 공사 → 시험 및 조정

32. 방송국 대지, 중간 송신소 : $2[\Omega]$ 이하, 고지 송신소 : $10[\Omega]$ 이하

33. (1) CSO, CTB

- CSO : 컴포지트 2차 비트(Composite Second-Order beat) - 다채널 케이블 TV 시스템에서 2개의 서로 다른 주파수 신호에 의해 발생되는 상호 변조 주파수 성분 중에서 $|f_i \pm f_j|$ 또는 $2f_i$와 같은 2차 왜곡성분 중에 희망 영상 반송파에서 ±0.75[MHz], ±1.25[MHz] 떨어진 곳에서 집군 되어 나타남으로써 발생하는 왜곡. TV 화면에 물결

치는 비스듬한 줄무늬가 나타남.

- CTB : 컴포지트 3차 비트(Composite Triple Beat) - 세 개의 서로 다른 입력 주파수 신호의 고조파 주파수들끼리의 합과 차로 조합된 3차 왜곡(3rd order) 주파수 성분 ($|f_i \pm f_j \pm f_k|$ 또는 $|2f_i \pm f_j|$, $3f_i$ 등)중에 방송채널의 영상반송파의 근처에 존재하는 성분에 의한 왜곡으로 최악의 경우 정확하게 반송파 주파수에 나타남. TV 화면에 두세 개의 수평 줄무늬가 나타남.

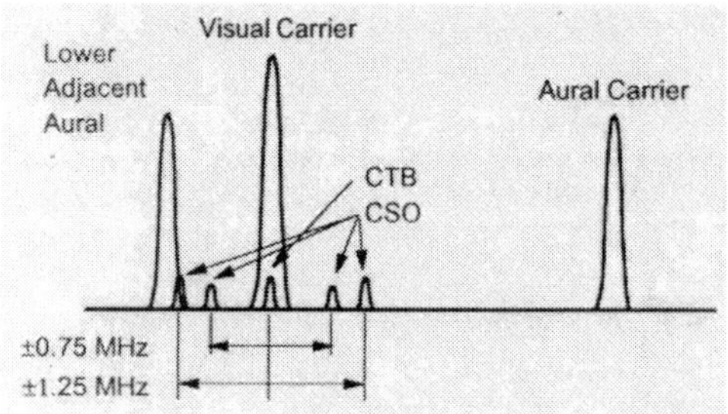

(2) 험변조(Hum Modulation) : 험변조라고 한다. 전원주파수나 그 고조파(60[Hz] 또는 120 [Hz]) 또는 여타 저주파 외란에 의해 TV 영상반송파가 불필요하게 변조되어 발생하는 왜곡. TV 화면에 가로로 흔들리는 막대를 만듦.

(3) 혼변조(Cross Modulation) : 교차 변조라고도 한다. CATV 시스템에 다채널 신호가 한꺼번에 입력될 때 희망 채널의 TV 신호가 하나 또는 그 이상의 다른 TV 신호에 의해 변조되는 현상으로 채널이 20개 이하인 CATV 시스템에서 가장 심각함. 즉, CATV 증폭기의 비직선성에 의해 발생하는 3차 왜곡 신호가 다른 TV 영상파로 바뀌는 현상으로 TV 화면에 굵은 대각선 방향 종선 및 횡선이 나타남.

34. 혼변조(Cross Modulation, XM) 또는 Window Wipe 현상

35. (1) 고스트(ghost) : TV 화상이 이중 또는 삼중으로 겹쳐서 나타나는 현상

(2) 플러터 : 수신기의 AGC가 제대로 작동되지 않아 TV화상이 진했다 흐려졌다 하는 현상

36. (1) 스트리킹(Streaking) : TV 화면에서 극단적으로 밝은 부분이나 수평 방향으로 긴 띠 모양의 부분이 있는 경우에, 그것이 수평 방향으로 흑 또는 백으로 꼬리를 끄는 현상을 말하며, 영상 증폭기의 중역(中域) 또는 저역의 특성 열화로 인하여 발생한다.

(2) 스미어(Smear) : TV화면에서 화상의 윤곽이 뚜렷하지 않고, 화면 전체가 흐려서 삐져나온 것처럼 보이며 해상도도 저하하는 현상. 이 현상은 비디콘 카메라를 사용하고 있을 때 입사 광량이 부족한 경우, 영상 송신기에 파형 일그러짐이 있는 경우, 또는 수상기의 영상 중간주파 증폭 회로의 주파수 대역이 좁을 때나, 영상 증폭기의 과도 특성이 나빠

상승 시간이 길어졌을 때 등에 발생한다.

(3) 고스트(Ghost) : TV화면에 나타나는 다중 상(상이 겹치는 현상). 대부분의 경우 주상(主像)의 오른쪽에 생기며 원인은 방송국으로부터의 직접파 이외에 산이나 건물 등에 의한 반사파가 직접파의 통로보다 길어 시간적 지연이 생기고, 이것이 상으로 되어 나타나기 때문에 발생된다. 방지책은 수신 안테나 개선 및 공동 수신 등이 있고, 건조물의 형태나 벽면 재료를 변경하는 방법 등이 있다.

(4) 링잉(Ringing) : 고스트나 에지(edge) 효과를 특징으로 하는 TV 영상 방해로 흑에서 백, 또는 백에서 흑으로 변화하는 부분에 흑백의 진동성 무늬가 발생하는 현상

Chapter 06 디지털 CATV(D-CATV)

6.1 디지털 CATV 개요

6.1.1 디지털 CATV란 무엇인가?

디지털 CATV는 공중파 D-TV의 디지털 재전송뿐 아니라, 비디오 서버(Video Server), 게이트웨이 및 기가 스위치, 쌍방향 디지털 Set-Top Box 등의 장비를 갖추고 케이블 TV 망을 통하여 영화, 뉴스, 게임, 홈쇼핑, 교육 등의 각종 멀티미디어 서비스를 대화형으로 제공하는 시스템이다. 이러한 시스템을 통해, 복수종합유선방송사업자(MSO, Multiple System Operator) 중심으로 방송, 초고속 인터넷, VoIP(Voice over Internet Protocol) 전화서비스를 한꺼번에 제공하는 TPS(Triple Play Service), 나아가 휴대전화서비스를 포함하는 QPS(Quadruple Play Service) 등의 방송통신융합 서비스를 확대 중이다.

디지털 CATV는 지상파 DTV 전송 표준인 8VSB 방식의 디지털 TV 신호를 수신하여 64QAM 혹은 256QAM으로 변조하여 가입자에게 전송한다. 이 경우 가입자는 QAM Box라고 하는 디지털 Set-Top Box를 설치해야한다. 그러나 최근에는 지상파의 아날로그 TV 신호 송출이 중단되었고 디지털 TV 수상기의 가격 인하로 보급이 확대됨에 따라 디지털 CATV 서비스를 통한 공중파 방송의 8VSB 신호 수신의 요구가 증대되고 있고 이에 맞추어 MSO들은 8VSB 지상파 디지털 TV 신호의 bypass 재전송 서비스를 확대하고자 하고 있다.

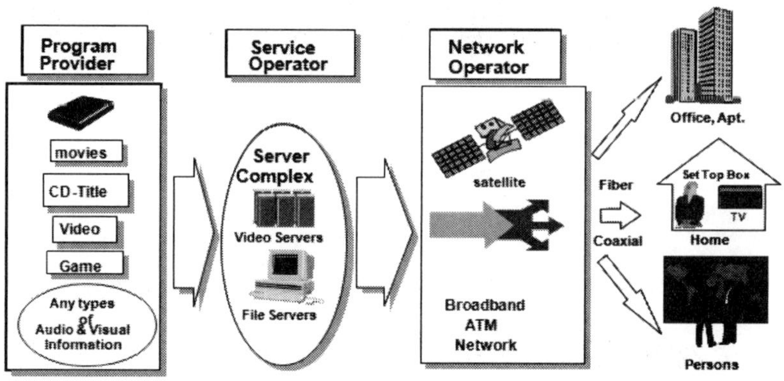

그림 6-1. 디지털 TV 시스템

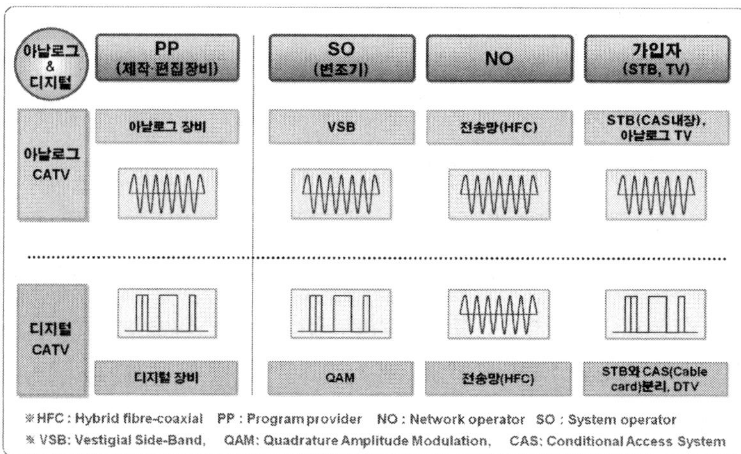

그림 6-2. 디지털 CATV와 아날로그 CATV의 비교

6.1.2 디지털 CATV 등장 배경

미래는 멀티미디어 시대이다. 멀티미디어화 한다는 것은 원래 컴퓨터 분야에서 발전한 개념이나 오늘에 와서는 방송과 통신 등의 융합을 전제로 한 거대한 시스템으로 향하는 하나의 구상을 뜻한다. 멀티미디어화가 이루어졌을 때를 가정한다면, 언제 어디서나 보고 싶은 방송을 본다든지, 정보원으로부터 정보를 탐색한다든지 또 교환해 보는 것이 가능하게 된다. 그리고 그러한 정보나 방송은 영상, 음성, 문자 등의 많은 매체로 구성, 편집된 매우 고품질의 매체가 될 것이다. 멀티미디어 시대의 정보 통신 서비스 수단으로는 위성, 케이

블, 무선 등을 들 수 있으나, 방송의 입장에서 본다면 디지털 위성 방송과 지상파 디지털 TV가 케이블 TV와 합쳐진 방송체제가 예상될 수 있다. 이러한 방송체제에서 중요하게 부각될 수 있는 것이 바로 디지털 CATV(D-CATV)이다.

디지털 CATV는 15 여년 전 부터 거론되어 왔으나 본격적인 시설 투자와 서비스 확대가 이루어지지 않고 있다가 통신 산업과 방송 산업계의 산업간 참여 제한 조치가 허물어지고, 인터넷 통신기술의 발전과 더불어 IPTV 서비스가 확대되면서, 기존 S/O들은 통신 사업자들의 방송 사업 참여에 대응한 생존 전략으로 방송과 통신사업을 융합한 쌍방향 디지털 전송 시스템 근간의 대화형 케이블 TV(Interactive CATV)로의 진화 발전을 모색하지 않을 수 없게 되었다.

바야흐로 방송과 통신 기술의 디지털화 및 융합화가 가속화되면서 방송 산업과 통신 산업은 필연적으로 융합화의 길로 접어들지 않을 수 없게 된 것이다. 국내의 디지털 CATV가 최근에 와서 다시금 부각되고 있는 이유를 몇 가지로 요약한다면 다음과 같다.

- 지난 4년여 동안 논란이 되어왔던 국내 디지털 TV 표준의 확정에 따른 D-TV 서비스의 본격화
- HFC망을 이용한 케이블 모뎀의 기술 발전(DOCSIS 2.0)에 따른 서비스 대역폭 확대
- 디지털 전송장비 및 단말기 기술의 발전 및 가격 하락(cost down)
- 디지털 위성방송 서비스 사업체와의 시장 확보 경쟁
- 가입자의 다양한 광대역 멀티미디어 정보 통신 서비스 요구 확대

이와 같은 사회적, 시대적, 기술적 배경에 따라 최근, 국내의 중소 규모 S/O들은 몇 몇 대규모 MSO를 중심으로 디지털 CATV 서비스를 실시하기 위한 컨소시엄을 구성하여 참조 모델(Reference System)을 개발하거나 DMC(Digital Media Center)를 구축하고 있다. DMC는 종합유선방송사업자(S/O)들이 HFC 가입자 망과 연동하여 디지털 방송과 방송 통신 융합 멀티미디어 서비스를 제공하기 위한 디지털 전환을 함에 있어, 중복 투자를 막고 비용 절감을 통한 경제적, 효율적 디지털 전환을 위해, 센터장비(Encoder, Middleware, CAS, SMS) 및 헤드엔드(H/E) 장비 등으로 구성된 하나의 디지털 전환 센터를 설치하고 광대역 기간망과 전국 S/O의 HFC 가입자 망을 연동하여 디지털 방송 및 멀티미디어 서비스 제공하는 전국적 플랫폼이다.

6.1.3 디지털 CATV의 특징

(1) 디지털 화

멀티미디어화는 대용량, 쌍방향이 주요 목적이므로 다채널과 디지털화를 전제로 한다. 따라서 아날로그 방식을 고집하면서 멀티미디어화 한다는 것은 일단 불가능하다. 디지털 방식의 저장은 기억된 대로 정확히 수록될 수 있고 끊임없이 반복되더라도 전송되는 서류, 그래픽, 영화 등의 자료는 처음과 동일한 상태를 유지한다.

대용량의 데이터를 처리하고 전달할 수 있는 빠른 전송속도, 한꺼번에 많은 정보량을 처리하는 과정에서 가장 중요시되는 것은 데이터를 압축하는 기술이다. 비디오 영상은 음성보다 1만 배나 많은 데이터 용량을 필요로 하는데 지금까지 개발된 데이터 축적 기술로는 DVI(Digital Video Interactive) 방식을 꼽을 수 있다. 이 새로운 기술은 프로그램 공급 사업자인 케이블 네트워크가 3~10개의 프로그램을 디지털 방식으로 압축해 1개의 채널로 전송하면 가입자는 케이블 변환장치를 이용하여 이들 중 1개의 프로그램을 선택하여 시청하는 방식이다. 방송이 디지털화됨에 따라 부가되는 각종 새로운 기능도 디지털화 되면서 누구나 쉽게 조작할 수 있고 누구에게나 값싸고 쉽게 제공되는 형태로 변화되는 것이다.

디지털 압축 기술이란 좁은 주파수 대역으로 기존의 영상신호를 대폭 압축하여 유·무선으로 전송할 수 있는 기술로서, 이로 인해 고객에게 제공할 수 있는 채널의 수를 대폭 증대시켜 새로운 서비스를 가능케 하였다. 과거의 아날로그 시스템에서 디지털로 전환시킨 디지털 기술은 하드웨어 측면에도 큰 변화를 일으키게 된다. 우선 위성의 중계기 수를 대폭 감소시키고도 채널의 전송 수용량을 크게 증대시킬 수 있게 되었다. 케이블 TV의 경우, 기존 아날로그 CATV 단말기인 컨버터의 기능과는 달리 압축된 디지털 신호를 풀어 주는 기능이 있어야 한다. 디지털 압축 기술로 인해 변화되는 케이블 TV 서비스는 다음과 같다.

- 채널의 대폭 증대로 주문형 PPV(Pay Per View) 서비스, 즉 VoD 같은 주문형 서비스 증가
- 기존의 Pay 채널 서비스의 변화 : RVoD(Real Video on Demand) 형태의 서비스가 가능
- HDTV 및 UHDTV의 디지털 전송 가능
- 기타 다양한 쌍방향 프로그램 서비스 가능

(2) 쌍방향 기능(대화 기능 : Interactivity)

지금까지의 일반적인 방송의 개념은 일대 다의 전송을 통한 단방향 서비스였으나, 디지털 CATV시대에서의 방송의 개념은 가입자와의 쌍방향 의사 전달을 통한 차별화된 서비스를 제공하는 광대역 멀티미디어 서비스로 바뀌어야 한다. 이것은 사용자가 쌍방향 기능과 네트워크 활용의 기능을 갖는 다는 것이 되므로 사용자가 자신이 갖고 있는 각종 자료를 직접 편집, 처리할 수 있게 된다는 것을 의미한다.

디지털 CATV는 이러한 쌍방향 기능을 경제적으로 구현할 수 있다. 기존 TV와는 달리 쌍방향 디지털 CATV는 상향 채널을 통해 가입자의 조작 명령을 방송국에 전달함으로써 가입자가 언제 어느 때라도 원하는 프로그램을 볼 수 있을 뿐 아니라, 마치 가입자가 자신의 VCR을 소유하고 있는 것처럼 자유자재로 되감거나 앞으로 돌려서 볼 수 있는 가상 VCR(Virtual VCR) 기능을 가지고 있다. 가능한 서비스로는 VoD와 같은 주문형 서비스가 대표적이며, 홈쇼핑이나 네트워크 게임, 주문형 뉴스 서비스를 통해 정치, 경제, 사회, 문화 등 자신이 관심 있는 특정 분야에 대한 뉴스를 언제 어느 때라도 제공받을 수 있다. 또한 대화 기능을 이용하여 원격진료, 원격교육, 재택근무 등 다양한 용도로 활용할 수 있어 인간의 생활양식의 변화가 기대된다.

(3) 멀티미디어 기능

디지털 CATV는 위성통신, 위성방송, HDTV, 인터넷 PC 등, 다른 뉴미디어와의 친화성이 클 뿐 아니라, 보다 많은 전송 채널 확보가 가능하기 때문에 여러 가지 고품질 동영상이 포함된 광대역 멀티미디어 서비스가 가능하다. 따라서 나날이 고도화, 다양화되고 있는 정보 욕구에 효과적으로 대응할 수 있는 멀티미디어 기능을 갖춘 종합미디어로서의 역할을 수행할 수 있다.

그림 6-3. 디지털 CATV의 특성

6.1.4 디지털 CATV 시스템 성능 평가

디지털 CATV 시스템의 성능을 평가하기 위한 파라미터(변수)는 다음과 같다.

(1) 비트 오율(BER : Bit Error Rate) : 총 전송 데이터 비트 수에 대한 오류 비트 수의 비

(2) 패킷 오율(PER : Paket Error Rate) : 일반적인 Ping Loss Test

(3) SNR/MER : Signal to Noise Ratio, 변조 오율(Modulation Error Rate) 라고도 함

(4) 성상도(Constellation) : QPSK/QAM 변조 신호의 성상도 유형 및 수렴도

(5) 디지털 전력 레벨 및 주파수(Digital Power Level 및 Frequency) : 디지털 신호의 레벨 및 채널 주파수

6.2 디지털 CATV 서비스

디지털 CATV은 아날로그 CATV에 비해 채널수가 3~4배 이상 늘어날 뿐 아니라, 쌍방향 통신이 가능하기 때문에 다양한 대화형 멀티미디어 서비스가 가능하다.

각종 주문형 서비스는 물론, E-commerce, 홈뱅킹, 방범 방재 보안 서비스, 스마트 홈 서비스, 공공서비스 등이 가능하다.

6.2.1 VoD(Video on Demand)

쌍방향 디지털 CATV 시스템을 이용하면 가입자가 원하는 영화나 뉴스 등의 컨텐츠나 정보를 언제 어느 때나 요구에 따라 대화형으로 제공할 수 있는 주문형 서비스(on Demand)가 가능하다. 주문형 서비스는 아래 그림에서와 같이 서비스가 요구하는 특성과 트래픽 유형에 따라 영화, 게임, 뉴스, 홈쇼핑, 비디오 화상회의 등 여러 가지 유형으로 분류할 수 있다. 서비스 내용에 따라 영화는 MoD, 게임은 GoD, 뉴스는 NoD 등으로 불릴

수 있다.

그림 6-4. 주문형(on Demand) 서비스의 종류

VoD 서비스는 전송망의 대역폭, 시스템의 트래픽 처리용량, 처리 속도 등에 따라 다음 그림에서와 같이 NVoD(Near VoD)부터 Real VoD(또는 True VoD)까지 다양한 유형의 서비스가 가능하다. Real VoD는 가상 VCR 기능(Play, Stop, Pause, F/F, RW)을 모두 제공하는 실시간 주문형 비디오 서비스이고, NVoD 서비스는 하나의 영화를 여러 디지털 채널을 이용하여 일정 시간 간격(예를 들어 10분 간격)으로 시작하도록 해놓고 가입자의 요구 시, 가장 빨리 시작하는 디지털 채널을 선택하게 함으로써 오래지 않은 시간 내에 시청할 수 있게 하는, 비교적 적은 비용으로 주문형 서비스를 제공할 수 있도록 한 서비스이다.

서비스 구분	정 의	적용서비스 예
NVOD	일정시간 간격으로 제공되는 영화를 편당 요금을 지불하고 시청하는 채널 형태	영화 중심의 서비스
RVOD	원하는 시간에 원하는 Content를 편당 요금 지불 방식으로 시청하는 서비스(FF, RW, Pause 기능 제공)	영화, 성인물 등
SVOD	RVOD 시리즈를 월정액으로 시청하는 Subscription VOD로 구분하여 제공함	Kids, 어학, 성인 등의 월정액 패키지

그림 6-5. VoD 서비스의 유형

6.2.2 EPG(Electronic Program Guide)

EPG란 케이블 TV가 시청자가 리모컨을 사용하여 스포츠, 뉴스, 음악 등 자신이 원하는 프로그램 장르를 검색할 수 있는 서비스이다. 전자식으로 구현된 일종의 TV방송프로그램 안내용 편성표라고 볼 수 있다. 시청자는 이러한 쌍방향 프로그램 가이드를 이용하여 각 채널의 편성 스케줄은 물론 간단히 요약된 프로그램 내용의 정보도 얻을 수 있고 프로그램 녹화도 할 수도 있다.

EPG는 가입자로 하여금, 제공되고 있는 디지털 CATV서비스로 안내하는 창구 역할을 하는 서비스이므로 시청자 확대에 대단히 중요한 요소이며, EPG를 통한 효과적인 프로모션을 통해 프로그램 시청률 제고, Pay 채널 및 VoD 구매율을 높일 수 있을 뿐 아니라, 시청자들을 홈쇼핑, T-commerce 등, TV를 이용한 상거래 영역으로 유도할 수도 있다.

그림 6-6. EPG 서비스

6.2.3 T-commerce

T-Commerce는 이미 주요 서비스로 자리를 잡고 있는 홈쇼핑 채널과는 달리 해당 채널의 본 방송을 시청하는 도중에 데이터 방송으로 전달되는 정보를 통해서 해당 프로그램과 연관된 상품을 리모컨을 이용하여 즉시 구매할 수 있도록 하는 서비스이다.

즉, 방송되고 있는 프로그램과 연계된 상품이 TV 화면에 팝업되면 리모컨으로 선택하여 구매하는 방식이다. 최근에는 스마트 폰과 연동하여 상품 구매 사이트가 TV 화면에 팝업(Pop-up)되는 대신 스마트 폰에 표시되어 스마트 폰을 통해 구매할 수 있도록 하는 서비스로 진화하고 있다.

그림 6-7. T-commerce 서비스의 예

6.2.4 데이터 방송 서비스

데이터 방송 서비스는 방송사업자의 채널을 이용하여 문자, 숫자, 도형, 이미지 등의 정보를 영상과 음성을 전송하는 방송프로그램과 조합하여 송신하는 방송 서비스로 영상신호의 수직귀선소거기간(VBI) 내에 데이터를 전송함으로써 이루어진다. 지상파 방송의 경우 데이터와 프로그램의 연관성을 기준으로 연동형 또는 독립형 서비스로 분류하며, 연동형의 경우, 등장인물, 지난 줄거리, 연혁 등, 방송 중인 프로그램과 관련된 정보나 해당 프로그램 시청에 도움이 되는 정보를 제공하며, 독립형인 경우, 날씨, 교통, 뉴스, 주식 등, 생활에 유익한 일반적인 정보를 제공한다. 종합유선방송의 경우, 서비스와의 결합성을 기준으로 bound 또는 unbound 서비스로 분류한다. 데이터 방송이 상향대역을 통해 피드백을 받을 수 있도록 양방향 서비스와 결합할 경우, 다양한 비즈니스 모델 창출 가능성이 있을 것으로 예상된다.

국내의 데이터방송 표준은 지상파의 경우, 북미의 ATSC의 ACAP(Advanced Common Application Platform)을 채택하고 있고, 케이블 방송은 북미의 케이블 방송표준인 Cable Labs의 OCAP(OpenCable Application Platform)을 채택하고 있다.

그림 6-8. 데이터 방송 서비스의 예

6.2.5 방범, 방재 보안 서비스

케이블 TV를 활용한 자택 보안 시스템은 주로 각종 경보 서비스이다. 기존의 경보 시스템 사업은 전화선을 이용해 주로 회사나 가게 등 사업장과 일부 주택 소유자를 고객으로 확보하여 화재, 도난, 의료용 경보 서비스를 제공해왔다. 시스템 오퍼레이터가 쌍방향 기능을 활용하여 제공하기 시작한 경보 서비스의 응용분야는 기존의 사업자가 제공하는 서비스와 동일하나 보안 시스템이 케이블 TV에 연결되어 있다는 섬이 나르나. 케이블 TV의 경보 시스템은 창문이나 천장 등에 부착된 탐지기가 무선이나 유선으로 케이블 터미널에 연결되어 있어 화재나 도난 사고가 발생할 경우, 경보음이 작동되며, 즉각 시스템 오퍼레이터나 경찰서, 소방서 등으로 긴급신호가 연결된다. 경우에 따라 이 신호를 받은 곳에서는 컴퓨터에 미리 입력시켜 놓은 정보에 의해 긴급신호를 보내 온 장소의 전원 스위치의 위치, 사람 수 등을 파악할 수 있다. 의료 응급의 경우 병원이나 앰뷸런스로 발신되어 적절한 조치가 이루어진다. 문제는 이러한 주택 보안 쌍방향 서비스들은 S/O 측에서 마케팅하기가 결코 수월치 않다는 점이다. S/O가 주택 보안 서비스를 제공하기 위해서는 일정한 설치비용이 소요되며 월 단위의 일정한 서비스 요금을 가입자로부터 받아야 하는데, 이러한 비용은 전화선 같은 다른 통신 수단을 이용하여 서비스를 제공하는 기존의 보안 회사들에 비해 경쟁력이 떨어지며 신뢰성 역시 뒤진다. 따라서 케이블 시스템을 이용한 주택 보안 서비스가 상업화에 성공하기 위해서는 비용 측면과 신뢰성을 극복해야 한다.

6.2.6 자동 검침 서비스

디지털 CATV 시스템의 쌍방향 서비스 기능 중, 자동 검침 시스템은 주목받고 있는 응용분야의 하나이다. 가정 내에 설치된 전기, 가스, 수도 등의 미터기를 자동 검침하고, 미터기가 고장 나거나 도난 사고가 일어났을 때, 즉시 체크한다. 국내의 한전, 가스공사, 수도국에서는 정기적으로 검침원을 시켜 집집마다 직접 방문함으로써 계량기를 검침하고 사고를 미연에 예방하고자 노력하고 있다. 그러나 이 방법은 검침 자체가 정확하지 않을 뿐만 아니라 검침원 고용에 따른 인건비 상승, 검침을 가장한 강도 피해 사례로 인해 검침을 아예 기피하는 등 여러 가지 문제가 제기되고 있다. 그러나 이러한 문제는 먼 거리에서 수시로 검침을 해 주는 원격 검침 시스템, 자동 검침 시스템으로 해결할 수 있게 되었다.

6.2.7 투표, 여론 조사

케이블 TV의 쌍방향 기능을 활용한 투표 참여에는 여러 가지 응용 분야가 있다. 공공의 의견을 수렴하기 위한 여론 투표와 시청자가 프로그램에 참여할 수 있는 투표 등이 그것이다. 후자의 경우 스포츠 경기가 대표적인 예가 될 것이다. 시청자는 케이블 TV를 통해 복싱 경기를 시청하면서 라운드마다 채점을 할 수가 있다. 또한 어떤 스포츠 게임은 시청자가 감독처럼 게임의 전략을 제시할 수도 있다. 이러한 시청자들의 프로그램 참여는 쌍방향 기능을 이용, 상호 피드백이 가능하다는 점에서 프로그램 참여의 홍미를 더해준다. 케이블 TV 가입자가 시정이나 공공 여론조사 등에 자신의 의견을 밝힐 수 있는 투표도 주목받고 있는 케이블 TV의 쌍방향 기능 중 하나이다.

6.3 디지털 CATV 시스템

6.3.1 시스템 구성

쌍방향 디지털 CATV 시스템은 쌍방향의 광동축 혼합형의 CATV 망을 최대로 활용하여 기존 아날로그 CATV 서비스와 위성 및 지상파 디지털 TV 재전송 서비스를 수용할 수 있도록 하는 것은 물론, S/O가 자체 제작한 디지털 컨텐츠에 대한 주문형 비디오 서비스(VoD : Video On Demand)가 가능하여야 한다. VOD 서비스를 위한 케이블 TV의 주파수 대역은 450~750[MHz]의 300[MHz] 대역으로 MPEG-2로 압축한 영상 데이터를 64QAM을 이용하여 디지털 전송할 경우, 이론적으로는 기존 아날로그 1 채널(6[MHz])당 약 36[Mbps]의 속도로 전송 가능하므로 1개의 MPEG2 영상 스트림(Video Stream)을 5~6[Mbps] 정도로 전송한다면 이론 상 6~7개의 영상 스트림을 전송할 수 있다. 따라서 전체 300[MHz] 대역에서는 최소한 300개 이상의 디지털 영상을 동시에 전송할 수 있다.

다음 그림은 MSO들이 효율적인 투자를 통해 쌍방향 디지털 CATV 서비스 제공하기 위한 DMC(Digital Media Center)의 구성도이다. P/P로부터 디지털 컨텐츠를 광케이블을 통해 실시간 수신하여 기간망을 통해 S/O게 제공하는 시스템, 가입자에게 프로그램 안내를 위한 EPG 시스템, 주문형 비디오 서비스를 위한 VoD 시스템, 가입자 인증을 통한 수신제한 시스템(CAS, Ccnditional Access System), 가입자 과금을 위한 과금 시스템(Billing System), 전자식 프로그램 안내(EPG)를 위한 메타 데이터(meta data)를 송수신하는 PSIP/SI(Program and System Information Protocol / System Information) 시스템, 양방향 데이터 방송 서비스를 위한 iTV H/E 시스템, 인터넷 서비스를 위한 케이블모뎀 시스템 등으로 구성된다.

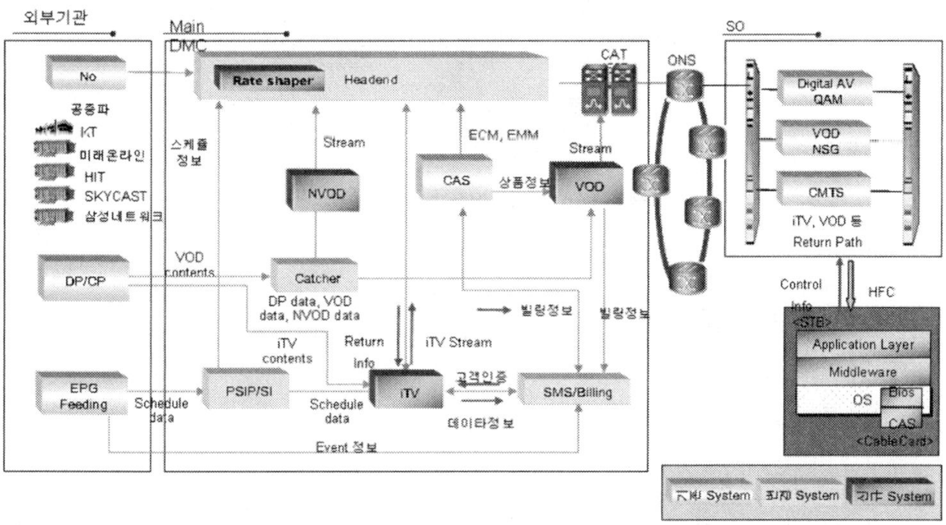

그림 6-9. 디지털 CATV를 위한 Digital Media Center(DMC)

다음 그림은 DMC로부터 디지털 컨텐츠를 제공받아 가입자에게 쌍방향 디지털 CATV 서비스 제공하기 위한 S/O들의 디지털 CATV 시스템 구성도이다. DMC로부터 전송된 디지털 컨텐츠를 수신하여 부호화하고 재 혼합(Re-Multiplexing)한 MPEG-TS를 QAM 변조기를 거쳐 HFC망을 통해 가입자 단말기(Set-Top Box)로 전송하는 시스템이다. S/O들도 자체 VoD 시스템을 구비하여 운용하기도 한다.

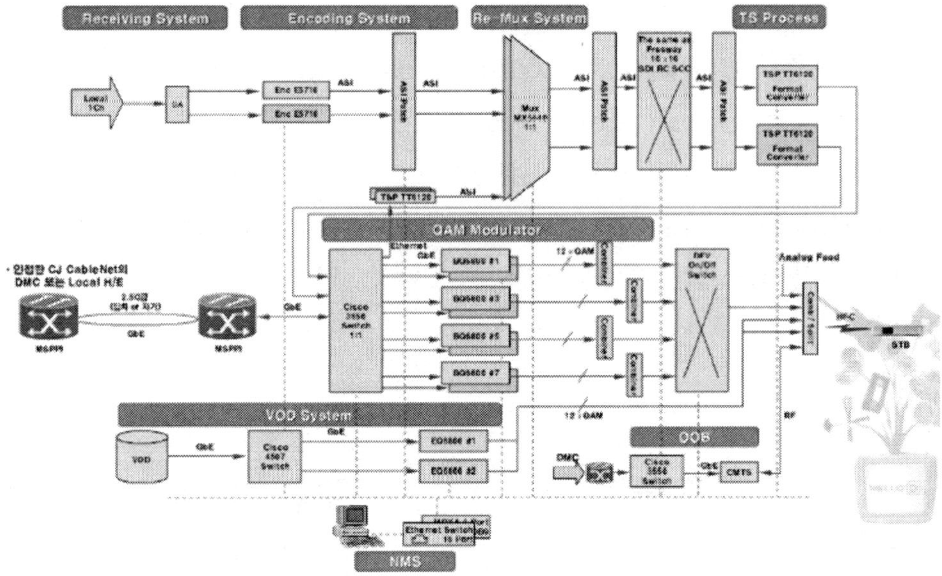

그림 6-10. S/O의 디지털 CATV 시스템

6.3.2 주요 시스템

(1) VoD 시스템(Video on Demand System)

VoD 시스템은 다음 그림과 같이 스트리밍 서버(Streaming Server), 가입자 응용(Client Application), 백 오피스(Back Office)의 3가지 기본 요소로 구성된다. 아래 그림에 각 구성 요소 간에 상호 역할 관계 및 주고받는 내용을 개략적으로 나타내었다. 가입자 응용은 단말기(Set-Top Box)에 내장된 소프트웨어로 서버와의 세션 통신과 스트림(stream) 재생 제어 기능, 사용자의 사용 편의성 제공을 위한 GUI(Graphic User Interface)를 제공해준다. 스트리밍 서버는 실질적인 A/V 데이터를 단말기에 전송해주며 백 오피스는 컨텐츠 및 가입자 /과금 정보를 관리하고 네트워크 자원 및 세션 통신을 제어하는 역할을 한다.

VoD 시스템에서는 서비스 그룹의 개념이 중요하다. 할당된 VoD 서비스 대역이 수용 가능한 하향 가입자 군을 서비스 그룹이라 한다. 예를 들어 동시에 36개의 스트림을 제공할 수 있는 환경에서 1,000 가입자를 수용하기 위해서는 최소한 28개의 서비스 그룹으로 나누어야 한다.

VoD 시스템에서 사용하는 디지털 변조기인 QAM장비는 H/E 내에 설치되지 않고 외부에 설치될 수도 있으며 H/E의 하향 채널 장치 중, 맨 끝에 위치하므로 일반적인 방송신호에 사용되는 Broadband-QAM과 구별하여 Edge-QAM이라 부른다. 이 Edge-QAM의 특징은 송출되는 VoD 컨텐츠에 CAS의 ECM 메세지를 적용하기 위해 SCS(Simul-Crypt Synchronizer) 기능이 부가되어있다는 점이다.

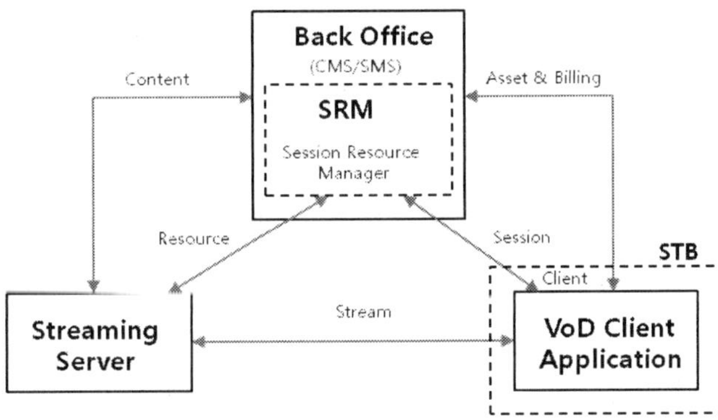

그림 6-11. VoD 시스템 구성 요소

■ 가입자 응용(Client Application)

가입자 응용은 단말기(Set-Top Box)에 내장된 소프트웨어로 S/W 구조상 운영체계(OS) 바로 위에 위치하는 VoD Client Library S/W와, 최상위에 위치한 VoD Application S/W로 구성된다.

VoD Client Library S/W는 가입자 단말기와 백 오피스 시스템 간의 세션 통신 기능과 가입자 단말기와 스트리밍 서버간의 스트림 재생을 위한 제어 기능을 담당한다. 세션 통신에는 DSM-CC 방식 또는 RTSP 방식이 사용되고 스트림 재생 제어에는 일반적으로 RTSP 방식이 사용된다.

VoD Application S/W는 여러 장르의 수많은 컨텐츠를 카테고리 별로 구분하여 사용자가 원하는 컨텐츠를 손쉽게 찾아볼 수 있도록 하는 VoD EPG(electronic Program Guide)화면의 UI/GUI 기능을 담당한다.

■ 스트리밍 서버(Streaming Server)

영화나 음악과 같이 비트의 전송이 물의 흐름처럼 연속되는 스트림 데이터를 제공하는 서버이다. 비디오 서버(Video Server)라고도 한다. 스트리밍 서버와 스트림 데이터를 전송하기 위한 디지털 변조기인 Edge-QAM은 VoD 가입자 수 및 동시 접속자 수의 증가에 따라 지속적인 투자가 요구된다.

■ 백 오피스(Back Office) 시스템

방송사업자(S/O)가 VoD 서비스를 이용하여 수익을 창출하는데 필요한 사무 기능을 지원해주는 구성 요소로 다음과 같은 기능을 수행한다.

- 컨텐츠 관리(CMS, Contents Management Server) : P/P의 Pitcher Server로부터 Catcher Server에 입력된 컨텐츠 데이터는 크게 A/V 데이터와 메타(meta) 데이터로 구분되어 별도 CMS에 등록되는데, 가격정보 등, 일부 메타 데이터들은 방송사업자의 비즈니스 모델에 따라 수정될 수 있어야 한다. 보통 A/V 컨텐츠 데이터는 대용량의 라이브러리 서버에 저장되고 CMS는 메타 데이터와 A/V 컨텐츠의 저장 경로(디렉토리, 폴더)만 관리한다. 단, 메타 데이터는 VoD 화면에 맞추어 별도의 카테고리 서버에 저장하는 경우도 있다. CMS는 VoD 서비스에 필요한 모든 데이터 정보와 A/V 컨텐츠 저장경로를 저장하고 있으며 이레 대한 등록/수정/삭제 등의 관리 기능을 수행한다.
- 가입자 관리(SMS, Subscriber Management Server) : SMS는 일반적으로 가입자 단말기의 Host MAC 주소를 기준으로 가입자 정보를 저장, 관리하고 있다. 가입자 기본 정보는 방송사업자에 따라 변경될 수 있다. SMS의 주요 기능은 어느 가입자가 어떤 컨텐츠를 얼마나 시청하였는지를 관리하여 과금(Billing)시스템과 연동하는 일과, 가입자의 등록, 해지, 일시중지 등의 정보를 저장, 관리하는 일이다.
- 세션/자원 관리(SRM, Session & Resource Management) : VoD 서비스를 원활하게 제공하기 위해서는 제한된 서비스 대역폭을 효율적으로 잘 관리하는 것이다. 가입자가 VoD 서비스를 요청해오면 세션 설정 과정이 수행되어야 하는데 이를 위해서는 가용 대역폭이 남아 있어야 한다. 또한 일단 연결되면 가입자가 시청을 종료할 때까지 세션 연결을 끊김없이 잘 유지시켜주어야만 한다. 따라서 SRM의 주요 기능은 가용한 네트워크 자원(대역폭)과 세션 연결을 효율적, 지속적으로 관리하는 일이다. 자원의 이용 효율 증대를 위해 일시 정지를 일정 시간 이상 할 경우 세션을 강제 종료하여 다른 사용자에게 할당해주는 등의 기능을 수행할 수도 있다.

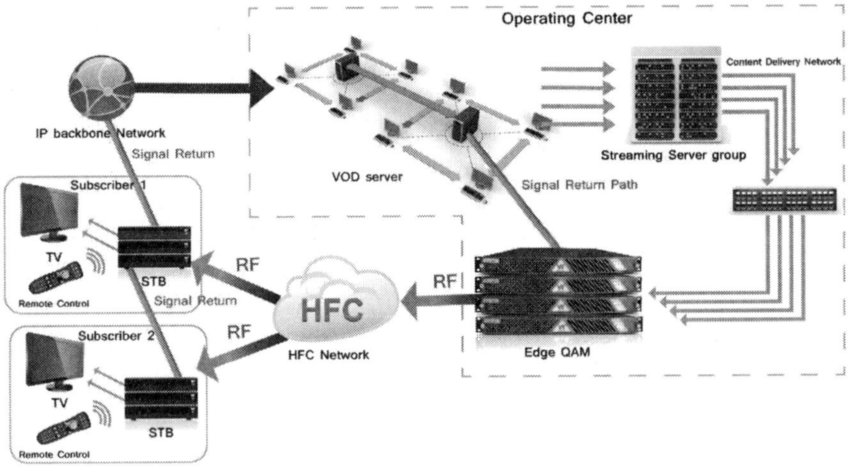

그림 6-12. VoD시스템을 이용한 서비스 개념도

(2) 수신제한 시스템 CAS(Conditional Access System)

CAS는 가입자관리시스템(SMS, Subscriber Management System)으로부터 받은 가입자 시청 권한 정보(EMM)와 헤드엔드로부터 받은 비디오 신호를 암호화하는데 관련된 정보(ECM)를 가입자단말기(STB)에 내려 보내며, STB의 케이블 카드(PoD 또는 Smart card)나 DCAS(Downloadable CAS)의 클라이언트(client)를 통해 수신허가나 디스크램블링(Descrambling) 등, EMM(Entitlement Management Message, 자격관리 메세지)과 ECM(Encryption/Entitlement Control Message, 암호화 제어 메세지)에 따른 서비스를 가입자에게 제공하기 위한 일을 한다. EMM과 ECM 정보는 CAM(Conditional Access Message)에 규정되어 있으며 디스크램블링에 관련된 정보이다. ECM정보는 서비스 키나 사용자 키와 같은 CW(Crypto word)를 보호하기 위한 암호화 관련 정보이며 명령어(Control word)와 서비스 키(Service key)의 함수이며 약 2초마다 STB로 전송된다. EMM정보는 해당 컨텐츠를 볼 수 있는 권한을 제어하는(자격을 관리)하는 정보로, 서비스 키와 사용자 키(User key)의 함수이며 약 10초마다 STB로 전송된다. ECM과 EMM은 보통 케이블 모뎀 종단 시스템(CMTS Cable Modem Termination System)에 설정된 DSG MAC(Media Access Control)을 통해 스마트카드에 전달된다.

EMM정보를 통한 수신제한 기능은 H/W 기반일 경우 케이블카드나 스마트 카드를 활용하여 구현하며 S/W기반일 경우는 STB 메모리에 클라이언트 소프트웨어를 개발, 제공함으로써 구현한다. 이를 DCAS라고도 한다.

따라서 CAS는 인증되지 않은 방송서비스의 수신 및 시청을 제한하기 위해 스크램블링(Scrambling)과 암호화(Encryption) 기능이 조합된 시스템으로 일종의 도시청 방지 시스템이라 할 수 있다. 스크램블링은 영상, 음성 , 문자를 권한을 부여받지 않은 시청자는 판독할 수 없도록 신호를 특별한 방법으로 처리하는 것이고 암호화는 STB 내의 디스크램블러(Descrambler)가 스크램블링된 신호를 해독하는데 반드시 필요한 보안 키(Secret key)를 보호하기 위해 신호처리를 하는 것이다.

CAS의 주요 기능은 서비스의 차별화를 위해 방송되는 프로그램 중, 특정 프로그램을 어느 특정 가입자 단말기에게 전송해야 하는지의 여부를 결정하는 것이다. 이와 같은 수신제한 기능이 필요한 이유는 다음과 같다.

- 특정 프로그램이나 서비스를 원하는 가입자에게 제공하고 유료화하기 위해
- 프로그램 저작권 조건에 따라 특정 지역에 수신을 제한하기 위해
- 특정 프로그램의 카테고리에 대한 수신을 제한하기 위해(예 : 성인프로그램)

(3) PSIP/SI 시스템

PSIP(Program and Service Information Protocol)시스템은 전자식프로그램안내(EPG)에 필요한 정보를 전달하는 시스템이다. EPG서버로부터 각 S/O 별 채널 정보 및 EPG 정보를 받아서 DVS 097(ATSC A/65)에서 정한 PSIP을 만족하는 PSI/PSIP 테이블(Table) 정보를 자동으로 구성하여 in- band로 전송한다. PSIP는 디지털 방송을 위해 필요한 모든 MPEG TS들을 처리하기 위해 마련된 테이블의 집합체라고 할 수 있는데, 각 TS에 의해 운반되는 모든 가상채널(virtual channel)을 위한 시스템과 이벤트 레벨 정보를 담고 있다. PSIP 정보는 원래 디지털 지상파 방송에서 EPG를 위한 정보 제공을 위해 개발되었으나 디지털 CATV 방송에도 적용하여 사용하고 있다.

SI(System Information)시스템은 EPG서버에서 채널, 서비스, 이벤트 관련 정보를 받아 SCTE65(DVS234) 규격에 따른 SI Table을 생성하여 송출하고 채널 브랜딩 정보와 전 채널의 서비스 프로그램에 대한 안내(EPG) 정보도 송출한다.

PSIP에는 크게 6개의 테이블이 있으며 각 테이블이 전달하는 내용은 다음과 같다.

- MGT(Master Guide Table) : STT를 제외한 각 테이블들의 PID(Packet Identifier) 값과 버전 정보를 제공하며 버전 업그레이드를 체크함
- STT(System Time Table) : 현재의 날자, 시간 정보 제공함

■ VCT(Virtual Channel Table) : 가상 채널 명, 채널 PTC 번호, 스트림 컴포넌트와 타입 등, 가상채널에 관한 정보 제공함

■ RRT(Rating Region Table) : 컨텐츠 등급 정보를 가지고 있어 현재 설정과 RTT의 설정을 비교하여 필요에 따라 컨텐츠 재생이 불가능하게 할 수 있음

■ EIT(Event Information Table) : VCT에 있는 모든 채널에 대한 최소 3시간동안의 프로그램 정보를 제공, EPG에서 사용하도록 함

■ ETT(Extended Text Table) : EIT에서는 제목만 표시하는데 반해 프로그램 줄거리, 등장인물, 배경 등, 프로그램에 대한 상세한 정보를 제공함

Book Cafe

■ **PSI(Program Specific Information)**

디지털 CATV는 MPEG-2 A/V 동영상 파일을 전송함에 있어 다수의 프로그램들을 하나의 비트열로 혼합한 MPEG-TS(Transport Stream)형태로 전송한다. 따라서 하나의 RF 채널 대역(6[MHz])에 여러 개의 프로그램들을 전송할 수가 있는 것이다. 하나의 비트열에 하나의 프로그램이 전송될 경우를 SPTS (Single Program Transport Stream)라하고 다수의 프로그램들이 전송될 경우를 MPTS(Multiple Program Transport Stream)라 한다. 이와 같이 하나의 비트열에 다수의 프로그램이 전송될 경우에 가입자단말기(STB)에서 수신하고자하는 프로그램의 스트림을 정확히 찾아낼 수 있도록 지원하는 정보가 PSI이다.

PSI는 MPEG-TS의 역다중화 및 프로그램 재생을 위한 정보이다. MPEG(13818-1)에 규정되어 있으며 프로그램을 파악할 수 있는 메타데이터로, 특정 프로그램 선택, 패킷 선택, 복호 방법 등에 대한 정보를 제공한다.

PSI 다음과 같은 4개의 테이블로 구성된다.

- PAT(Program Association Table) : 채널 내의 프로그램 정보 목록(PMT의 PID 값 제공, PID = 0인 패킷에 의해 전송됨), TM(Transport Multiplexer)에 존재하는 프로그램들의 주소록이라 할 수 있음.
- PMT(Program Map Table) : 각 프로그램의 A/V 스트림에 대한 정보(TS 패킷의 PID목록과 부속정보 등)
- CAT(Conditional Access Table) : 스크램블링 제어 정보
- NIT(Network Information Table) : 수신 지역의 물리적 네트워크에 대한 정보

Book Cafe

■ **PCR(Program Clock Reference)**

MPEG 화일을 수신하는 가입자단말기(STB)측에서 시각 기준을 송신기 측에 맞추도록 하기 위해 MPEG TS에 포함되어 전송된 데이터로 복호기의 STC(System Timing Clock)의 값을 세팅하거나 맞추기 위한 42비트 크기의 시각 참조 데이터 값을 말한다. 즉, MPEG 복호기의 타이밍 기준을 설정을 위해 TS 스트림 내에 포함되어 전송되는 타임 스탬프이다.

(4) iTV H/E시스템(Interactive Head End System)

디지털 CATV에서 제공하는 양방향 데이터 방송 서비스를 위한 시스템으로, 시청자들이 상향대역의 리턴 채널을 통해 프로그램에 참여하고 데이터 서비스를 선택할 수 있도록 하고 있다. 이러한 양방향 서비스 시스템에는 사용자의 개인 인증과 사용자로부터의 요청 데이터를 수집, 가공, 분석하여 요청에 대한 개별 응답을 제공하거나 관련 서비스 제공자의 시스템으로 전달하는 리턴 시스템(Return System)을 포함하고 있다.

리턴 시스템은 가입자 단말기(STB)내의 케이블 모뎀과 TCP/IP를 이용하여 통신을 하는 통신 서버, 그리고 이와 연결된 리턴 서버로 구성되며, 리턴 서버는 가입자 사용 이력 등을 관리하고 가입자관리시스템, 과금 시스템 등과 연동하여 운용된다.

(5) 케이블 모뎀 시스템(Cable Modem System)

케이블 모뎀 시스템은 HFC 케이블 TV 망을 이용하여 인터넷 서비스를 제공하는 시스템으로 개념적으로는 다음 그림에서처럼 케이블 TV 망을 가입자망으로 사용하고 있는 사용자에게 IP를 투명하게 제공하고자 하는 시스템이다.

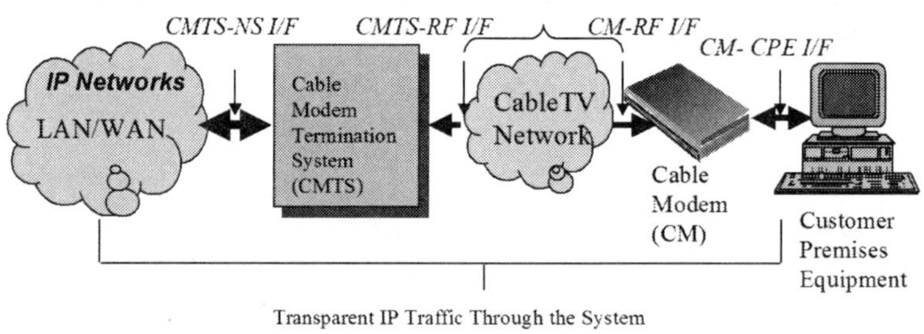

그림 6-13. 케이블 모뎀을 이용한 인터넷 서비스 시스템 개념도

따라서 케이블 TV망을 이용한 초고속 인터넷 서비스를 제공하기 위해서는 아래 그림에서와 같이 H/E에 설치하는 센터 장비인 CMTS(Cable Modem Termination System), Up Converter, 각종 서버(Web, DHCP, ToD, SNMP)와 가입자용 단말기인 CM(Cable Modem), 사용자 단말인 PC 등, 여러 가지 구성 요소들이 필요하다

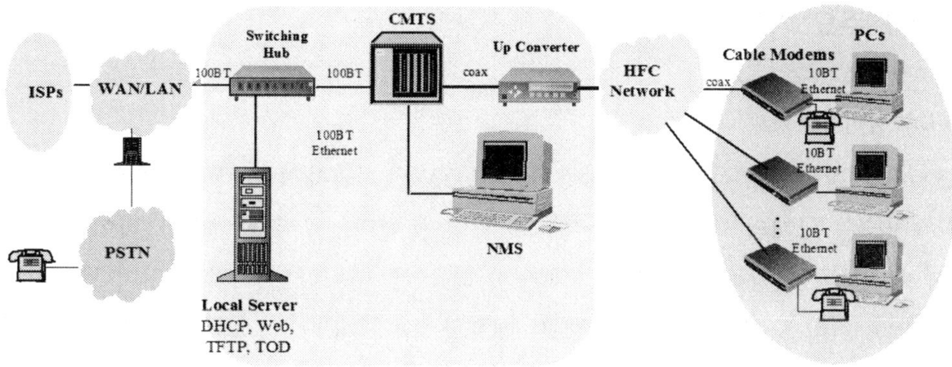

그림 6-14. 케이블모뎀 시스템 구성도

단말기인 케이블 모뎀은 케이블 TV의 RF신호를 수신하여 LAN에 적합한 신호로 변환하거나 그 반대로의 변환 기능을 수행하며 변복조 기능, Tuner, Bridging, Routing, SNMP Agent 등의 복잡한 기능을 수행한다. 최근 DOCSIS 3.0 케이블 모뎀이 등장했으나, 일반적인 DOCSIS 2.0 케이블 모뎀의 하향속도는 256 QAM를 사용할 경우, 약 40[Mbps]이며, 상향속도는 500[kbps]~30[Mbps] 정도이다.

케이블 모뎀은 일반적인 통신 단말기와 마찬가지로 디지털 모뎀과 통신제어장치의 하나인 MAC(Madia Access Control) 프로세서, CPU, 메모리 및 주변장치와의 I/F 회로부 등으로 구성되며 주요 기능은 원 칩 화되어 경제적 구현이 가능하다. 소프트웨어는 실시간 운영체계(Real Time Operating System)를 기반으로 하는 임베디드 S/W가 탑재되고 인터페이스(I/F)는 케이블 TV망과 접속하는 동축케이블용 F 커넥터 형 I/F와 PC측은 LAN용 10Base-T I/F를 지원한다.

Book Cafe

■ OoB 메시징(Out of Band Messaging)

디지털 케이블 방송 서비스를 위해 방송프로그램이 전송되고 있지 않는 비어있는 채널 주파수를 이용하여 STB에 EMM, SI, EPG, EAS 등의 제어 및 정보 메시지를 보내는 것으로 DSG(DOCSIS Set-top Gateway)방식과 OoB 방식이 있다. DSG 방식은 케이블모뎀 기능이 내장된 STB와 이 기종의 Network Controller간의 호환성을 보장하고, 이러한 STB을 통하여 양방향 디지털 CATV 방송서비스 제공하기 위해 미련된 방식이다.

6.3.3 주요 기기

(1) 비디오 서버

300개 이상의 채널을 가진 쌍방향 케이블 TV를 이용하여 VoD 서비스를 하기 위해서는 수천, 수 만개의 타이틀을 축적하고 있어야 한다. 그러나 그러한 타이틀들을 모두 VCR 테이프에 저장한다면 보관 자체가 어려울 뿐 아니라 시시각각 일어나는 가입자들의 VOD 서비스 요구에 즉각적으로 대응할 수가 없다. 그래서 타이틀들을 대용량 CD-ROM 또는 하드디스크 어레이(Array)에 저장하게 된다. CD-ROM의 경우는 재생 전용으로 영구 보존을 위한 저장 매체이고 하드디스크는 수시로 저장, 편집, 삭제가 필요한 프로그램 저장에 이용된다. 이러한 저장 매체를 관리하는 컴퓨터가 비디오 서버이다. 대용량 CD-ROM이나 하드디스크 어레이가 비디오 서버의 외부 기억장치로 이용되는 것이다. 즉, 비디오 서버는 보관된 타이틀들을 데이터 베이스(DB)처럼 취급하여 가입자의 요구에 따라 타이틀에 접근, 출력하여주는 장치라 할 수 있는데, 가입자가 요구하는 영상서비스(VoD, 홈쇼핑, 교육) 등을 빠른 시간 내에 공급하기 위해서 대용량의 저장장치와 대량의 정보를 고속으로 액세스하고, 저장할 수 있는 파일 관리 기능을 가져야 한다. 다수의 가입자로부터 동시에 요청된 비디오 스트림을 동시에 실시간 처리할 수 있는 Throughput을 제공할 수 있어야 하며 Play, Rewind, FF, 일시 정지 등의 다양한 요구에 대응할 수 있는 데이터 읽기 제어기능을 가져야 한다. 또한 누구든지, 원하는 시간에 액세스가 가능한 고 신뢰성의 시스템이어야 한다. 비디오 서버의 기능 구조는 다음 그림과 같다.

■ 비디오 서버 기능

- 파일 관리 기능
- 초고속 스트림 다운 로드 기능
- 가입자 / 과금 / 데이터 관리 기능
- GUI 기능
- Session 관리 기능
- VOD 제어 기능
- 스트림 관리기능 : 예약 및 스트림 제어 기능
- 자원 및 저장 장치 관리 기능
- ATM 인터페이스 / OC-3 인터페이스
- 연결(Connection) 처리 기능
- 호(Call) 관리 및 제어

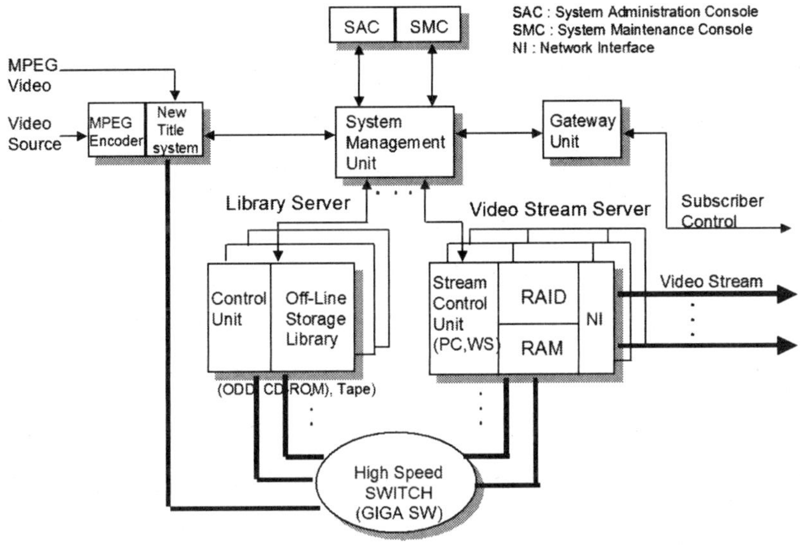

그림 6-15. 비디오 서버 구조

(2) L1 게이트웨이

다수의 가입자로부터의 데이터를 먼저 수신하여 요구 내용에 따라 세션을 열어주거나 거부하거나 하는 장치이다. 비디오 서버의 중앙 제어 장치, ATM 스위치 등과 긴밀히 데이터를 주고받으면서 트래픽을 제어하고 세션을 관리하는 역할을 한다. 게이트웨이의 구조는 그림 6-16과 같다.

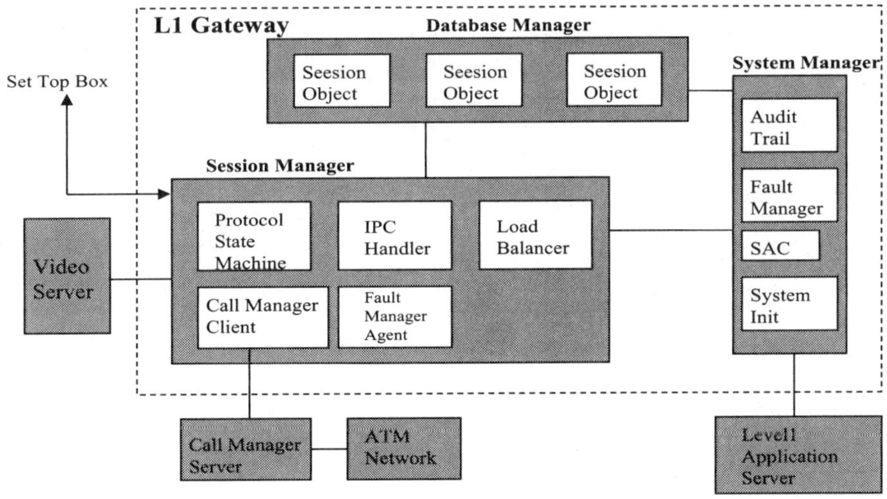

그림 6-16. 게이트웨이 구조

(3) 기가비트 스위치

쌍방향 디지털 CATV 시스템은 수천, 수만 개의 타이틀을 각각의 가입자에게 동시에 전송해야하기 때문에 전화교환기 같은 장치가 필요하다. 그러나 다수의 가입자에게 여러 종류의 데이터를 송신하기 위해서는 종래의 디지털 통신에서 사용해온 동기 전송 모드(STM : Synchronous Transfer Mode) 방식으로는 도저히 대응할 수가 없다. 그 대안으로 사용될 수 있는 것이 비동기 전송 모드(ATM : Asynchronous Transfer Mode)인데 디지털 스트림 데이터를 일정한 길이의 패킷인 셀 단위로 잘라서 각각의 셀을 동기화한 후에 수신자 라벨을 붙여 전송하는 방식이다. 이렇게 하면 모든 정보를 일정한 길이의 패킷으로 전송하기 때문에 데이터의 종류(음성, 비디오, 데이터 등)에 관계없이 정보를 일원적으로 취급할 수 있어 다양한 멀티미디어 데이터를 효율적으로 전송할 수 있다. ATM 교환기는 기가비트급의 전송 능력을 가지고 있어야하며 이 정도의 전송 능력을 확보하지 못하면 True VoD 서비스를 원활하게 수행하기 어렵다.

(4) 디지털 변복조기

가입자의 요구에 따라 비디오 서버에서 분배국으로 전송된 영상 데이터를 가입자의 단말기에 전송하기 위한 변·복조 장치로 많은 양의 데이터를 고속 전송 할 수 있는 다치 QAM 방식이나 다치 VSB 방식이 주로 사용된다. 현재 디지털 CATV에 하향채널에 실제 사용되는 방식은 64QAM이나 256QAM으로, 6[MHz] 1개 채널 대역에서 256QAM 방식은 43[Mbps]까지 64QAM은 32.25[Mbps]까지 전송 가능하다. 아래 그림은 64QAM 방식의 디지털 모뎀의 송수신부의 기능 블록도와 16VSB 방식 디지털 모뎀의 송수신부의 기능 블록도이다.

■ 디지털 변복조기의 요구 조건

- 변조 방식 : QAM, VSB
- 주파수 대역 : 50~870[MHz]
- 채널수(6[MHz]) : 30 채널 이상
- 스펙트럼 점유폭 : 〈 6[MHz]/채널
- 데이터 전송 속도 : 30~45[Mbps]
- BER(@30 dB SNR) : 〈 10^{-6}

• 가입자 단말기용 : 소형

• 분배국용 : Rack Mount 보드형

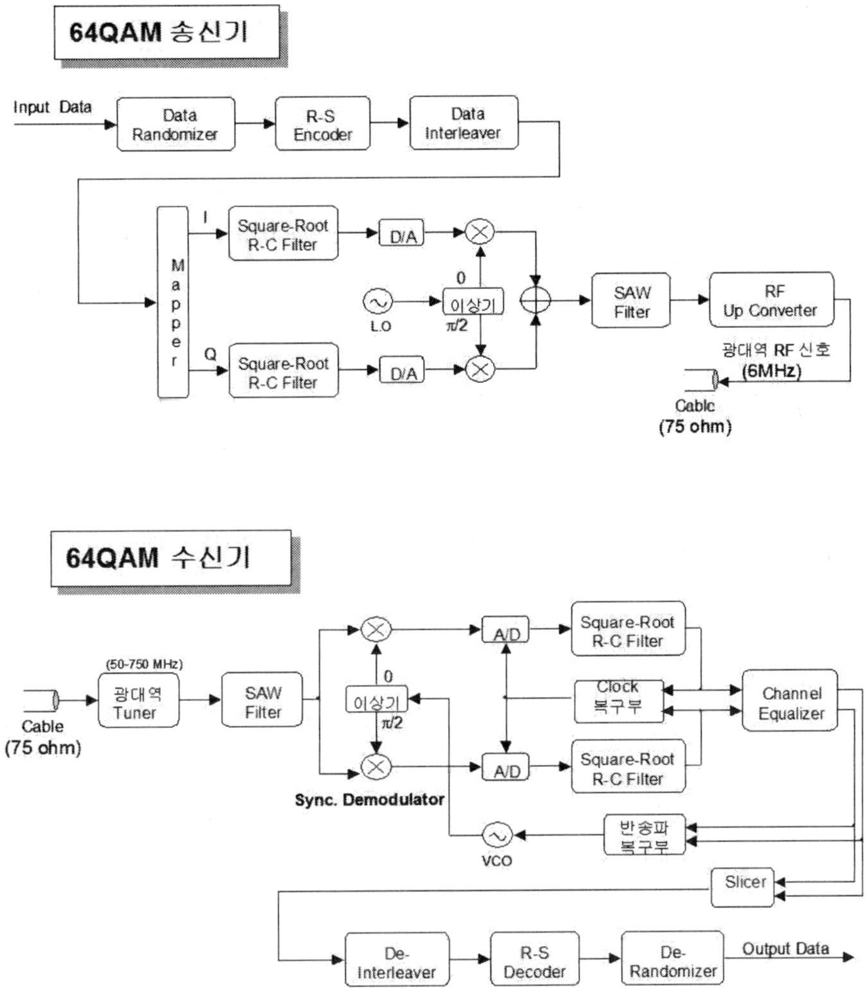

그림 6-17. 64QAM 송수신기 구조

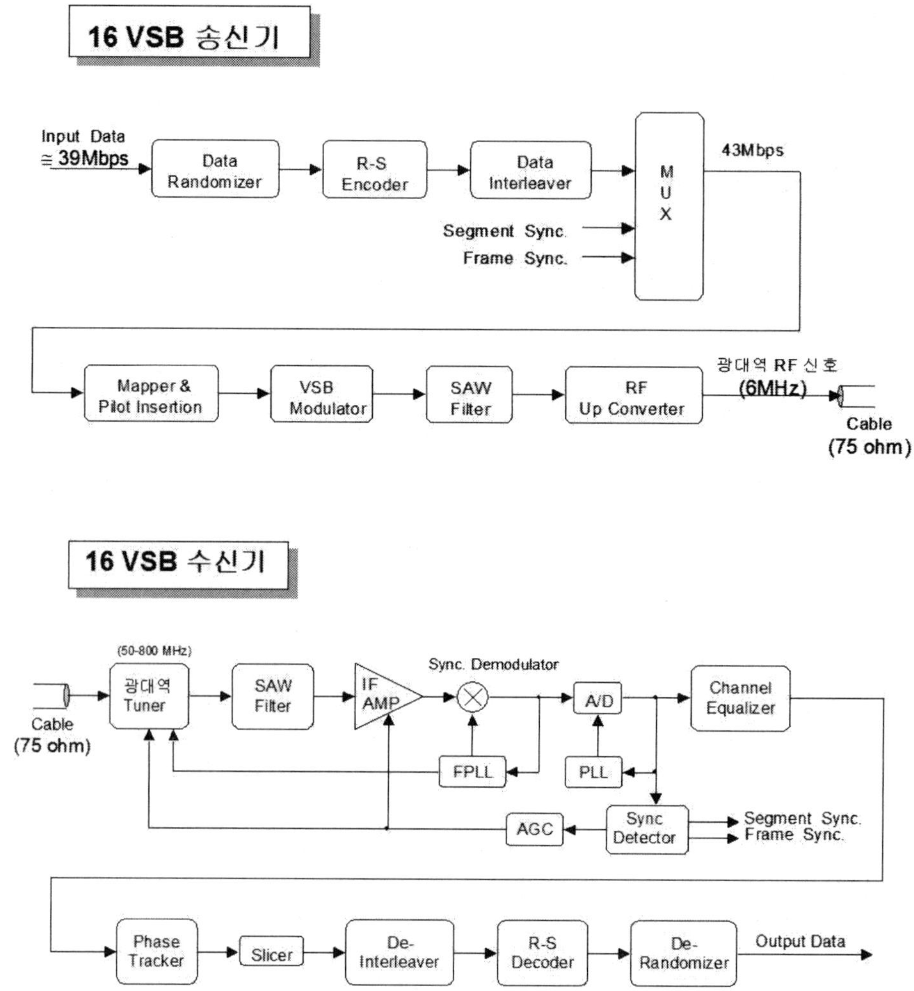

그림 6-18. 16VSB 송수신기 구조

(5) 전송망

케이블 TV 망은 HFC(Hybrid Fiber and Coaxial) 망으로 구성하는 것이 일반적이다. 쌍방향 디지털 CATV 서비스를 위한 전송망이 기존의 아날로그 케이블 TV 망과 다른 점은 광전송 구간에서의 광케이블(Optical Fiber) 코어 수가 충분하고, 동축 전송 구간에서의 선로증폭기는 750[MHz]~1[GHz]까지의 전송 대역폭을 갖는 쌍방향 증폭기를 사용하여야 한다는 점이다. 최근에 설치되는 케이블 TV 망은 1[GHz]의 대역폭을 갖는 증폭기를 사용하고 있어 이러한 요구 조건을 충족하고 있다.

(6) 가입자 단말기

쌍방향 디지털 CATV 시스템을 위해서는 TV수상기 외에 가입자 단말기(Set-Top Box)가 필요하다. 가입자 단말기는 방송국에서 전송해온 비디오신호를 수신, TV에 적합한 신호로 변환하여 출력해주고, 가입자가 조작하는 정보를 방송국으로 보내주는 역할을 담당한다.

즉, MPEG-2 신호 압축 및 복원 기능을 갖고, 쌍방향 통신을 지원하며, OSD(On Screen Display) 기능, 리모트 컨트롤러를 위한 적외선(IR) I/F, 실시간 처리(Real Time Processing) 기능이 내장된다. 또한 다양한 제어와 운용자와의 인터페이스(I/F)를 위해 32 Bit이상의 고성능 CPU(Central Processing Unit) 칩이 사용되며 실시간 운영체계가 사용되는 임베디드(Embedded) 소프트웨어 시스템이다. 그밖에 RS232C, PCMCIA 등의 외부 I/F 기능을 구비하고 있다. 다음 그림은 가입자 단말기의 기능 블록도이다.

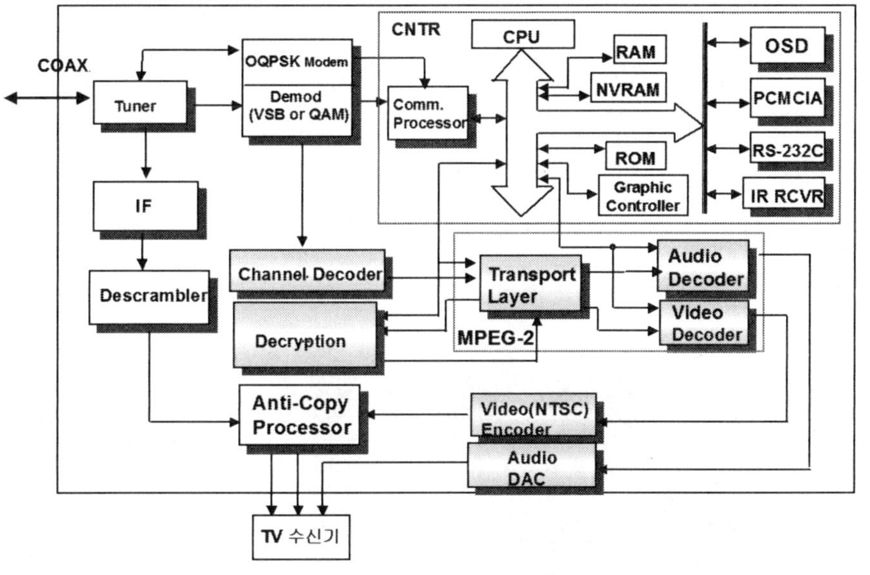

그림 6-19. 가입자 단말기 기능 블럭도

6.4 디지털 CATV 표준화

6.4.1 오픈케이블(OpenCable)

오픈케이블(OpenCable) 이란 미국의 Cable Labs가 제안한 디지털 CATV의 기술 표준으로 국내에도 도입되어 사용되고 있다. 미국의 셋톱박스(Set-Top Box) 시장은 수신 제한 시스템 CAS(Conditional Access System) 기술을 기반으로 모토롤라(Motorola)와 사이언티픽 아틀란타(Scientific Atlanta)가 주도하고 있었는데 디지털 CATV 로의 전환 시점을 맞이하면서는 이들 업체에 의해 시장이 좌우되는 것을 방지하고 셋톱박스의 저렴한 공급을 위해서 미국 내 S/O들이 추진한 독자적인 개방형 표준으로 셋톱박스를 가입자가 직접 소매 시장에서 구매하여 사용할 수 있도록 한 개방형 표준(Open Standard)이란 점이 큰 특징이다. 즉, 케이블 카드(PoD : Point of Deployment)는 S/O가 공급하지만 셋톱박스는 누구나가 쉽게 개발, 제작 공급할 수 있도록 기술 규격을 공개함으로써 소비자들이 보다 저렴하게 셋톱박스를 구매할 수 있도록 한 것이다. 국내에서는 정보통신부가 국내 디지털 CATV 표준으로 오픈케이블 방식을 도입하였으며 CJ헬로비전, KDMC, BSI, 제주 케이블 TV 등, 주요 MSO와 디지털 미디어 사업자들도 이 표준을 채택하고 있다.

그림 6-20은 오픈케이블 TV 시스템 구성도이다.

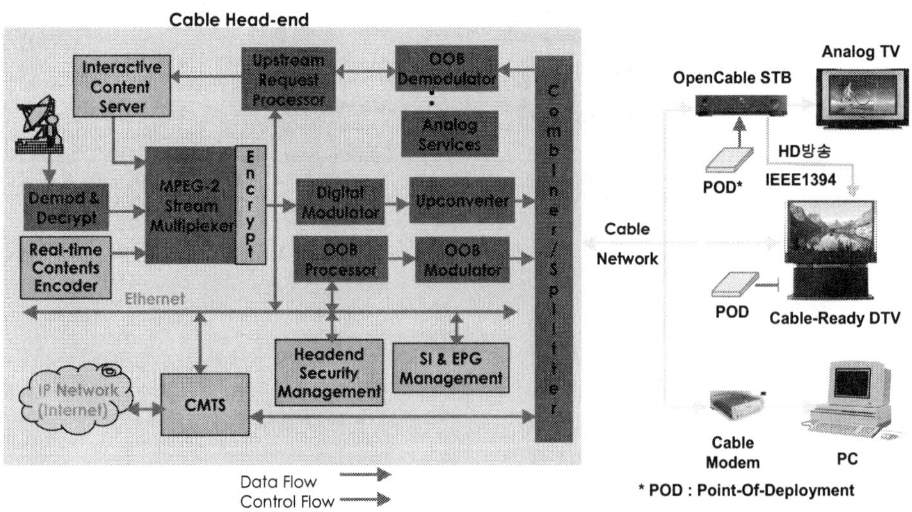

그림 6-20. Cable Labs의 OpenCable 시스템

표 6-1. 미국 Cable Labs 의 표준화 분야

분 야	표준화	내 용
디지털전송	DOCSIS 3.0	HFC망의 데이터 전송 규격
	Modular-CMTS	유연한 CMTS 구성 지원 규격
	PCMM	HFC망에서 멀티미디어 QoS 보장 규격
디지털 방송	OpenCable	개방형 디지털 케이블 TV시스템 규격
	D-CAS	다운로드형 CAS 규격
부가서비스	OCAP 1.0.1.1	OpenCable 환경하에서 데이터방송을 위한 미들웨어 표준
	VoD Meta Data	VoD 컨텐츠에 대한 정보 제공 규격
	Digital Advertising	맞춤형 광고 제공 규격

미국의 Cable Labs가 제정한 DOCSIS 규격의 표준 변조 방식 및 전송 속도는 다음과 같다.

표 6-2. DOCSIS 표준(Standard)의 변조 방식 및 전송 속도

구분	하향		상향	
대역폭	6[MHz]		1.6[MHz]	
변조방식	64QAM	256QAM	QPSK	16QAM
전송속도	27[Mbps]	40[Mbps]	2.5[Mbps]	5[Mbps]

6.5 디지털 CATV 현황과 발전 전망

최근 디지털 CATV는 디지털 방송, 초고속 인터넷, 전화 서비스가 통합된 서비스(TPS 및 QPS)를 거쳐, True VoD 서비스를 포함하는 대화형의 통합 멀티미디어 서비스 시스템으로 발전하고 있다.

국내 CATV의 연혁 및 디지털 CATV의 현황과 발전 전망을 살펴보면 다음과 같다.

국내의 케이블 TV는 1995년 3월에 아날로그 CATV 방송인 "종합유선방송" 상용서비스를 시작하였고, 1999년부터 디지털 케이블 TV으로의 전환에 대한 논의가 시작되었다.

공중파 방송이 디지털방송의 표준으로 미국의 ATSC(Advanced Television Systems Committee)방식을 선택하였던 것처럼 케이블 TV도 미국의 CableLabs에서 제안한 OpenCable을 2001년 4월에 방송통신위원회의 전신인 정보통신부에서 국가 표준으로 선정하여 다음해 6월에 정보통신기술협회(TTA)로부터 OpenCable의 표준화가 마무리 되었다.

2005년도 초에 디지털 케이블 TV 시범 서비스가 시작되어 상용화됨으로써 2009년 2월, 200만 가입자를 돌파하였고, 2012년 12월 말에 아날로그 지상파 방송이 중단되고 디지털 방송으로 전환됨에 따라, 케이블 TV도 디지털 케이블 TV로의 전환을 가속화하여 2014년 말, 약 710만 가구가 가입하였고 2015년 내에 디지털 전환율이 50[%]을 돌파할 것으로 예상된다.

복수 종합유선방송사업자(MSO)는 디지털 케이블 TV 서비스를 위하여 DMC(Digital Multimedia Center)를 구축하였으며, HD급 디지털방송에 데이터 방송 및 초고속 인터넷, 인터넷 전화(VoIP; Voice over IP)를 하나의 서비스로 묶어 TPS(Triple Play Service)를 제공하고 있고, 최근에는 정부에서 가상이동통신망사업자(MVNO, Mobile Virtual Network Operator)를 허가해줌에 따라 케이블 TV사업자들도 독자 또는 컨소시엄 형태 사업에 뛰어들어, 기간통신망 사업자들로부터 셀룰라 망을 임대하여 무선 전화 서비스까지 제공하는 QPS(Quadruple Play Service)를 제공하고 있다.

이제 이러한 디지털 케이블 TV 에 대한 전망을 살펴보도록 한다.

아날로그 케이블 TV는 헤드엔드(Head End)로부터 광동축 혼합(HFC)망을 통하여 가입자에게 송신하는 단순한 방송 서비스였다. 그러나 디지털 케이블 TV는 디지털 방송과 양방향 서비스를 가입자 단말까지 제공하는 방송·통신 융합서비스이며, DMC를 중심으로 전국망을 통하여 S/O에게 전달하고 있다. 전국망은 WDM(Wavelength Division Multiplexing) 방식으로 10Gbps 대역폭을 보장하는 MSPP(Multi-Service Provisioning Platform) 방식으로 구성되어 있다.

광동축 혼합(HFC)망 구조는 헤드엔드로부터 옥외 광송수신기(ONU ; Optical Network Unit)까지는 광전송 구간으로 성형(star) 구조로 광 신호를 전송하고, 옥외 광송수신기부터 가입자까지는 동축 케이블의 수지분기형(Tree & Branch) 구조로서 증폭기, 분배기, 방향성 결합기, 탭오프 등으로 구성되어 가입자까지 RF(Radio Frequency) 신호를 전송한다.

현재의 HFC 네트워크의 광구간은 한 포트를 이용하여 셀(Cell)을 구성하며 아날로그 가입자는 약 1,000가구까지 수용하였으나 양방향의 디지털 방송·통신 융합 서비스를 위해서는 광구간을 전진 배치함으로서 셀 내에 약 100~150가구 정도의 가입자를 수용할 수 있도록 셀 플랜(plan)이 이루어져야 양질의 QoS(Quality of Service)를 제공할 수 있다.

케이블 TV는 HFC망에서 CMTS(Cable Modem Termination System)를 이용하여 외부망과 연동하며 가입자 단의 케이블 모뎀(CM)간에 IP(Internet Protocol)로 데이터 전송이 이루어진다.

케이블의 주파수 대역이 2008년 6월에 상향대역은 5~42[MHz]에서 65[MHz]로 조정되고, 하향대역은 54~870[MHz]에서 65~1002[MHz]까지로 조정이 되었으나 앞으로 있게 될 다양한 융합서비스의 수용을 위해서는 상 · 하향 대역이 더 넓어져야 한다.

이는 CMTS가 DOCSIS(Data Over Cable System Interface Specification)를 기반으로 6[MHz] 하향대역에서 256QAM(Quadrature Amplitude Modulation)을 이용하여 약 40[Mbps]로 전송이 되지만 향후에 표준화될 것으로 예상되는 1024QAM은 50Mbps 이상의 전송 속도가 가능하므로 보다 향상된 광대역 멀티미디어 서비스가 가능하게 될 것이다.

또한 채널 본딩(Channel Bonding) 기술을 이용하는 DOCSIS 3.0 기반의 광대역의 IP네트워크의 경우는 최대 300[Mbps] 이상(8 채널 본딩)의 전송용량을 제공하는 것이 가능하다. DOCSIS 3.0은 IPv6 주소 지원하고 있으므로 향후 디지털 케이블 TV는 DOCSIS 기반의 All-IP 망으로 진화될 것으로 예상된다.

디지털 케이블 TV는 가입자가 원하는 프로그램의 시청과 부가 서비스(PPV), VoD 등을 지원하기 위하여, 서비스의 보안과 인증을 하기 위한 수신 제한 시스템(CAS : Conditional Access System)을 헤드엔드(H/E)에 적용하고 있다.

아날로그 케이블 TV는 유료 방송 등을 위하여 가입자에게 직접 단말을 공급할 수밖에 없었으나 디지털 케이블 TV는 단말기(STB)와 제한 수신 모듈을 분리하도록 하였으며 이에 따라 STB에서 분리된 제한 수신 모듈인 케이블 카드(Cable Card)의 제작 원가 상승과 추가 관리비용 등이 발생하게 되었다.

현재는 IPTV와의 공정 경쟁을 위하여 2010년도까지 분리 유예를 하였지만, 추후에도 문제의 소지가 남아있는 상황이다. 따라서 국내 · 외에서는 네트워크를 통하여 제한 수신 소프트웨어를 안전하게 다운로드 시킬 수 있는 다운로드 방식 수신 제한 시스템(DCAS ; Downloadable CAS)에 대한 기술이 전자통신연구원(ETRI)을 중심으로 개발되어, 표준화와 더불어 상용화되었다.

현재 디지털 케이블 TV는 RF신호(QAM)를 이용하여 실시간(Live) 방송을 하고, 주문형 서비스와 양방향 서비스는 DOCSIS 기반의 IP를 활용한다. RF 기반은 QoS와 QoE(Quality of Experience) 보장이 필요한 광대역 방송 서비스에 효과적이고, IP 기반은 플랫폼 간 연동이 필요한 서비스인 주문형 서비스에 효율적이다.

그러나 향후에는 H/E 설비가 RF 기반의 방송 장비뿐만 아니라 콘텐츠의 수용성 확대를 위하여 IP 기반의 설비로 바뀌게 됨에 따라, 단말기도 RF와 IP를 동시에 사용할 수 있는 혼성(Hybrid) Set-Top Box로 대체되고 있는 추세이다.

디지털 케이블 TV는 디지털 방송뿐만 아니라 다양한 부가서비스(T-information, T-entertainment, T-commerce, T-government 등)인 양방향의 데이터 방송을 위하여 OCAP(OpenCable Application Platform)을 표준화하여 서비스하고 있으며, 최근에는 케이블 플랫폼의 개방성과 유연성을 위하여, OCAP을 기반의 새로운 기술인 Tru2way로 발전함으로써 VoD, EPG(Electronic Program Guide), 디지털 영상 녹화 등이 가능한 Plug-and-Play 방식 TV로의 진화가 예상된다. 이는 기술적 호환성 및 개방성을 갖는 STB와 함께 더욱 진화될 것이며 결국 스마트 홈 네트워크의 핵심 기술이 될 것이다.

향후 디지털 케이블 TV는 홈 네트워크로의 진입을 위하여 동축케이블을 기반으로 하는 MoCA(Multimedia over Coax Alliance) 기술을 이용하여 초당 400[Mbps] 이상의 전송 속도를 지원하고, 향 후 기가바이트까지 지원 가능한 기술을 상용화하여 STB가 홈 게이트웨이의 역할을 할 수 있도록 계획하고 있다.

이외에도 미국의 케이블 TV 사업자가 케이블의 전송용량 한계를 극복하기 위해서 고안한 SDV(Switched Digital Video)기술을 토대로, 여유 주파수 대역을 이용하여 시청자가 요구하는 방송 서비스만을 전송하는 기술을 도입할 예정이고, 권역이나 가입자 상한제로 묶여 있는 현재의 방송 시장을 확대하기 위하여 케이블 방송을 PC상에서 유료로 볼 수 있는 웹TV 서비스를 모색한 바 있다.

결과적으로 디지털 케이블 TV는 다양한 기술을 바탕으로, 다양한 방송·통신융합 서비스를 등장시킴으로써 방송통신 산업에 변화를 일으키게 될 것이다.

또한 IPTV 등과의 경쟁 및 융합 환경에서 방송서비스의 경쟁력을 계속 유지하기 위해서는 케이블 플랫폼의 개방화와 서비스의 다양화 그리고 보다 향상된 개인 맞춤형 융합 서비스를 제공할 수 있도록 기술 개발에 박차를 가하여야 할 것이다.

Book Cafe

■ CAS의 문제점과 DCAS의 등장

2008년 1월 7일 미국 라스베이거스에서 열린 CES 2008에서 언제, 어디서나 디지털 콘텐츠를 즐길 수 있는 환경 구현과 디지털 콘텐츠 구현을 위한 디스플레이와 오픈 플랫폼이 주요 논의 대상이 되면서 수신 제한에 관심이 고조되었다. 당시 국내 케이블 TV 사업자(S/O)들은 서로 다른 CAS를 사용하고 있어서 한 사업자가 특정 CAS만 지원하는 케이블 카드를 사용하기 때문에 소비자는 선택의 여지가 없었다. 또한 국내의 케이블 TV 사업은 프렌차이즈(franchise)사업이므로 가입자가 타 지역 단위로 옮길 경우 새로운 단말기를 구입해야하는 등, 비용 부담이 있어, 이에 따른 개선책이 필요한 실정이었다. 따라서 국내에서는 가전사와 제조업체의 수출 지원을 명분으로 유선방송기술기준 및 송수신정합표준을 미국의 오픈 케이블(OpenCable) 방식을 기반으로 하여 제정하고 케이블 카드 방식의 수신제한 시스템에서 점차 수신제한 알고리즘 다운로드 방식(DCAS; Downloadable CAS)으로 전환하게 되었다.

Book Cafe

■ MoCA(Multimedia over Coax Alliance)

가정에 설치된 내 외부 케이블 망을 이용해 다양한 Video/Voice/DATA 서비스를 제공하는 홈 네트워크 기술을 주도하는 협회 혹은 이 협회가 제정한 규격을 말한다. 일반적인 미국의 가정집의 경우 각 방과 거실이 모두 동축케이블로 연결되어 있으며, MoCA를 이용하면 각 노드는 splitter를 통해 바로 외부로 연결되는 동시에 노드끼리는 meshed 네트워크를 이루는 홈 네트워크를 구성할 수 있다. MoCA는 875~1525[MHz]의 대역을 50[MHz]씩 12개의 밴드로 나누고, 각 노드는 한 개의 밴드만 선택, 사용한다. 또한, 분기기(splitter) 에서 발생하는 손실과 900[MHz] RF 등에서 발생하는 다양한 간섭을 극복하기 위해 OFDM(Orthogonal Frequency division Multiplexing)의 일종인 ACMT기술을 사용하며, 각 채널을 224개의 부반송파로 나누고 각 부반송파는 BPSK에서 256QAM까지 가변적으로 변조 방법을 선택한다. 이때, 각 채널의 물리적인 최대용량은 270Mbps이다. 그리고, 각 MoCA 네트워크는 한 개의 Network Coordinator(NC)를 지정하고, 각 NC는 시스템 시간, 노드의 출입관리, 대역폭 할당 등을 관리한다. MoCA 1.0의 경우, 최대 8개까지 노드 설정이 가능하며 최대 110[Mbps]의 대역폭을 제공하고 Parameterized QoS를 지원한다. MoCA 2.0의 경우 최대 16개까지 노드 설정이 가능하고 최대 175[Mbps]의 대역폭을 제공하며 Prioritized QoS를 지원한다.

연습문제

01. 최근 MSO들이 제공하고 있는 방송통신융합서비스인 TPS 속하지 않는 것은?

① 방송 서비스 ② 유선전화서비스
③ 인터넷서비스 ④ 무선전화서비스

02. MSO들이 D-CATV 서비스를 경제적으로 하기 위해 마련한 것은?

① DMC ② 디지털 H/E
③ 디지털 분배센터 ④ A/S Center

03. 다음 중 디지털 CATV의 장점이 아닌 것은?

① 고품질화 ② 다양한 신호처리 및 매체변환
③ Threshold 현상 ④ 채널수의 증가

04. 다음 중 디지털 CATV의 영상신호의 하향 송신에 주로 사용되고 있는 변조방식은?

① DBS ② SSB
③ VSB ④ QAM

05. 초고속 인터넷 서비스를 위한 케이블 모뎀 시스템의 구성 요소가 아닌 것은?

① Cable Modem ② DSLAM
③ DHCP Server ④ OLT

06. 케이블모뎀 시스템에서 국사에 설치되어 케이블 모뎀 단말을 제어하는 장치는?

① DSLAM ② CMTS
③ OLT ④ ENM

07. 다음 중 케이블 모뎀의 표준 규격은?

① DOCSIS ② IEEE 802.11
③ PacketCable ④ OpenCable

08. 종래의 CATV 단방향 방송에서 벗어나 비디오 서버에 저장된 컨텐츠를 가입자들이 직접 선택하여 원하는 시간에 언제든지 볼 수 있도록 한 양방향 비디오 서비스는?

① VoD ② Video Conferencing
③ DBS ④ Teletext

09. 디지털 CATV에서 가입자에게 편리하게 프로그램을 선택할 수 있도록 서비스하기 위한 것은?

① DCAS ② EPG
③ Data Broadcasting ④ T-Commerce

10. 디지털 CATV Set-Top Box 내부 구성 요소가 아닌 것은?

① μ-ProcesS/Or ② AM modulator
③ Embedded S/W ④ Descrambler

11. 다음을 간단히 설명하라

(1) N-screen 서비스
(2) VoD
(3) EPG
(4) MVNO
(5) TPS, QPS

12. 다음은 종합유선방송의 지상파 D-TV 재전송 기술 기준에 관한 사항이다. ( )을 채워라

항 목	기술 기준
영상 S/N비	( )[dB] 이상
주파수 편차	( ) 이하
스테레오 음성 분리도	( )[dB] 이상

13. D-CATV 주파수 대역폭, 변조 방식, 전송 속도를 기술하라

14. 디지털 방송용어 중 PSIP이란 무엇인지 설명하라

15. 기존 CATV 단방향 방송에서 벗어나 비디오 서버에 저장된 컨텐츠를 가입자들이 직접 선택, 주문하여 원하는 시간에 언제든지 볼 수 있도록 한 양방향 비디오 서비스는?

16. TV 방송 전파를 이용하여 데이터(문자, 숫자, 도형, 도표, 이미지 및 그 밖의 정보 체계)를 위주로 하여 방송프로그램을 송신하는 방송은?(인터넷 등 통신망을 통하여 제공하거나 매개하는 경우 제외함)

연습문제 정답

11. (1) N-screen 서비스 : 하나의 컨텐츠를 TV 뿐만 아니라 스마트폰, 랩탑 PC, 태브릿 PC 등의 각종 휴대형 단말기 및 멀티미디어 기기에서 끊김 없이 이어서 시청할 수 있도록 하는 서비스

(2) VoD : Video on Demand, 원하는 컨텐츠를 가입자가 원하는 시간에 즉시 제공해주는, 가상 VCR 기능이 가능한 주문형 비디오 서비스를 말함

(3) EPG : Electronic Program Guide, 수백개 정도의 다수의 채널을 제공하는 디지털 TV 방송에서 시청자가 원하는 방송 프로그램(컨텐츠)를 쉽고 편리하게 찾아서 볼 수 있도록 안내 해주는 전자식 방송 프로그램 안내 서비스로 마치 인터넷의 정보 검색 사이트와 유사한 네비게이션 방식과 기능을 제공한다.

(4) MVNO : Mobile Virtual Network Operator, 가상이동통신망사업자 또는 이동통신재판매사업자. 이동통신망을 보유한 이동통신망사업자(MNO)로부터 통신망을 임대하여 독자적인 이동통신서비스를 제공하는 사업자로 한국케이블텔레콤(KCT), 온세텔레콤, CJ헬로비전 등이 있다.

(5) TPS(Triple Play Service) : MSO들이 하는 제공하는 방송 + 인터넷 + 유선전화 서비스
QPS(Quadruple Play Service) : 복수 케이블 방송 사업자(MSO)들이 제공하는 방송통신 융합서비스로 방송 + 인터넷 + 유선전화 + 휴대폰 서비스를 통합하여 제공하는 서비스

12.

항 목	기술 기준
영상 S/N비	(60) [dB] 이상
주파수 편차	(±5 [ppm]) 이하
스테레오 음성 분리도	(60) [dB] 이상

13. D-CATV 주파수 대역폭 = 6[MHz], 변조 방식 : 64QAM 또는 256QAM
전송속도 = 약 5.06[Mbps](64QAM), 5.36[MHz](256QAM)

14. PSIP(Program and System Information Protocol) : ATSC D-TV표준에서 방송 전송 스트림(Transport Stream)의 각 채널에 대한 프로그램 및 시스템 정보를 전송하기 위해 사용하는 통신 프로토콜로, 가상 채널과 영상물의 내용에 따른 평가 정보 및 제목과 줄거리 등의 전자 프로그램 안내(EPG) 정보 등과 국제 협정 시간(UTC)에 따른 현재 시간 정보나 방송국 정보, 접근 제어 정보 등을 정의하고 있다.

15. VoD(Video on Demand) 서비스

16. 데이터 방송

Chapter 07 인터넷 방송

7.1 개요

7.1.1 정의

인터넷 방송은 인터넷을 전달 매체로 스트림 전송 기술을 이용해서 단순한 문자, 그래픽 뿐 아니라 오디오 및 동영상 같은 멀티미디어 컨텐츠를 네티즌들에게 제공하는 서비스로 시청자는 인터넷을 통해 실시간 방송, 주문형 프로그램 뿐만 아니라 그것과 결합된 다양한 데이터를 동시에 제공받을 수 있고, 양방향 서비스까지 이용할 수 있다.

7.1.2 등장 배경

인터넷 방송은 산업의 융합화에 따른 방송통신융합 기술, 초고속 인터넷 인프라 및 스트리밍(Streaming)기술 발전에 따라 인터넷이 오락(Entertainment)과 사업(Biz)의 공간으로 활용되기 시작하였고 이에 따라 자연스럽게 등장하게 되었으며 정치, 사회적 영향력 극대화를 통한 문화적 주도권 장악과, 부가가치 창출 및 이익 창출을 목적으로 한다.

7.1.3 역사

1995년 미국에서 시작되었다. 국내의 인터넷 방송 역사는 다음과 같다.

- 1995. 10 KBS 인터넷 방송 시작

- 1996. 12 인터넷 생중계
- 1997. 1 교육에 활용, 국내 최초의 전문 인터넷 방송국 출현
- 1999.11 KBS/KT Crezio TV 방송 시작

현재 전 세계에 4천 개가 넘는 인터넷 방송국이 활동하고 있고, 국내에는 120여 개의 인터넷 방송국이 있으며, 그 수는 계속 늘어날 전망이다.

7.1.4 형태

국내 인터넷 방송은 크게 두 가지 형태로 구분할 수 있다. 첫째, 기존의 방송사가 자신들의 방송 프로그램을 인터넷으로 제공하는 형태와, 둘째, 개인이나 단체가 스스로 개발한 컨텐츠를 인터넷으로 방송하는 독립 방송 형태가 있다.

7.1.5 특징

- 쌍방향 커뮤니케이션 가능 : 네티즌들 간의 대화, 서비스 제공자와의 대화 등
- 시, 공간 탈피하여 인터넷에서 언제든지 시청 가능
- 기존 방송은 제공자 주도인데 반해 인터넷 방송은 이용자 중심의 방송 가능
- 주관적 형태의 다양한 개인 방송 가능
- 커뮤니티 중심의 소규모 쌍방향 방송 가능

7.2 방송 구현 과정

7.2.1 웹사이트 제작

개념(Concept) 기획, 메뉴 구성, 사이트 설계, 디자인, 프로그래밍, 시험 및 개통, DB 구축, 업데이트 등의 과정이 필요하다.

7.2.2 방송 프로그램 제작

- 콘티(Continuity)
  - 촬영콘티 : 정해진 순서에 따라 A/V 진행과정 구분, 화면 구성 계획
  - 편집콘티 : A/V편집순서에 따라 진행
- 촬영 : 캠코더 활용, 원맨 시스템 가동
- 편집 : Adobe Premiere, Real Encoder, Real Player 등의 S/W와 디지털 편집기 등의 하드웨어를 이용, 비디오 캡처 편집, 나레이션, 문자 삽입 파일, 형식 설정, 파일 변환 저장(인코딩 작업)
- 방송 : 실시간 파일 서버에 저장, 서비스 제공

7.3 인력 구성

- 웹 PD(인터넷 PD)
  - 방송 PD, 컨텐츠 기획, 방송프로그램 제작 총괄
- 웹 마스터
  - 멀티미디어 컨텐츠를 웹 환경으로 구현, 관리
  - 인터넷 방송 프로그램 송출 및 서비스 관리
- 웹 디자이너

  웹 페이지 화면 디자인, Framing, GUI, 홈페이지 제작, 플래쉬 저작도구 활용 가능
- 웹 프로그래머

  웹 페이지 코딩(D-HTML, Flash, Java)
- 웹 자키

  방송프로그램 진행자, 취재기자, 리포터, 앵커, 아나운서 비디오 저널리스트
- 네트워크 관리자(시스템 관리자)

  서버 등, 방송국 내의 컴퓨터 및 네트워크의 관리 및 유지보수

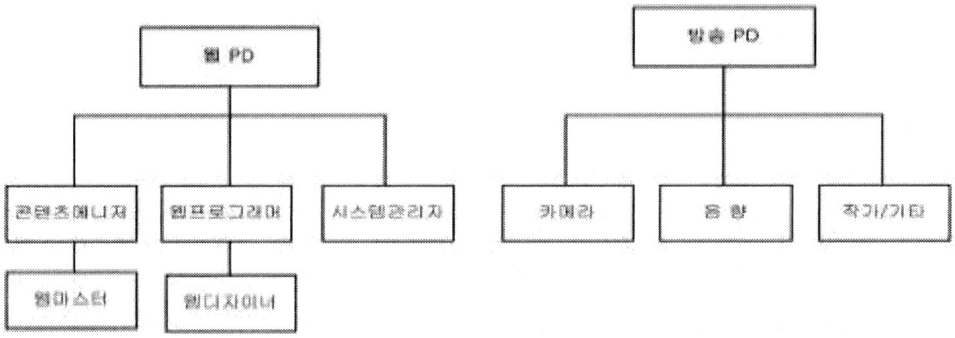

그림 7-1. 인터넷 방송 조직의 예

7.4 운영 및 관리

7.4.1 운영 과정

인터넷 방송을 운영하기 다음 과정을 거쳐 이루어진다.

(1) 기획과 구성

아이디어 수렴, 창출 및 구체화, 섭외와 스케쥴링(Scheduling) 작업이 이루어진다. 이때 PD는 전반적인 제작 진행, 업무 분담, 업무 조율 등의 역할을 맡는다.

(2) 촬영과 제작

디지털 환경에서 소규모로 제작하되, 원맨 시스템 도입하고 모든 멀티미디어(A/V, Image, Graphic, Text)를 이용하여 제작한다.

(3) 방송과 마케팅

광고 유치 가능토록 상업적인 면을 고려하여 CD-ROM, KIOSK, Multimedia DB Service, 출판, 정보제공업 등에 활용 가능하도록 함으로써 수익을 창출하여야 한다(VoD+DB 기능을 활용).

7.4.2 운영 및 관리 방법

인터넷 방송 운영은 웹 사이트와 멀티미디어 콘텐츠 분야로 구분하여 운영한다.

(1) 웹 사이트 운영 및 관리

- 미디어의 물적 기반인 웹 사이트를 효율적, 안정적으로 운영
- 운영 및 관리 방식 : 자체운영, 외부용역, 웹 호스팅으로 구분할 수 있음
- 운영 및 관리조직 : 웹 기획자, 디자이너, 프로그래머, 시스템 관리자, 자료갱신 및 DB관리자, 마케팅 전문요원 등
- 주요 업무
  - 웹 서비스에 대한 총괄, 콘텐츠에 대한 업 로딩 및 업데이트
  - 콘텐츠 디자인, 그래픽 디자인, 웹서버 유지관리 등
  - 보안, 장애처리, 시스템 모니터링 등

(2) 멀티미디어 콘텐츠 운영 및 관리

- 지속적인 정보 욕구와 흥미를 유발 시켜서 상업적인 가치를 높여야 함
- 지속적인 관리와 유지 보수 반드시 필요
- 운영 및 관리 방식

  제작 방식은 자체 제작과 외부의 제작 대행이 있고 라이선스에 관해서는 관련 저작권 기구나 단체 등을 통한 통합관리가 가능하다
- 운영 및 관리조직

  웹 PD, 작가, 촬영과 편집, 그래픽 디자이너, 대외업무 수행자(용역 시)
- 주요 업무

  기획과 시나리오 구성, 촬영 및 편집, 콘텐츠에 대한 모니터링, 자료갱신, 보안관리, 콘텐츠의 저작권 관리 등

(3) 인터넷 방송운영 및 관리 방법론

■ 인터넷 방송 고객 성향 분석

- 수익성 : 매출 상위의 고객에 대한 특별 관리로 마케팅 효과 극대화
- 최근 거래 여부 : 최근 거래 고객을 중심으로 마케팅 및 관리
- 거래 빈도 : 구매의 각 주기와 시기를 파악하여 마케팅
- 지속성 : 거래 관계의 유지 분석
- 판매 증대 가능성

■ 웹 로그 분석

- 운영관리에 있어서 중요한 작업 중 하나임
- 마케팅과 콘텐츠 가치를 확산시키는데 지표로 활용
- 운영관리에 대한 실적과 결과를 수시로 확인
- 로그 파일을 통해 방문자의 접속 도메인, 시간대, 요일 등의 추이 파악, 분석 후 광고나 홍보의 방법을 구상함

7.5 시스템 구성

7.5.1 하드웨어

- 서버(Servers) : Video Server, Web Server, Contents(Media) Server, Reflector Server
- 방화벽(Firewall)
- 저장 장치(Storages) : RAID(Redundant Array of Inexpensive Disks), 여러 개의 하드 디스크가 배열된 저비용의 대용량 저장 장치
- 인코더(Video Encoder) : Real Time MPEG Encoder
- 업무용 PCs(Video Capture B/D 포함)
- 네트워크 장비 : Switching Hub, Router
- 디지털 영상 장비 : Digital Camcoder, Video Deck, TV Monitor, 디지털 편집 툴, 문자 발생기, 캡쳐 카드 등

■ 기타 : 조명세트, 마이크로폰 세트, A/V스위치, 방음 자재

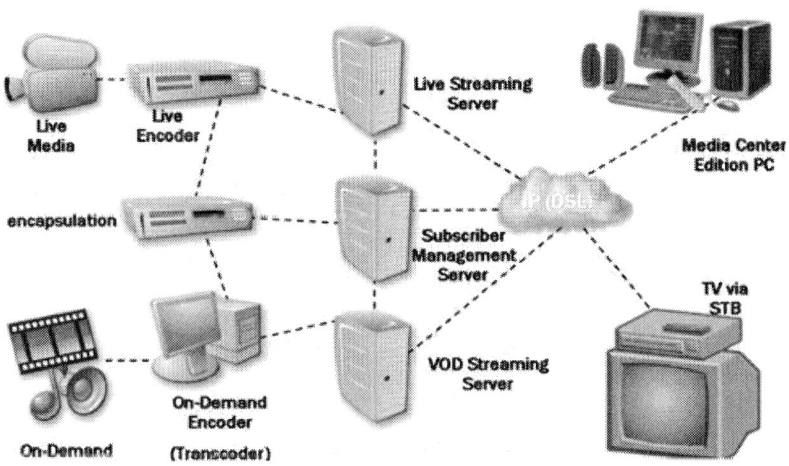

그림 7-2. 인터넷 방송 시스템

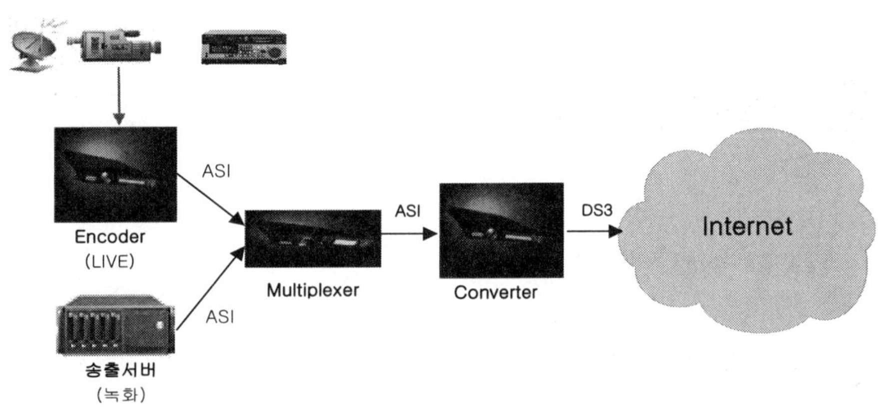

그림 7-3. 인터넷 방송 송출 시스템

7.5.2 소프트웨어

■ 서버용 S/W : Realmedia Server, Vxtreme Server P/G
■ 디지털 편집용 S/W : Adobe Premiere, Adobe Photo Shop
■ 동영상 스트리밍 S/W : MS Netshow Player, VDO live, Real Player, Vxtreme, Stream Works, Vivo Active

7.5.3 시스템 설계 예

(1) 시스템

- Real Player를 이용한 시스템 : Web Server, Real Server, Real Encoder, Real Player_Client
- 기타 시스템 설계 예 : VDT(Video Dial Tone) 시스템, I-CATV 시스템

(2) 네트워크

- 전용선 : T1((24 × 8[bit]) + 1[bit] × 8[kHz] = 1.544[Mbps]),
  E1(32 × 8[bit] × 8[kHz] = 2.048[Mbps])
- 초고속 인터넷 가입자망 : ADSL, VDSL, Cable Modem

7.6 인터넷 방송기술

7.6.1 디지털 영상 압축 기술

동영상 신호를 디지털로 변환, 압축하여 서비스하기 위한 기술

(1) 퀵 타임(QuickTime)

애플사 개발한 매킨토시/윈도우용 멀티미디어 확장 파일 형식

※ 압축 비디오 파일 종류 : AVI(Audio Video Interleave), ASF(Advanced Streaming Format), MPEG, RM, QuickTime, MOV(MOVie), FLC(FLIC Animation)

(2) H.261

TV회의, TV 전화용 동영상 기술

(3) MPEG(Moving Picture Experts Group)

VOD에 이용되는 대표적 압축 기술(MPEG-1, MPEG-2, MPEG-4, MPEG-7)

MPEG 표준은 현재까지 MPEG-1, MPEG-2, MPEG-4, MPEG-7의 네 가지가 정의되어 있으며 이들은 각기 탄생 배경과 목적이 다르다. 이 들을 비교해보면 아래 표와 같다.

표 7-1. MPEG 비교

<table>
<tr><th colspan="2">구 분</th><th>MPEG-1</th><th>MPEG-2</th><th>MPEG-4</th><th>MPEG-7</th></tr>
<tr><td colspan="2">목적</td><td>저장미디어용 멀티미디어</td><td>방송용 멀티미디어</td><td>객체기반멀티미디어</td><td>내용기반 검색</td></tr>
<tr><td colspan="2">성립시기</td><td>1992년</td><td>1994년</td><td>1999.3, 1999.12</td><td></td></tr>
<tr><td rowspan="4">주요특징</td><td>일반</td><td>CDROM의 유효 대역폭 1.5[Mbps]</td><td>고화질 실현
SDTV : 4[Mbps]
HDTV : 30[Mbps]
MPEG-1과 호환
미국, 유럽, 케이블 방송</td><td>객체화, 가상 현실과의 결합
초저속 영상서비스
5[Mbps] 이상의 대화형 TV/HDTV 컨텐츠 제작</td><td>텍스트 Annotation 및 오디오/비디오에서 추출한 특성의 표현 방식
표현 단위를 MPEG-4에서 정의한 객체 중심으로 정의</td></tr>
<tr><td>속도</td><td>1.5[Mbps]</td><td>4[Mbps]~30[Mbps]</td><td>28.8~128[kbps]
1.5[Mbps]이상</td><td>NA</td></tr>
<tr><td>화면 크기</td><td>352×240</td><td>720×480(SDTV)
1920×1152(HDTV)</td><td>8×8～2048×2048</td><td>NA</td></tr>
<tr><td>오디오</td><td>MP1, MP2, MP3</td><td>MP1, MP2, MP3+멀티채널 다국어 지원</td><td>자연음, 합성음</td><td>NA</td></tr>
<tr><td colspan="2">주요 응용</td><td>게임기, 가라오케, CDROM</td><td>방송, 컴퓨터 통신, 저장미디어</td><td>영상전화, 원격감시, 교육, 대화형 TV</td><td>전자도서관, 멀티미디어 디렉토리 서비스</td></tr>
</table>

7.6.2 인터넷 방송 송출 방식

(1) 유니캐스트(Unicast)

하나의 송신자가 다른 하나의 수신지로 데이터를 전송하는 방식으로 일반적인 인터넷 응용 프로그램에서 사용하는 방식이다. 다수의 수신자에게 동일한 데이터 패킷을 전송하는 경우 중복 전송으로 인한 네트워크 효율 저하된다.

(2) 멀티캐스트(Multicast)

하나 이상의 송신자들이 특정한 하나 이상의 수신자들에게 데이터를 전송하는 방식으로 인터넷 화상 회의 등의 응용에서 사용한다. 송신자는 여러 수신자에게 한 번에 메시지가 전송되도록 하여 데이터의 중복 전송으로 인한 네트워크 자원의 낭비를 최소화할 수 있다.

(3) 브로드 캐스트(Broadcast)

하나의 송신자가 같은 네트워크 상의 불특정한 모든 수신자에게 데이터를 전송하는 방식으로 동시에 불특정 다수에게 동일한 데이터를 전송한다. 신호 채널을 바르게 맞추어놓은 수신자라면 누구라도 수신할 수 있도록 한, 공중파 TV의 전송방식과 유사하다.

7.6.3 컨텐츠 제공 방식

(1) Pull

이용자가 정보를 직접 검색하게 하는 방식

(2) Push

제공자(서버)가 일방적으로 이용자에게 정보를 제공하는 방식. 예를 들어 주식시세, 뉴스, 부동산 동향 같은 정보를 얻기 위해 웹사이트를 일일이 찾아볼 필요 없이 정보제공자가 주기적으로 사용자의 컴퓨터 화면에 직접 넣어주는(push) 방식으로 미국의 포인트캐스트사의 "Pointcast"라는 푸시프로그램이 개척자의 역할을 했다. 푸시서비스는 불필요한 트래픽 발생으로 인한 문제가 적다.

7.6.4 인터넷 서비스 기술

(1) 스트림 전송 기술

스트림 전송 기술, 즉 스트리밍(Streaming) 기술은 다운로딩(Downloading)과는 달리 전송 파일이 일정량만 버퍼링되면 실시간으로 재생 가능하며 파일이 디스크에 저장되지 않고 사용자의 기기의 메모리상에서 서비스되므로 저작권 보호에 유리하다.(다운 로딩은 콘텐츠 파일을 모두 다운로드 받은 후에 재생하고 파일이 사용자의 디스크에 저장되므로 저작권 보호 문제가 제기될 수 있음) 또한 일정량만 버퍼링한 후 실행되므로 네트워크의 부하가 경감될 수 있는 장점이 있다.

이와 같이 동영상 등의 멀티미디어 데이터를 실시간으로 전송해주는 스트림 전송 기술은 인터넷 방송의 핵심 기술이다. 따라서 그 동안 많은 업체들이 고유한 압축 방식과 전송 알고리듬을 제안하고 시장 점유율을 확대하기 위해 노력해왔다. 그 결과 1995년 이후 급속도로 발전하였으며 1995년에 프로그레시브 네트웍스사의 리얼오디오를 시작으로, 리얼플레이어(RealPlayer), 넷쇼(NetShow), 비보액티브(VivoActive), 스트림웍스(StreamWorks), 브디오라이브(VDOlive) 등 다양한 스트림 재생기들이 인터넷 방송에 사용되었으며, 그 가운데 리얼네트워크 사와 마이크로소프트 사의 제품이 스트림 전송 미디어 기술의 선두를 달리고 있다. G2로 명명된 리얼네트워크 사의 스트림 전송 방식은 스트림의 대역폭을 동적으로 조절하는 슈어스트림(SureStream) 기술을 채택하여, 낮은 네트워크 접속 속도에서도 우수한 음질과 화질로 스트림을 전송할 수 있도록 한다. 이 방식은 월드와이드웹 컨소시움(W3C)에서 멀티미디어 전송 언어로 제시한 SMIL (Synchronized Multimedia Integration Language)을 지원하여 하나의 화면에 여러 종류의 멀티미디어 데이터를 동시에 표현할 수 있도록 한다. 또한 개발자를 위해 데이터 타입, 응용 프로그램, 유틸리티를 개발할 수 있는 개방형 구조의 소프트웨어 개발 도구를 지원하며, 윈도우, 매킨토시, 유닉스 등, 다양한 플랫폼 환경에서 사용될 수 있다.

MS사의 윈도 미디어 테크놀러지 4.0과 같은 기술을 사용하면 MP3 포맷의 절반 크기로 CD 수준의 음질을 가진 오디오를 부호화할 수 있으며, 28.8[kbps] 모뎀 환경에서도 FM 스테레오 수준의 음악을 감상할 수 있다. 이 기술에는 인터넷 방송을 위해서 디지털 컨텐츠의 저작권을 보호할 수 있는 윈도 미디어 라이트 매니저가 포함되어 있으므로, 이것을 윈도 NT 의 보안 기능과 함께 사용하면 본격적인 웹 기반 방송 시스템을 구축할 수 있다. 아래 표에 두 회사의 스트림 전송 제품군을 정리하였다.

표 7-2. 스트림 전송 제품 비교

	Real Networks G2	MicroSoft Windows Media Technology 4.0
서버시스템	Basic Server Plus Real Server G2	Windows Media Server
인코딩/저작도구	Real Producer Real Slides Show G2 Real Presenter	Windows Media Encoder On - Demand Producer Windows Media Author Media Clean EZ Windows Media ASF Indexer
재생기	Real Player 7 Real JukeBox	Windows Media Player

(2) 스크립트 기술

스트림 전송 기술의 발전과 더불어 비디오, 오디오뿐만 아니라 텍스트와 이미지 등, 다양한 형태의 데이터를 인터넷을 통해 실시간으로 전송하는 스크립트 기술도 발전하였다. 리얼네트워크 사의 G2의 경우, Real Text 형식을 지원하여 텍스트에 색깔, 폰트, 크기 등을 지정할 수 있으며, 수평 및 수직 스크롤, 깜박임 등의 효과를 줄 수 있어 간단한 문자 발생기의 기능을 갖추고 있다. 또한 JPEG 등 기존의 그래픽 파일에 디졸브(Desolve) 와이프(Wipe) 효과를 가미하여 스트림으로 전송할 수 있는 Real Pix 데이터 타입도 지원하고 있다. 이러한 다양한 형식의 데이터를 유연하게 제어하며 멀티미디어 프리젠테이션 작성과 설계를 간단하게 할 수 있는 언어의 필요성을 인식하고, W3C에서는 SMIL를 표준화하였다, SMIL은 XML(eXtensible Markup Language) 형식을 따르는 마크업(Markup) 언어이며, HTML처럼 텍스트 파일로 작성되기 때문에 텍스트 에디터로 쉽게 작성될 수 있다. SMIL를 이용하면 광고 배너를 삽입할 수 있고, 하단 스크롤로 주식 정보 같은 것을 제공할 수 있으므로 다양한 형태의 인터넷 방송 서비스를 구현할 수 있다. 지금까지는 텍스트, 그래픽, 하이퍼링크 등의 요소는 웹 브라우저를 통해 전달되고, 비디오, 오디오 데이터는 리얼 플레이어와 같은 멀티미디어 재생기를 통해서 따로 전달되었지만, SMIL을 이용하면 다양한 멀티미디어 데이터를 스트림 재생기 내에서 동시에 재생할 수 있다.

이미지와 오디오를 통합하여 SMIL 프리젠테이션을 만드는 저작 도구에는 리얼네트워크사의 리얼 슬라이드쇼, 마이크로소프트사의 윈도 미디어 테크놀러지 4.0 ASX (Active Streaming XML)이 있다.

7.6.5 최신 인터넷 기술

인터넷 방송이 직면하고 있는 가장 큰 문제는 기존 네트워크의 특성 때문에 안정된 스트림 전송과 고화질을 제공하기 어렵다는 점이다. 이를 위하여 인터넷을 개선하려는 논의를 검토할 필요가 있다. 현재 인터넷은 IP 주소의 고갈, 실시간 멀티미디어 데이터 전송을 위한 서비스 품질(QoS)의 불완전 등 많은 문제점을 갖고 있다. 이러한 문제를 해결하기 위해 새로운 인터넷 기술을 기반으로 하는 고성능 네트워크에 대한 연구와 구축이 활발히 진행되고 있다. 이러한 최신 인터넷 기술들은 실시간 광대역 멀티미디어 서비스 제공과 각 망들의 연동을 공통의 목적으로 하고 있으며 이 중에 특히 IP 전송 기술과 서비스 품질 보장 기술이 인터넷 방송 서비스와 밀접한 관련이 있다.

(1) IP 전송 기술

현재 주목을 받고 있는 IP 전송 기술로는 복수 프로토콜 라벨 스위칭(MPLS(Multi-Protocol Label Switching)와 IP over WDM(Wavelength Division Multiplexing)이 있다. MPLS는 ATM 계층의 스위칭과 IP 계층의 라우팅을 통합한 개념으로 레이블이라는 짧고 고정된 식별자를 패킷에 첨가하고 이 레이블에 따라서 패킷을 처리한다. MPLS는 높은 확장성과 유연성을 갖고 있으며, 다양한 링크계층의 망과 쉽게 연동되며, 기존 투자 설비를 그대로 활용할 수 있는 장점을 갖고 있다. 이것을 쓰면 기업용 솔루션으로 각광을 받고 있는 VPN(Virtual Priv ate Network) 망을 유연하게 구성할 수 있다. 그러나 MPLS를 대규모 백본(Backbone)망에서 쓰는 것은 ATM 특유의 복잡성, 패킷 분할과 재조합의 오버헤드, 급격히 증가하는 대역폭 요구량 등의 문제 때문에 적당하지 않다.

IP over WDM은 하나의 광섬유에서 각기 서로 다른 파장을 써서 여러 트래픽을 동시에 전송할 수 있으므로 테라급 이상의 대역폭을 제공할 수 있다. 뿐만 아니라 비대칭적인 IP 트래픽 처리와 다양한 하부 계층을 갖는 인터넷 환경에 적합하다. 앞으로 대규모 백본망에는 IP over WDM이 사용될 것으로 예상되고, 소규모 백본망과 VPN을 이용한 대규모 기업 망에서는 MPLS가 주로 활용될 전망이다.

(2) 서비스 품질 보장 기술

IP망에서 서비스 품질 보장을 위해 지금까지 두 가지 기술이 제안되었다. 하나는 각각의 IP 흐름에 대하여 서비스 품질을 보장하는 통합서비스(IntServ, Integrated Service) 방식이고, 다른 하나는 각각의 IP 흐름을 취합하여 서비스 품질을 보장하는 차등서비스(DiffServ, ifferentiated Service) 방식이다. 초기에는 IS 방식을 많이 연구하였으나, 현재는 DS 방식에 관한 연구가 주류를 이루고 있다. IS 방식에서는 RSVP(ReSerVation Protocol)를 써서 각각의 IP 흐름에 대한 서비스 품질 요구 사항을 충족시킨다. 그러나 IS 방식은 라우터의 부담을 크게 하여 확장을 어렵게 하고 자원의 낭비를 초래하므로 대규모 망에 사용하기 어렵다. 이러한 문제를 해결하기 위한 것이 DS 방식이다. 이 방식에서는 각각의 IP 패킷이 자신의 헤더에 정의되어 있는 PHB(Per Hop Behavior)에 따라 정해지는 서비스 품질 수준에 따라 전송된다. 따라서 그 구현과 관리가 간단하고, 확장성이 좋으며, 사용자에게 서로 다른 요금을 부과할 수 있다. 앞으로 소규모 망에서는 종단 간 서비스 품질을 보장하는 IS방식을, 인터넷과 같은 대규모 망에서는 DS방식을 사용할 것으로 예상된다.

연습문제

01. 인터넷 방송국의 인력구성 및 필요장비(H/W, S/W)에 대해 설명하라

02. 인터넷 방송 송출 방식에 대해 설명하라

03. 스트리밍과 다운로딩의 차이점은 무엇인가?

04. 인터넷 방송과 관련 깊은 최신 IP 전송기술에 대해 설명하라

05. 인터넷 방송과 관련 깊은 최신 서비스 품질보장 기술에 대해 설명하라

연습문제 정답

01. (1) 인력구성 : 웹 PD(인터넷 PD), 웹 마스터, 웹 디자이너, 웹 프로그래머, 웹 자키, 네트워크 관리자(시스템 관리자)

(2) 하드웨어

- 서버(Servers) : Video, Web, Contents(Media), Reflector Server, 방화벽(Firewall),
- 저장 장치(Storages) : RAID(Redundant Array of Inexpensive Disks), 인코더(Video Encoder), 업무용 PCs(Video Capture B/D 포함),
- 네트워크 장비 : Switching Hub, Router
- 디지털 영상 장비 : Digital Camcoder, Video Deck, TV Monitor, 디지털 편집 툴, 문자 발생기, 캡쳐 카드 등
- 기타 : 조명세트, 마이크로폰 세트, A/V스위치, 방음 자재

(3) 소프트웨어

- 서버용 S/W : Realmedia Server, Vxtreme Server P/G
- 디지털 편집용 S/W : Adobe Premiere, Adobe Photo Shop
- 동영상 스트리밍 S/W : MS Netshow Player, VDO live, Real Player, Vxtreme, Stream Works, Vivo Active 등

02. (1) 유니캐스트(Unicast) : 단일 송신자와 단일 수신자간에 데이터를 주고받는 방식. 고유 주소로 식별된 하나의 네트워크 목적지, 즉 특정 수신자 하나에게만 데이터를 전송하는 방식을 말한다. 클라이언트와 서버 간의 1 : 1 연결 전송 방식으로 TCP 및 UDP를 이용한다.

(2) 멀티캐스트(Multicast) : 하나의 데이터를 특정한 그룹의 수신자들에게 동시에 전송하는 방식으로 한 번의 송신으로 메시지나 정보를 목표한 여러 컴퓨터에 동시에 전송하는 것을 말한다. 멀티캐스트는 보통 IP 멀티캐스트 형태로 구현되는데, 이는 스트리밍을 위한 인터넷 프로토콜 응용 프로그램(Internet Protocol Application) 및 인터넷 TV에서 주로 사용된다. IP 멀티캐스트에서 멀티캐스트는 주로 IP 라우팅 단계에서 구현되며, 이때 라우터는 데이터그램(datagram)을 멀티캐스트 대상 주소로 보내기 위한 최적의 전송 경로를 생성한다.

(3) 브로드캐스트(Broadcast) : 동일 네트워크 주소를 가진 모든 호스트들에게 동시에 패킷을 전송하는 방식이다. 멀티캐스트와 마찬가지로 UDP를 사용하여 여러 호스트들에게 패킷을 전달하나 동일한 네트워크에 연결되어 있는 호스트들에게만 패킷을 전송할 수 있는 점이 멀티캐스트와 다르다.

03. 스트리밍은 전송 파일이 일정량만 버퍼링되면 실시간으로 재생 가능할 뿐 아니라, 파일이 디스크에 저장되지 않고 사용자 기기의 메모리상에서 서비스되므로 저작권 보호에 유리하며, 일정량만 버퍼링한 후 실행되므로 네트워크의 부하가 경감될 수 있는 장점이 있는 반면, 다운 로딩은 콘텐츠 파일을 모두 다운로드 받은 후에 재생하고 파일이 사용자의 디스크에 저장되므로 저작권 보호 문제가 제기될 수 있는 점이 다르다.

04. (1) 복수 프로토콜 라벨 스위칭(MPLS, Multi-Protocol Label Switching) : 데이터 패킷에 IP 주소 대신 별도의 라벨을 붙여 스위칭하고 라우팅하는 기술. 기존 라우터 기반의 망에서는 패킷이 발생하면 라우터가 IP를 보고 패킷을 전달했으나, MPLS 망에서는 2계층(데이터 링크계층) 기반의 라벨(label)을 보고 스위칭한다. 즉 소프트웨어 기반 처리에서 하드웨어 기반 처리로 바꾸면서 고속 스위칭을 가능케 하는 전송 기술이다. MPLS는 다양한 프로토콜을 수용하기 때문에 IP망은 물론 ATM, 프레임 릴레이에도 적용할 수 있다. 이로써 각 네트워크에서 오는 트래픽을 융합해 단일 네트워크로 결합함으로써 운영비를 절감할 수 있는 장점이 있다.

(2) IP over WDM(Wavelength Divided Multiplexing) : 복수의 정보원을 서로 다른 파장에 할당하여 하나의 광섬유에 전송하는 파장 분할 다중화(WDM) 기술을 이용하여 복수의 IP 트래픽을 하나의 광케이블에서 각각 별도의 파장에 할당하여 동시에 전송함으로써 전송 효율을 높인 기술. 즉 기존 네트워크에서 전자회로에 의해 수행되던 스위칭 및 라우팅 등의 기능을 광학적 기술로 처리하여 WDM 장치 위에 바로 IP 트래픽을 싣는 기술이다.

05. (1) 통합서비스(IntServ, Integrated Service) : 인터넷 서비스 품질(QoS) 보장을 위한 서비스 모델 중 하나로, 자원예약 프로토콜 RSVP(Resource ReSerVation Protocol) 같은 자원예약 신호제어용 프로토콜에 의해 요구되는 자원을 사전에 예약토록 하여 망으로 유입되는 트래픽에 대하여 수락제어를 함으로써 QoS를 제공하는 서비스 모델이다.

- 특징
  - 예약된 서비스에 대해서만 해당 자원을 할당하는 방식이다.
  - 흐름(flow) 단위의 상태 유지로 복잡한 수락제어 및 트래픽 스케쥴링 기법이 가능하다.
  - 각 라우터 장비에서 플로우(flow)당 상태 유지 및 예약처리가 필요하므로 대규모 망에서는 상당한 부담이 되며, 따라서 확장성(Scalability)이 미흡하여 보편화에 장애요인으로 작용함
- 서비스 유형
  - Best-Effort Service(최선형 서비스) : 최선의 노력을 다하지만 확실한 전송의 보장을

하지는 않음(TELNET, FTP, 이메일 등)

- Controlled-Load Service(부하 제어형 서비스) : 다소 유연한 실시간 응용 지원 및 Better(보다 나은) 서비스 지원(패킷형 오디오/비디오)
- Guaranteed Service(보장형 서비스) : 엄격한 실시간 응용을 지원, 절대적인 QoS 기준을 제시하여야 함(회선 에뮬레이션)

(2) 차등서비스(DiffServ, Differentiated Service) : 인터넷 QoS 보장을 위한 서비스 모델 중 하나로, 음성, 동영상 등과 같이 데이터의 흐름이 끊어지면 안되는 스트리밍 데이터와 같은 특별한 형식의 트래픽들에 대해 비교적 차등화된 서비스 품질을 제공하자는 취지에서 개발된 IETF 표준이다. 즉 음성, 동영상 등과 같은 스트림 데이터에 대해, 망 트래픽의 서비스 등급(CoS, Class of Service)을 지정하고 제어, 관리하는 서비스 모델이다. 이렇게 함으로써 음성이나 스트리밍 미디어 같은 트래픽에는 끊김 없고 저지연의 서비스를 제공할 수 있다. Diffserv방식에서는 주어진 네트워크 패킷을 어떻게 전달할 것인지를 결정하기 위해 단순히 우선순위를 위한 태그를 붙이는 방식(802.1p에서의 태그 이용법)이나 ToS(Type of Service) 등과 같은 초창기 방식 대신, 좀 더 복잡한 정책이나 규칙문을 사용하는데 예를 들면 사람이 여행을 할 때 안락함, 여정 중에 들르는 회수, 대기 상태, 여행에 소요되는 시간 등을 모두 고려하여, 기차, 버스, 비행기 등 여러 가지 교통수단 중 하나를 선택하는 것과 유사한 방식을 사용한다.

DiffServ는 패킷 분류의 목적으로 IP 헤더에 DSCP(DiffServ code point)라는 6비트의 필드를 사용하며, 이에 따라 패킷의 홉(hop)당 움직임, 즉 PHB(per hop behaviors)라고 불리는 64개의 전달 움직임 중 하나가 적용된다.

- 특징
  - 간단하고, 구현이 용이하고, 가벼우며, 확장성이 용이하다.
  - IP 헤더에 DSCP 값을 사용하여 확장성 있는 서비스 차등화 실현이 가능하다
  - 미리 정의된 서비스품질 수준에 따라, 패킷을 등급별로 구분한다.
  - 상대적으로 우선순위가 높은 패킷을 명시토록 하고 각 라우터는 명시된 패킷에 대해 우대 서비스를 제공한다.
- 주요 요소
  - Packet Classifier : 최종적으로 어떤 PHB(Per-Hop Behavior)를 할당할 것인지 패킷 헤더를 분석
  - DSCP(Differentiated Service Code Point) : 패킷 분류, PHB 지정
  - PHB(Per-Hop-Behaviour, 홉별 행위) : 다양한 등급으로 마킹되어 입력되는 패킷들에 대해 어떤 일관된 행위를 통해 다음 홉으로 전달할 것인지를 결정하는 행위

Chapter 부 록

01 CATV 용어 해설

간선(trunk line)

간선이란 유선TV방송시설의 전송로, 헤드앤드에서 모든 중계증폭기(인입선에 삽입되는 것 제외)까지의 선로를 말하며, 헤드엔드에서 송출되는 유선TV방송용 전파를 전송하는데 사용된다. 간선에는 보통 광케이블과 동축케이블이 사용된다.

간선 · 분기증폭기(TBA Trunk Bridger Amplifier)

간선분기증폭기란 유선 TV방송시설에 사용되는 중계증폭기로서, 간선증폭기와 브릿저(bridger), 분배기 등이 같은 셋트 내에 실장되어 있다.

간선증폭기(Trunk Amplifier)

간선증폭기란 유선TV방송시설에 사용되는 중계증폭기로서, 간선의 손실을 보상하는 기기를 말한다. 헤드엔드 또는 다른 간선증폭기에서 간선으로 송신된 전파는 그 주파수에 의해 감쇠량이 달라지지만 간선증폭기는 주파수에 대응하는 손실보상 증폭을 행하여 후단의 간선에 규정 레벨의 전파를 송출한다. 이 경우, 일반적으로 파이롯트 AGC 등에 의해 출력 레벨의 안정화를 꾀하고 있다.

감쇄(attenuation)

장비, 선 또는 여타 전송 디바이스를 통과 시의 손실에 의한, 송신 전력과 수신전력 간의 차이 : 일반적으로 dB 단위로 표현. 스펙트럼 분석기 동작에 있어 이는 신호가 다른 지점간에 전송되면서 발생하는, 신호진폭상의 감소를 의미한다. 감쇄는 출력진폭에 대한 입력진폭의 비를 dB단위의 스칼라 비율로 표현할 수 있다. 이와 같이 신호의 진폭을 줄이기 위한 소자 또는 기기를 감쇄기(attenuator) 라고 한다.

고조파 왜곡(harmonic distortion)

(1) 신호가 처리되는 회로 또는 디바이스 내에서의 고조파 생성.

(2) 신호의 불필요한 고조파 성분.

공동시청설비

수신공중선을 공용하여 개개의 수상기로 자유롭게 선국하여 시청할 수 있도록 동축케이블 등으로 전송하여 분배하는 설비이다. 산골이나 고층빌딩 음영지대 등의 TV 난시청 지역을 해소하기 위해서 수신전파가 강한 산 정상이나 빌딩 옥상을 선정 수신안테나를 설치하여 수신파를 증폭하여 동축케이블로 다수의 가입자에게 분배한다. TV보급물이 낮은 시대에 원격지의 난시청지역에서 TV방송보급 차원에서 시작됐으나 최근에는 새로운 미디어로서 사용되기 시작했다.

광섬유(fiber optics)

통신 수단으로서 광을 발신 전달하는 기술. 낮은 수준의 손실과 간섭 하에 광의 굴곡과 반사가 가능한, 가느다란 유리섬유로서 "광도파기" 또는 "고아섬유" 라고 한다.

누설(leakage)

일반적으로 케이블의 균열, 연결의 부식 또는 불량, 디바이스 밀봉불량 등에 의해 발생되는, 케이블TV시스템으로부터의 불필요한 신호누출. 신호누설과 같은 의미.

다운 컨버터(down converter)

출력신호의 주파수가 입력신호의 주파수보다 낮은, 일종의 무선주파수 변환기. 입력변환기와 같은 의미.

다중화 서비스(Multiple Tiered Service)

유선 텔레비전에 사용되는 용어이다. tier란 〈층층으로 쌓는다〉는 뜻으로 기본 서비스와 유료서비스라는 2단계의 요금이 아니라 여러 가지 서비스를 몇 개의 패키지로 분류, 가입자가 단계적으로 일부 또는 전부를 선택하는 방식을 말한다. 선택하는 패키지가 많으면 많을수록 요금이 올라간다는 뜻에서 다층화 서비스라고 부른다. 다층화 서비스제가 생기게 된 것은 미국 유료TV 시스템의 채널용량이 커졌기 때문이다. 이와 동시에 미국의 국내 위성 이용이 활발해짐에 따라 기본서비스의 내용도 다채로워졌다. 기본서비스 중에는 이를 수신하는 시스템에 대해서 약간의 이용료를 받는 경우도 있다. 유선 텔레비전 시스템에서 기본서비스 요금만으로는 서비스를 제공하기 힘든 형편이다. 이 때문에 대도시의 유선 텔레비전 시스템을 중심으로 다층화 서비스제가 채택되는 경우가 많아졌다. 다층화 서비스는 앞으로 대도시에서 제공되는 유선 텔레비전 시스템에서 더욱 널리 보급될 것으로 예상된다. 미국의 다채널 시스템 가운데는 안전서비스(security service)등을 비롯한 각종 쌍방향 통신서비스를 실시하는 곳도 있으며, 이들 서비스를 수신하는 경우 당연히 가입자가 내는 요금도 많아진다.

대역폭(bandwidth)

(1) 통신 채널의 정보전달용량에 대한 척도. 대역폭은 해당 채널에 의해 전송 가능한 신호의 최대주파수와 최소주파수의 차이에 해당한다.
(2) 케이블 TV 시스템에 의해 전송 가능한, 유용한 주파수의 범위.

데시벨[dB]

dB란 측정된 값들의 차이를 로그 스케일로 나타낸 것이다.
즉, [dB]=$10\log_{10}X$ 이 된다. 여기서 10을 곱하는 것은 계산이 편하자고 붙인 수치이다. log 스케일을 쓰면 매우 넓은 범위의 수치를 간략하게 표현할 수 있다. 또한 지수형태로 되어 있어서, 실제 수치의 곱을 합으로 나다낼 수 있다는 것이 log의 큰 장점이다.

예 신호전력 1W와 2W는 1W 차이가 나는데 이 차이를 dB 스케일로 나타내면

전력[dB] $= 10\log_{10}\dfrac{2}{1} = 10\log_{10}2 = 10\times 0.3010 = 3$[dB]가 된다.

이를 전압으로 표현해보면 전력은 $P=VI=\dfrac{V^2}{R}$ 이므로

전압[dB] $= 10\log_{10}\left(\dfrac{V_0^2}{V_i^2}\right) = 20\log_{10}\left(\dfrac{V_o}{V_i}\right)$이 되며 20이 곱하여져서 6[dB]가됨을 알 수 있다.

dBm, dBmV, dBμV

dB란 말 자체는 어떤 값의 차이를 로그 값으로 나타낸 것으로 측정값 자체가 아닌 상대 값이다. dBmV는 1[mV]를 기준으로 한 전압 값이고 dBm은 1[mW]를 기준으로 한 전력 값이다. 즉, 측정된 신호 전력 값을 1[mW] 전력을 기준으로 dB 스케일로 나타낸 것이다. 상용화된 RF에서는 작은 전력을 다루는 경우가 많다. 따라서 W 단위보다 mW 단위의 전력을 주로 다루기 때문에, 기준의 간편함을 위하여 mW를 기준으로 만든 dB 전력 값을 dBm으로 표현하는 것이다.
예를 들면,

1[mW] = 0[dBm]
10[mW] = 10[dBm]
100[mW] = 20[dBm]
1000[mW] = 1[W] = 30[dBm] =0[dB](W)

로 표현한다.

동시 재송신(유선TV방송)

협의로는 어느 방송사업자의 방송을 일체 변경을 가하지 않고 방송 상태 그대로 동시에 유선TV 방송시설에 의해 재송신하는 것을 말하며, 광의로는 어느 방송사업자의 방송의 일부 또는 전부를 방송 때와 동시에 재송신하는 것을 말한다. 종합유선방송법에서 말하는 동시재송신은 협의의 의미로서 일반적인 용례는 광의의미에 가까우며 프로그램의 일부(예로서 CM)를 커트하여 재송신하는 것도 동시재송신에 해당된다.

동축 케이블(coaxial cable)

광대역 데이터 및 케이블 TV 시스템에 사용되는 일종의 케이블. 중심도체, 절연용 유전체, 차폐용 도체, 그리고 옵션 보호 커버로 구성되며 우수한 광대역 주파수 특성, 잡음 내성과 물리적 내구성을 갖추고 있다. coax와 동의어. 중심 도체가 외부 도체의 중심에 오도록 하고 그 사이에 절연체를 끼웠으며, 두 도체의 중심축이 일치되었기 때문에 동축이라는 이름을 붙이게 되었다. 동축 케이블은 광대역성과 쌍방향성이라는 특성을 지니고 있을 뿐만 아니라, VHF UHF와 같은 고주파수의 경우 차폐성이 강해 케이블 속을 흐르는 전파가 외부로 새어나가거나 외부의 전파가 케이블 안으로 들어오는 일이 없다. 바로 이런 점에서 유선 텔레비전 시스템 건설에 동축 케이블이 크게 활용되고 있다. 동축 케이블의 전송용량이 상당히 크다는 것도 중요한 특징이다. 표준 TV방식에서는 1채널에 6[MHz]의 대역폭이 필요하며 이 대역폭에 영상신호와 컬러신호, 음성신호가 들어있는데, 동축 케이블은 300[MHz] 이상의 전송대역폭을 갖고 있기 때문에 TV 신호 약 50채널분 이상의 전송이 가능하고 케이블 하나로도 쌍방향 통신을 할 수가 있다. 그러나 동축 케이블은 주로 동을 원재료로 쓰고 있기 때문에 단가가 높고 자원면에서 한계가 있다. 이 때문에 최근에는 동축 케이블보다 훨씬 많은 광역대를 갖고 외부의 영향을 받지 않는 광섬유케이블의 개발이 이루어져 이미 실용화 되었다. 일반 가정에서 TV 안테나와 수상기를 연결하고 케이블로 평행피더선 등이 사용되고 있는데, 최근 우리나라 아파트의 경우 공동수신때 사용하는 단자로서 동축케이블을 이용하는 예가 많아지고 있다.

동일 채널 간섭(co-channel interference)

동일 채널 내에서 운용되는 다른 신호에 의해 발생하는, 채널상의 간섭.

동적 범위(dynamic range)

일반적으로 상당한 노이즈나 왜곡 없이 재생되는, 가장 강한 신호에 대한 가장 약한 신호의 비율. 스펙트럼 분석기의 경우 입력 상에 동시에 존재하는 가장 큰 신호와 가장 작은 신호간의 전력비[dB]는 어느 정도의 정확도로 측정가능하다. 일반적으로 동적 범위는 왜곡 또는 상호변조 생성물의 측정에 이용된다.

마이크로파(microwave)

매우 단파장의 전자기파로서 일반적으로 1000[MHz] 이상.

미드밴드(MID band)

최근의 유선TV 방송시설의 헤드엔드 이외의 부분(중계증폭기, 케이블, 분기기 등)의 전송특성이 약 70~300[MHz]의 주파수대에 걸쳐서 일정한 것이 많으며 VHF대의 TV방송용 주파수의 로우 밴드(90~108[MHz])와 하이밴드(170~222[MHz]) 사이의 108~170[MHz]의 주파수대에서도 전파의 전송이 가능하게 되었다. 일반적으로 이 주파수대를 미드밴드(MID band)라 한다.

반송파 대 잡음 비(carrier-to-noise ratio)

반송파에 의해 점유되는 스펙트럼 내의 4[MHz] 대역폭에 대해 상대적인, 노이즈전력에 대한 반송파 진폭의 비. 또한 C/N 비나 CNR이라고도 함.

방풍 유리 와이퍼 효과(windshield wiper effect)

혼변조에 의해 복수 채널 케이블TV 시스템에서 발생하는 과부하현상. 하나 또는 그 이상의 TV 채널의 수평 동기 펄스가 희망하는 채널 반송파에 중첩되는 것. 이러한 간섭은 화면상에서 대각선의 막대가 움직이는 것으로 나타난다.

백색 레벨(white level)

화면 신호의 백색 영역의 최대레벨에 해당하는 영상 반송파의 레벨.

베이스밴드(baseband)

반송파 주파수를 변조시켜 송신되는 라인 또는 무선신호를 형성하기 전의, 유선 또는 무선 송신 시스템 내의 신호에 의해 점유되는 주파수대역.

부반송파(subcarrier)

FM 스테레오 전송시의 편차 채널 부전송파와 같이 다른 반송파에 정보를 변조시키는 데 사용하는 반송파.

복수 시스템 사업자(MSO : Multiple System Operator)

2개 이상의 케이블 시스템을 소유·운영하는 케이블회사를 말한다. 미국 최초의 MSO는 1965년 2개의 시스템 Nutler Falls와 Shelburne Falls를 합병하여 탄생시킨 Pioneer Valley Cablevision 이다. 미국에서는 유선텔레비전의 초기에 소규모 가족 경영식의 시스템이 많았는데, 차츰 유선텔레비전의 보급이 확대됨에 따라 각 시스템의 매수와 통합이 거듭되면서 전국 각지의 케이블 시스템을 소유하는 대형 MSO가 등장하게 되었다.

분기기(splitter)

분기기란 유선TV 방송시설의 선로를 통해 전송되는 신호를 분기하는 장치이면서 탭오프가 없는 것을 말한다. 일반적으로 방향성 결합기가 사용된다.

분기증폭기

분기증폭기란 유선TV 방송시설에 사용되는 중계증폭기기이면서 간선에 보내진 신호의 전송파 전송손실을 보상하여 분배선에 규정레벨의 신호를 송출시키는 장비를 말한다. 분기증폭기에는 통상 4개의 분기출력단자가 있으며, 그 출력레벨은 많은 탭오프 전파의 출력을 주기 때문에 일반적으로 간선증폭기의 출력레벨보다 높다.

분배기

분배기란 유선TV 방송시설의 선로에 보내진 전파를 등분해 분배하는 장치이며, 탭오프(tap off)는 제외된다. 일반적으로 하이브리드 디바이스로서 고주파 트랜스, 콘덴서와 저항으로 구성되며 입력 케이블로부터의 신호 전력을 두개 또는 그 이상의 출력 케이블에 균등하게 분배하는 수동소자임.

분배선

분배선은 유선TV 방송시설의 선로 중 중계증폭기(인입선에 삽입되는 것을 제외)에서 모든 탭오프까지의 선로로서 중계증폭기에서 송출되는 유선TV 방송을 전송한다. 분배선에는 보통 동축케이블이 사용된다.

분배시스템(distribution system)

시스템 헤드엔드에서 가입자 단말까지 신호를 전송하는 데에 사용하는, 트렁크와 피더 케이블로 구성되는 CATV시스템의 일부. 보다 자주 사용되는 좁은 의미로는 브리저와 증폭기에서 시작하는 부분을 의미. 트렁크나 피더시스템과 같은 의미.

분해능(resolution)

스캔 주파수와 종횡비에 의해 일차적으로 결정되는, TV 시스템의 영상 분해 능력.

분해능(수평)

수평해상도 : TV 화면에서 수평방향으로 구별 가능한 상세정보의 양. 이는 일반적으로 화면의 3/4에 해당하는 부분에서 볼 수 있는, 흑백 교대의 구별되는 수직선의 수로 표현된다. 일반적으로 이 정보는 시험패턴의 수직모서리에 대한 관찰을 통해 얻어진다. 명료하고 세밀하며 세부사항을 잘 보여주는 화면은 분해능이 높은 것이다. 화면이 명료하지 못하고 작은 세부사항들이 구별되지 않는 경우는 분해능이 낮은 것이다. 수평 분해능은 픽업장비의 고주파 진폭과 위상응답, 전송매체와 화면표시장치 그리고 화소의 크기에 의해 결정된다.

분해능(수직), 수직해상도

TV 화면의 수직방향으로 분해 가능한 세부사항의 양. 이는 일반적으로 시험패턴 내에서 관찰 가능한 흑백교대의 개별적인 수평선의 수로 표현된다. 수직분해능은 일차적으로 프레임 당 수평주사선의 수에 의해 결정된다. 그 외 수직 분해능은 픽업장비와 표시장비의 의 화소의 크기와 모양에 의존하며 전송매체나 표시장치의 고주파 응답이나 대역폭에는 관계없다.

브리지 앰프(bridging amplifier)

케이블 TV 시스템의 메인 트렁크에 직접 연결된 증폭기. 이는 정교한 탭의 역할로서 메인 트렁크에 대한 절연을 제공하고 분배망의 피더부분에 신호를 제공하는 복수의 하이레벨 출력을 제공한다. 브리저(bridger)나 부내 앰프와 동의어임.

비디오텍스(videotex)

비디오텍스는 가입자의 가정이나 사업장에 있는 터미널과 중앙컴퓨터를 연결하여 중앙컴퓨터로부터 자료를 검색하거나 컴퓨터와 상호 통신을 할 수 있는 서비스이다. 현재, 전화망이 비디오텍스를 공급하는데 사용된다. 케이블은 전화망보다 더 경제적으로 비디오텍스 자료를 전달하고, 전화선보다 더 빠른 전송속도를 낼 수 있으며, 텍스트와 비디오를 혼합하는 서비스를 가능하게 만든다. 비디오텍스 이용자가 특정한 목적으로 계획된 터미널을 갖든지, 가정 컴퓨터가 터미널로 이용될 수 있다. 새로운 가정 컴퓨터의 소프트웨어 패키지는 컴퓨터를 비디오텍스 터미널로 전환할 수 있다. 텔레텍스트는 본질적으로 단방향 전송시스템에서 비디오텍스의 유사물이다. 비디오텍스보다 더 제한적이지만, 제한된 데이타베이스에 접근하는데 비디오텍스와 동일한 방식으로 기능한다. 홈뱅킹 예약 서비스와 같은 쌍방향적 기능은 텔레텍스트에서 가능하지 않다. 텔레텍스트 해독기는 비디오텍스보다 훨씬 더 간편하다. 완벽한 해독기는 TV세트 내부에 설치할 수 있는 통합회로(chip)군으로 이용가능하다. 이 칩은 텔레비전세트의 비용에 25달러의 추가 비용이 필요하다. 비디오텍스 터미널은 전화선이나 케이블시스템으로 구성되며, 케이블시스템은 처리장치(processing unit ; 실제로는 작은 컴퓨터), 부속 소프트웨어(built-in software ; 터미널의 작동을 통제함), 터미널을 접속하는 모뎀 등으로 구성되어 있다. 텔레비전세트는 정보를 보여주는데 사용되고 소형 키보드는 정보를 입력하는데 사용된다.

사이포닝(siphoning)

유선텔레비전이 기존 공중파 방송에 위협을 주는 한 현상으로서 주로 유료케이블과 관련되어 사용되는 용어이다. 예전 같으면 상업 TV에서 방송되었을 오리지널 첫 방영 프로그램을 유료케이블이 끌어가는 것을 말한다. 어떤 케이블 시스템이 1,000달러에 한 필름의 TV 독점 방영권을 따냈을 경우 1,000가구가 그것을 유료 채널로 보기 위해 2달러씩 낸다면 케이블 시스템에서는 투자 비용을 뽑고도 1,000달러의 이익을 보게 된다. 따라서 유료 케이블 네트워크는 거의 모든 프로그램(블록 버스터 필름, 주요 스포츠 이벤트, 기타 인기 프로그램)을 방송 네트워크보다 비싼 값에 살 여유가 생기는 것이다. 이 때문에 미국 상업방송사업자들이 FCC에 청원한 결과, FCC는 사이포닝으로 인해 유료 케이블과 유료TV가 현재 무료로 프로그램을 수신하고 있는 사람들에게 유료서비스를 요구할 가능성이 있기 때문에 유료서비스에 대한 사이포닝 금지(anti-siphoning) 규정을 채택했다. 그러나 나중에 이 같은 규정은 위헌으로 판정받아 기각되었다.

상호변조(cross Modulation)

하나 또는 그 이상의 TV채널로부터의 변조가 다른 채널에 영향을 주는, TV 신호 왜곡의 일종.

삽입손실(insertion loss)

방향성 커플러와 같은 디바이스가 시스템에 삽입되는 경우의 추가적 손실로서 이러한 디바이스의 입력과 출력간의 신호레벨상의 차이와 동일하다.

셀프 스페이스(shelf space)

케이블 시스템에서 비어 있는 채널을 뜻한다.

수동 소자(passive device)

동작이 정적인 디바이스 즉, 증폭이나 발진을 할 수 없고 그 기능수행에 별도 전력을 필요로 하지 않는 것. 이에는 스플리터, 방향성 커플러, 탭오프(tap off)와 감쇄기 등이 포함됨.

수신 단자 간 분리도

유선TV 방송시설의 수신단자는 인입선을 통하여 동일 탭오프에 복수개가 접속되기 때문에, 수신단자는 전자적으로 상호 결합되기 쉽고, 방해를 받기도 쉬우므로 될 수 있는 한 분리할 필요가 있다. 이 분리되는 정도를 정량화한 것이 수신단자간 분리도이며, 하나의 수신단자에 측정용 정현파의 전압(A)을 가했을 때, 당해 정현파가 다른 수신단자에 전압(B)으로 나타난 경우 A와 B의 비로 표시된다.

수직간격 시험 신호(VITS)

영상전송의 서비스 중, 시험과 조정을 위해 수직 블랭킹 간격에 포함될 수 있는 신호.

스퓨리어스 신호(spurious signal)

이미지 신호, 고조파, 비트 등 불필요한 신호들.

스크램블(scramble)

도시청 방지를 위해 TV 화상을 특수한 장치(인코더)로 변조하여 특정한 복조장치(디코더)를 부착한 TV 수상기가 아니면 볼 수 없도록 하는 것을 말한다. 즉, 복조장치를 사용하지 않으면 화상이 뒤범벅을 이룬다는 데서 나온 말이다. 오늘날 미국에서 위성, 공중파, 케이블방송의 유료 TV국(subscription television)에서 이용되고 있는데, 송출되는 화상을 변조시키면 계약자 이외의 가정에서는 시청이 불가능하다. 뒤범벅 시키는 방법에는 여러 가지가 있으나 실용화되고 있는 것은 열 가지 정도이다. 수신계약을 맺지 않은 사람도 복조장치를 복제하게되면 도청이 가능하기 때문에 그 대책이 다각도로 연구되고 있다.

스펙트럼 분석기(spectrum analyzer)

측정 대상 신호들의 주파수 대 진폭을 표시하는 디스플레이를 갖춘, 스캐닝 수신기. 신형의 스펙트럼 분석기들은 마이크로세서 제어방식인 경우가 많으며 강력한 신호측정 기능들을 제공한다.

스플리터/믹서(frequency band splitter/mixer)

주파수 분할 방식으로 브랜칭 기능을 제공한다는 점 외에는 다른 스프리터와 유사한 디바이스.

신호 대 잡음비(signal-to-noise ratio)

특정 신호 내의 노이즈의 rms 값에 대한, 관심대상 신호의 피크 전압의 비율을 [dB]단위로 표현한 것.

아웃렛(outlet : **콘센트**)

일반적으로는 전기콘센트를 말하지만 유선TV 방송시설에 있어서는 수신자의 옥내배선과 수신기의 급전선을 접속하기 위해 집안 벽 등에 설치한 접속장치를 말한다.

양방향 CATV

CATV는 헤드엔드에서 각 가정까지 광케이블과 동축케이블로 구성된 망을 통해서 TV신호를 단방향 전송을 하는 것이 기본이다. 그러나 동축케이블은 대역폭이 넓어서 방송재송신 이외에 자주방송의 TV프로그램도 송신할 수 있다. CATV에서 사용하는 주파수는 국내의 경우, FM방송의 재송신을 포함하여 상향대역이 5~42[MHz], 하향대역이 54~870[MHz]이다. 따라서 상향대역을 이용하여 각 가정에서 센터(방송국)로 정보를 전송할 수 있다. 이것을 양방향 CATV라 하며, 방송응답서비스나 전기, 가스, 수도 등의 자동검침, 방범방재 감시시스템, TV쇼핑 등 각종 서비스로의 응용이 가능하다.

영상 대역폭(video bandwidth)

(1) 영상 도트가 화면에 표시되는 최대 속도.

(2) 영상신호의 점유대역폭. NTSC의 경우 이 대역폭은 4.2[MHz].

(3) 스펙트럼 분석기 동작에 있어 영상회로 내의 조정 가능한 저역필터의 차단주파수(3[dB] 지점), 영상대역폭이 분해능 대역폭과 같거나 이보다 작은 경우 영상회로는 엔벨로프 검출기의 출력의 신속한 변동에 완전하게 응답할 수 없게 된다. 그 결과 피크간 노이즈가 줄어드는 형태의 파형 평활화가 나타나게 된다. 애버리징 또는 평활의 정도는 분해능 대역폭에 대한 영상대역폭의 비율이다.

영상 반송파(visual carrier)

TV 신호에서 화면을 포함하는 부분. TV 신호는 영상 반송파와 음성반송파 양자를 포함한다.

영상 반송파 주파수(visual carrier frequency)

영상 정보에 의해 변조되는 반송파의 주파수로서 TV 채널의 하단에 대해 1.25[MHz] 높은 것.

영상 신호 레벨(visual signal level)

동기화 펄스의 송신 시에 영상신호에 의해 생성되는 피크전압.

연장증폭기

유선TV 방송시설에 있어서, 그 서비스 범위가 간선에서 비교적 떨어져 있는 수신자를 포함할 경우에는 매우 긴 분배선을 사용하는 것이 필요하다. 이와 같은 경우, 그 분배선을 통해 전송되는 신호의 전송손실이 많게 되므로 분배선의 도중에 손실보상증폭기를 삽입하게 된다. 이것을 연장증폭기라 한다.

왜곡(distortion)

신호가 전송시스템을 통과하면서 파형이 의도와 다르게 변형되는 것.

위성 마스터 안테나 텔레비전(SMATV)

SMATV 시스템은 개인용 유선방송(private cable)이라고도 하며, 아파트나 콘도, 트레일러 캠프장의 거주자들이나 다른 형태의 지역 거주자들에게 서비스하는 소규모 유선방송국이다. FCC가 공동소유나 공동경영 하에 있는 거주지에 서비스하는 시스템을 유선방송국 분류에서 제외시킨 이후로 SMATV사업자들은 면허를 받지 않는다. 따라서 FCC의 규제도 받지 않는다. SMATV시스템은 유선방송국과 동일한 기술을 이용한다. 물론 대부분이 유선방송보다는 저 품질의 장비로 구성된다. 서비스 받는 단위가 적기 때문에 헤드엔드 단위 비용은 높아지게 된다. 소수의 SMATV시스템이 12개 이상의 채널을 제공하고 있다. 미국의 SMATV는 유선방송과 동일한 프로그램을 수신하기 위해 C-밴드 지구국을 이용한다. 최근까지도, 유선방송사업자의 압력 때문에, 프로그램 공급자들이 그들 채널의 사용권을 주기를 꺼려했다. 그러나 지금은 실제적으로 모든 프로그램 사업자들이 SMATV에 그들의 채널을 제공하고 있다. 지구국 장비의 비용이 저렴하므로 SMATV는 비교적 작은 규모의 복합체(complexes)에서 실용화 되었으나, 현재 SMATV는 15개 정도의 단위로 구성된 복합체로서도 활성화 되고 있다. 이런 시스템들은 일반적으로 개인 가입자당 20달러 혹은 단체 요금(bulk rate)으로 단위당 10달러씩에 5개 이상의 유료광고 방송채널(HBO, ESPN, CNN, WTBS, USA)을 제공하고 있다. 수년 동안 SMATV산업은 재정, 기술, 경영 자원이 부족한 아주 소규모의 사업자들로 구성되었다. 그러나 최근에는 시스템 간 합병이 일어나고, 대형 사업자들이 나타나고 있다. 프로그램 제작이 가능하기 때문에, 전문가와 자금력을 가진 회사들이 사업을 인수하여 SMATV는 여러 시장에서 유선방송국의 중요한 경쟁자로 부상하고 있다. 서비스공급권을 따기 위한 유선방송 사업자와 SMATV의 경쟁은 아파트 소유주들과의 거래에 밀접한 관련을 갖게 되었다. SMATV가 갖는 중요한 한계는 도시 또는 군(county)의 거리가 교차하지 않는다는 사실일 것이다. 각 위치마다 비싼 헤드엔드가 필요하기 때문에, 이것이 35~50개의 채널을 비실용적으로 만든다. SMATV사업자들은 유선방송국과의 경쟁을 위해 아파트와 같은 복합체들에게 50~100개 채널을 서비스할 수 있는 한 방법으로 AML마이크로웨이브를 생각한다. 쌍방향서비스도 마이크로웨이브를 사용하여 제공되고 있다. 현재 AML 면허는 유선방송사업자에게만 인가된다. 그러나 FCC는 탈규제적인 입장으로, SMATV도 조만간 마이크로웨이브를 사용하여 아파트들을 함께 연결할 수 있을 것이다. 상호연결의 두 번째 방법은 적외선 연결(infrared light links)을 이용하는 것이다. 단거리에 여러 개의 텔레비전 채널을 전달하기 위해 빛을 변조하는 것이 가능하다. 빛의 파동 커뮤니케이션(light wave communication)은 FCC의 규제를 받지 않기 때문에 SMATV 시스템은 정부의 규제 없이 서로 연결시킬 수 있다. 그러한 시스템은 현재 1,000~2,000피트에 제한되어 있고, 기술은 아직은 실험단계에 있다. SMATV시스템들을 상호 연결하는 마지막 방법은 MMDS이다. MMDS로 공중파방송채널이 추가된 10개 이상의 채널을 아파트 건물에 방송할 수 있다. 매우 저렴한 헤드엔드 비용으로 15~20개 채널 서비스가 각 건물에 공급될 수 있다.

윈도우 와이퍼(window wiper) 방해

수신채널의 영상반송파가 타 채널의 변조파형에 의해 영향을 받아 타 채널의 수평동기신호가 수신화면에 세로로 흰띠 모양의 얼룩으로 나타나 이것이 채널 간 동기신호의 주파수차에 의해 서서히 좌우로 이동함에 따라 윈도우 와이퍼라 부르고 있다. 특히 CATV에서는 인접채널전송을 하는 일이 많아, 선로증폭기로 동시에 증폭하는 경우, 상측인접채널의 영상신호가 혼변조에 의해 수신채널에 방해를 주는 경우가 발생한다.

유료 TV(pay TV)

요금을 이용자로부터 직접 징수해서 방송하는 TV서비스로, 공중파를 사용하는 방법과 케이블을 사용하는 방법이 있다. 앞의 것을 가입TV(Subscription TV : STV), 뒤의 것을 유료 케이블(pay cable)이라 한다. 수상기에 디스크램블러 장치를 붙이지 않으면 시청할 수 없다. 요금시스템은 디스크램블러의 임차료까지 합쳐 월정액 방식을 취하고 있는 경우가 많다. 1970년대 후반부터 미국에서 보급되기 시작했다.

유선 방송(wired broadcasting)

유선으로 라디오방송이나 레코드음악을 각 가정에 송신하는 방송 형태이다. 최초에는 농촌에서 상호연락, 공지 등 홍보용의 유선전화로부터 발상되었다. 도시 일부지역에서는 가정, 다방 등을 연결하는 레코드방송(음악방송)을 하고 있다. 최근에는 TV에 의한 유선텔레비전으로 발전하고 있는데 총칭해서 〈유선 방송〉이라 부른다.

유선 텔레비전 침투(또는 가입)율(penetration rate)

케이블 선로가 시설되어 있는 지역의 가구 중 유선 텔레비전에 가입한 가구의 비율. 유선 텔레비전 가입을 위해서는 반드시 케이블이 설치되어 있어야 하는데, 아직도 시장성을 고려하여 지형적 조건에 따라 케이블이 깔려 있지 않은 지역이 많다. 따라서 유선 텔레비전의 가입 정도를 나타낼 때 케이블 설치의 정도와 비례한 가입율을 단위로 설명하기도 한다.

유선 텔레비전(Cable Television, CATV)

유선 텔레비전이란 이름 그대로 〈선(Wire)으로 연결된 텔레비전〉이다. 처음에는 난시청 문제를 해결하기 위해 공동안테나 시스템(Community Antenna System)으로 시작되었으나 지금은 기존 텔레비전의 프로그램 재전송에 그치지 않고 자체 제작 프로그램, 중계 프로그램, 지역의 공지사항, 기타 필요한 정보 등을 다채널로 제공하면서 지역 정보통신망 형태로 발전하고 있다. 유선 텔레비전이 기존의 정규 TV와 다른 점은, 첫째 기존 TV는 공중파를 이용하여 무선으로 영상정보를 송신하는데 반해 유선 텔레비전은 선을 통해서 영상정보를 전송한다는 점이다. 둘째, 채널수에서 기존 TV는 VHF와 UHF 주파수대로 방송되므로 최대한 70개 채널정도만 가능하다. 그러나 유선 텔레비전은 최고 107개의 채널이 가능할 만큼 채널 용량이 엄청나다. 셋째, 소유형태면에서 유선 텔레비전은 대부분 소규모로 운영되는 지역적 조직인데 비해 네트워크 TV는 전국적 거대 기업이 지배하고 있다. 그러나 케이블 산업도 점차 규모가 커지고 투자 수익이 늘어나게 되자 방송관련 대기업들의 참여도 많아지고 있는 실정이다. 그밖에 유선 텔레비전은 특정 지역에 대한 특약사업권(franchise) 제도를 채택하고 있거나 채널의 분배, 규제 방법, 기술측면에서 기존 TV와 상이하다. 유선 텔레비전의 특성은 크게 두 가지로 요약할 수 있다. 첫째, 프로그램의 다양성이다. 채널이 엄청나게 증가함으로써 내용도 계층화, 전문화, 특정화된다. 둘째, 쌍방향 교류성을 꼽을 수 있다. 기존 TV가 일방적 정보 전달임에 반해 유선 텔레비전은 방송센터와 시청자가 메시지를 주고받는 이원적인 텔레비전이다. 유선 텔레비전의 발달과정을 기능적 측면에서 살펴보면 4단계로 나누어 설명할 수 있다. 제1단계로 유선 텔레비전의 가입자가 TV모니터에 설치된 장비를 이용하여 원하는 프로그램을 신청하면, 방송센터는 이 신호를 받아 미리 정해진 시간에 프로그램을 송출한다. 1977년 미국에서 처음 등장했는데, 가입자에게는 해당 프로그램에 대하여 요금을 물린다. 프로그램은 아무나 볼 수 없고 TV에 컨버터를 부착한 가입자만 보도록 돼 있다. 제2단계의 케이블 시스템은 여러 가지 프로그램 중에서 가입자가 원하는 것만을 선택해서 보는 기능에서 한 발짝 더 나아가 가입자와 컴퓨터를 통해 대화할 수 있는 시설을 갖춘다. 서로가 질의 응답할 수 있는 방식인데, 몇 개의 스위치 조작으로 가능해 교육용 방송에 쓰인다. 제3단계의 유선 텔레비전은 마이크로프로세서까지 갖추어 케이블 방송 외에도 여러 계측기 기능, 즉 수도계량기, 전기미터, 가스미터, 화재 감시, 가정 보안 등이 가능해진다. 또한 사고가 발생하면 방송센터의 원격감시 컴퓨터는 이 사실을 경찰서나 소방서에 즉각 통보해 주게 된다. 가입자 장비에 〈랜덤 억세스 메모리(RAM)〉가 추가되어 중앙에 위치한 컴퓨터가 데이터베이스의 서비스를 할 수 있는 것이 제4단계의 유선 텔레비전이다. 이 4단계에 와서 고도 정보사회가 갖게 될 온갖 서비스가 실현될 수 있다. 전자우편, 전자신문, 여행정보, 상품정보 등은 물론이고 홈 쇼핑, 홈 뱅킹, 재택 근무, 화상통신회의 등이 가능해진다. 한편 유선 텔레비전의 기본 시스템은 상수도의 배급망과 똑같다고 볼 수 있는데, 그 기본 구성은 세 요소로 이루어진다. 첫째, 〈헤드엔드(Head End)〉이다. 방송센터인 이곳은 모든 프로그램 소스를 수신, 조합, 가공하여 배급망을 통해 송신하는 곳이다. 정규 TV 방송신호를 중계할 수 있는 안테나, 통신위성신호를 받을 수 있는 접시형 안테나, 지방 프로그램의 제작시설이 헤드엔드에 속한다. 둘째, 〈분배 네트워크〉이다. 전주에 설치되어 있든 지하에 매설돼 있든 프로그램을 헤드엔드에서 집까지 보내는 전선부분이 여기에 속한다. 셋째는, 〈인입선(drop line)〉과 수신기 등으로 구성되는 〈가입자 설비〉이다. 지선(feeder cable)의 신호는 인입선에 의하여 골목을 지나 집안의 TV 세트까지 들어온다.

유선방송 사업자(System Operator)

유선방송 운영설비를 갖추고 프로그램을 종합 편성한 후 해당 채널을 통하여 송출하고 수신자를 관리하는 사업자(편성권, 송출권, 가입자 관리권 보유)를 말한다.

인입단자(drop port)

유선 텔레비전의 헤드엔드에서 간선, 분배선을 거쳐 보내져오는 신호는 분기기기의 단자에 의해 최종적으로 분기되어 수신자에게 보내진다. 이 분기기기의 단자를 인입단자라고 하며, 신호를 수신자에게 보내는 인입선이 접속되어 있다. 보통의 경우 인입단자의 수는 2~6개이다. 유선 텔레비전시스템의 규모를 표현하는 경우, 인입단자수로 알 수 있는 것과 가입자수로 알 수 있는 두 가지 방법이 있다. 일본의 경우 인입단자수를 기준으로 하고 있으나, 많은 나라들은 가입자 수를 기준으로 하고 있다.

인입선(drop line)

인입선이란 유선TV 방송시설의 선로 중, 탭오프에서 수신단자까지의 선으로서 탭오프(tap off)의 인입단자에 있는 유선TV 방송 신호를 수신단자까지 전송하게 된다. 인입선에는 보통 동축케이블이 사용된다.

인입 잡음(ingress noise)

간섭, 잡음 신호가 케이블TV 시스템에 불필요하게 유입되는 것

인접채널장애

CATV에서는 케이블 및 선로증폭기 등에 의해 구성되는 전송로 전체가 비교적 안정적이기 때문에 TV의 인접채널에 의한 방송이 가능하며, 기존의 CATV시설 중에는 인접채널방송을 행하고 있는 것이 많다. 이 경우 수신기의 기종 등에 의해서 인접채널의 영상신호 또는 음성신호에 의한 방해를 받아 수신 장해가 발생되는 경우도 있다. 하측인접채널의 음성신호가 수신채널의 영상신호에 방해를 주어서 화면에 1.5[MHz]의 비트얼룩을 발생시키는 비트장해와, 상측인접채널의 영상신호가 혼변조에 의해 수신채널의 영상신호에 방해를 주어서 화면에 동기신호가 띠 모양으로 나타나는 윈도우 와이퍼장해 등이 있다. 이 장해가 발생하는 원인으로는 각 반송파간의 레벨 차와 수신기의 선택도 특성에 의한 것을 들 수 있다.

인접채널전송

전파에 의한 TV방송에 비하여 CATV의 큰 특징의 하나는 채널수를 많이 확보할 수 있는 것이다. 전파에 의한 방송으로는 안테나의 특성이나 전파도중의 조건에 의해 수신자 TV수신기의 입력레벨에 대하여 영상, 음성반송파 및 인접채널 상호간의 레벨차를 항상 인접채널에 의한 방송이 가능한 범위로 유지하는 것은 곤란하며, 동일지역에서는 인접한 채널의 할당을 하지 않는다. CATV에 있어서는 케이블 및 선로증폭기 등에 의해 구성되는 전송로 전체가 비교적 안정되어 있기 때문에 인접채널에 의한 방송이 가능하다. 이 경우, 수신기의 특성 등에 의해 인접채널의 영상 또는 음성신호에 의한 방해를 받아, 수신 장해가 발생하는 일이 있다.

음성 주파수(audio frequency)

가청 주파수인 20[Hz]~20[kHz]의 주파수 범위.

음성 반송파(aural carrier)

TV 채널의 음성부분을 보유하는 반송파. 일반적으로 TV 채널은 영상 반송파와 음성 반송파를 포함한다. 음성 반송파는 부반송파(sound carrier) 라고도 한다.

임피던스(impedance)

임피던스의 원래 정의는 어떠한 회로의 특정 위치에서의 전압과 전류의 비이다. Impedance의 사전적 의미는 '방해, 저지'이다. 언뜻 보면 회로의 저항(resistance)이라는 개념과 매우 유사하나, 부하(load)와 관련된, 주파수를 가지고 있는 AC 회로에서 적용되는 개념이라는 점이 다르다. 즉, 임피던스는 주파수와 무관한 저항 R에, L과 C 소자에서 주파수와 관계가 깊은 리액턴스 성분이 포함된 보다 큰 개념의 저항 성분이라고 볼 수 있다. 이러한 개념을 복소수를 도입하여 수식으로 정리하면 다음과 같다.

$$Z = R + jX$$

여기서 Z는 임피던스, R은 저항, X는 리액턴스(rcactancc)라고 한다. 케이블 TV의 경우 케이블과 구성요소의 공칭 임피던스는 75[Ω]이다.

임피던스 정합(impedance matching)

어떤 기기나 매체의 출력단과 입력단을 연결할 때, 서로 다른 두 연결단의 임피던스 차에 의한 반사를 줄이기 위해(감쇄와 비정상을 최소화하기 위해) 임피던스를 최대한 동일하게 만드는 것. 이렇게 할 경우에 신호의 최대 전력전달이 이루어진다.

Book Cafe

■ **RF 통신기기에서 입출력 임피던스를 50[Ω]으로 하게 된 이유**

원래 마이크로파 에너지의 전력 전송(power transfer)이 가장 좋은 임피던스는 33[Ω], 신호파형의 왜곡(distortion)이 가장 좋은 임피던스는 75[Ω] 정도이다. 그 중간 정도가 49[Ω] 정도인데, 계산의 편의성을 위해 50[Ω]을 사용하게 되었다고 한다.

실제로 50[Ω]이 가지는 의미는 '기준점' 이다. 고주파에서 임피던스는 신호 전력 전달에 아주 중요한 역할을 하게 된다. 단과 단사이의 접속부에서 임피던스가 서로 조금이라도 맞지 않으면 임피던스 미스매칭에 의한 신호의 반사가 발생한다. 따라서 임피던스 매칭을 매우 중요하게 다루어야 한다.

그래서 암묵적으로 기준 임피던스를 정하게 되었는데 그것이 바로 50[Ω]이라는 기준점인 것이다. 모든 회로의 입력단과 출력단을 50[Ω]으로 만들어준다면 연결할 때마다 일일이 임피던스 매칭을 할 필요가 없으므로 매우 편리하다. 실제로 50[Ω]이 가지는 의미는 바로 이러한 기준점을 만들어서 증폭기, 필터 등의 회로를 임피던스 미스 매칭에 대한 걱정 없이 손쉽게 연결할 수 있도록 하기 위함이라고 볼 수 있다.

Book Cafe

■ **케이블 TV에서는 입 · 출력 임피던스를 75[Ω]으로 하는 이유**

방송 기기에서는 입출력 단 임피던스 기준이 75[Ω]인 경우가 있다. 이것은 전력 전달 성능보다는 신호왜곡을 최소화하기 위한 경우에 쓰이는데, 주로 TV 안테나 같은 다이폴 관련 안테나에서 쓰인다. 다이폴 안테나는 그 길이가 0.473×λ, 즉 보통 반파장일 때 주변의 리액턴스 성분이 0이 되는데, 이때의 임피던스가 73[Ω]정도 된다. 그래서 이러한 안테나에서 나오는 케이블들은 75[Ω] 동축 케이블을 사용하게 되며 케이블 TV 방송 시스템에서도 선로 임피던스를 75[Ω]으로 사용한다.

자가 유선사업자

동일 구내 또는 동일 기관 소유 지역 내에 한정하여 구내 운영설비와 구내 망 설비를 관리 운영하는 자를 말한다.

잔류 측파대(vestigial sideband)

낮은 측파대의 높은 주파수가 송신되지 않는 방식의 진폭 변조. 낮은 베이스 밴드 주파수의 경우 반송파 포락선(envelope)은 보통의 양측파대 AM과 동일하다.

잡음 지수(noise figure)

출력 SNR에 대한 입력 SNR의 비율, 즉 신호처리장비(예 : 증폭기)에 의해 입력신호에 추가되는 잡음의 양으로서 [dB]단위로 표현.

잡음 온도(noise temperature)

열 잡음, 소스 잡음, 유도 잡음 등을 포함하여 모든 소스로 부터의 주어진 잡음 레벨에 해당하는 온도.

저주파 간섭(low-frequency interference)

일반적으로 15.734[kHz]의 낮은 주파수에서 발생하는 간섭효과.

저주파 증폭기(LNA)

위성 안테나에서 수신된 약한 신호들을 증폭하는 데에 사용되는, 저잡음의 신호 부스터.

저잡음 블록컨버터(low noise block converter)

약한 신호를 증폭하기 위한 저잡음 증폭기(LNA)와 유입되는 위성 신호들을 낮은 주파수 대역(예 : 70~1450[MHz])으로 변환시키기 위한 블록 다운 컨버터를 포함하는, 위성 안테나에 사용되는 조합 디바이스.

저역 통과 여파기(LPF)

특정 주파수 이하의 주파수는 통과시키고 그 이상은 통과시키지 않는 필터.

정합기(matching transformer)

가입자 드롭의 75[Ω] 임피던스를 TV 또는 FM 수신기의 300[Ω] 임피던스로 변환시키는 임피던스 정합 디바이스.

전계강도(field strength)

주어진 지점에서의 전자기장의 강도로서 일반적으로 미터 당 마이크로볼트 단위로 표현.

전계강도계(FSM)

관심 대상의 주파수 대역에 동조 가능한, 주파수 선택성의 헤테로다인 수신기. 케이블TV의 경우 5~750[MHz] 이상이며 표시용 미터는 입력 전압의 크기와 해당 주파수를 나타내는 다이얼을 포함한다. 신호 레벨 미터와 같은 의미.

전미 유선텔레비전협회(NCTA : National Cable Television Association)

미국 유선텔레비전 사업자들의 전국적인 조직. 1951년에 발족한 이 협회는 유선 텔레비전 업계의 이익을 대변하고 의회 · FCC · 주 정부 등을 상대로 각종 활동을 전개하고 있다. 본부는 워싱턴에 있다.

전송망 사업자(Network Operator)

CATV 망과 관련 설비를 구축하고 운용하며 임대하는 사업자

주파수 응답(frequency response)

지정된 중심 주파수 범위에 대해 표시된 신호진폭의 피크치 변화. 주파수 응답은 극단치 사이의 중간 값에 대한, 상대적인 dB 값으로 지정된다. 이는 또한 교정기 신호에 대한 상대 치로 지정가능하다.

주파수 스팬(frequency span)

스펙트럼 분석기 동작에 있어 표시된 주파수 성분의 크기. 스팬은 디스플레이의 수평축으로 표현된다. 일반적으로 주파수 스팬은 전체 디스플레이를 걸친 전체 스팬으로 주어진다. 일부 스펙트럼 분석기들은 주파수 스팬(스캔 폭)을 눈금 당 값으로 표현한다.

주파수 안정도(frequency stability)

주파수 안정도는 장기 및 단기에 걸쳐 주파수성분이 일정하게 유지되는 정도를 의미한다. 스펙

트럼 분석기의 경우 안정도는 국부 발진기가 장기간동안 특정 주파수로 유지되는 정도를 의미한다. 국발을 동조시키는 소인 램프는 신호가 디스플레이상에 나타나는 위치에 영향을 행사한다. 소인 램프에 대한 국부 발진기 주파수의 장기변동(드리프트)은 신호가 느린 속도로 수평위치를 이동시키게 한다. 단기간의 국부 발진기 불안정성은 원래 안정된 신호상의 랜덤FM 또는 위상 노이즈로 나타날 수 있다.

증분 비 간섭성 반송파(incremental coherent carriers : ICC/IRC)

채널 5와 6을 제외하고는 표준 채널 계획과 일치되는 케이블 계획. 이 기법은 3중 비트 왜곡을 줄이는 데 사용된다. 증분 연관 반송파와 같은 의미.

지선(feeder cable)

프로그램을 헤드엔드에서 가정까지 보내는 전선 부분 중에서 중앙로를 관통하는 간선에서 빠져 나오는 부분.

지역공동안테나 TV(Community Antenna TV : CATV)

난시청 지역의 높은 곳에 고성능 안테나를 세워 가입 가구에 유선으로 연결하여 난시청 문제를 해결하던 초기 유선 텔레비전을 지칭하는 말이다. 제1세대 유선 텔레비전이라고도 한다. CATV는 방송국의 재송신을 목적으로 하는 지역공동안테나를 이용하며 수신하기에 유리한 위치에서 TV신호를 끌어와 그 신호를 증폭시켜 동축 케이블로 각 가정의 TV 수상기로 보낸다. 유선 텔레비전의 발전 단계는 대략 5단계로 나눌 수 있다. 제1세대 유선 텔레비전(CATV) : 기존 방송의 재송신, 제2세대 유선 텔레비전 : 자주 방송, 제3세대 유선 텔레비전 : 쌍방향 방송, 제4세대 유선 텔레비전 : 유료 유선 텔레비전, 제5세대 유선 텔레비전 : 데이터 뱅크나 가정용 컴퓨터를 연결한 시스템이다. → 유선 텔레비전

직렬 유니트(serial unit)

빌딩 내에 설치되는 유선TV 방송시설에 있어서 사용된 탭오프와 아웃렛을 겸한 분기접속장치를 말한다. 구조적으로 방향성 결합기가 되며, 일반적으로 분배선과 교차하여 직렬 접속하여 사용되며, 분기결합손실이 크고, 출력임피던스가 75[Ω]에서 300[Ω]까지의 각종의 규격이 있다.

직접재송신

TV방송사업자의 방송프로그램을 재송신하는 경우, 통상의 방송파를 수신하여 행하는 방식을 대신하여 TV방송사업자의 스튜디오, 송신소 등에서 직접 케이블, 전송회선 등에 의하여 유선TV 방송시설의 헤드엔드로 전송하여, 이것을 방송과 동시에 재송신하는 것을 말한다.

진행 고스트(ghost)

CATV시설에서 신호가 직접파보다 시간적으로 늦게 공급되기 때문에 상대적으로 직접파에 의한 고스트가 TV 수신기의 화면상의 앞쪽 위치(정면화상의 좌측)에 나타나는 것이 특징이며, 시가지 속에 송신안테나가 있는 지역뿐만 아니라, 수신점으로부터 비교적 떨어져 있는 지역의 빌딩 고층이나 표고가 높은 토지에 건설되는 맨션 등의 공청시설에 있어서도 발생한다. 직접적인 원인으로는 높은 옥내 전계 강도 외에 TV 수신기의 직접파 방해제거능력과 CATV시설에서 공급되는 수신레벨 등이 있다.

채널용량(channel capacity)

CATV에서 동시에 전송 가능한 채널의 수를 말하며 일반적으로 NTSC에서의 6[MHz](TV 대역폭) 채널의 수로 정의된다. 즉, 전가입자 단자에 규격에 적합한 신호를 동시에 공급할 수 있는 시스템의 최대 채널수로서 FM채널 등을 전송하는 경우는 TV채널로 환산된다. 전송로의 채널용량은 외부의 온도차에 의한 증폭기의 동작 상태나 케이블 손실량의 변화, 승폭기의 송속접속단자에 의한 특성 열화 등에 의해 시스템 전체 동작상태의 변화에 영향을 받는다. CATV의 서비스내용에 따라 전송로의 채널용량이 영향을 받으므로 시스템 전체의 설계는 장래예측도 포함하여 충분히 검토 후 결정할 필요가 있다.

채널 주파수 응답(channel frequency response)

(1) 가입자 단말 측에서 측정된 케이블TV 채널 내의 일정 진폭 입력신호의 주파수와 진폭간의 관계.

(2) 지정된 대역폭 내에서 진폭주파수왜곡의 척도.

측파대(side band)

변조신호와 연관되어 변조과정에 의해 발생되는 추가적인 주파수 대역 신호.

컴포지트 2차 비트(Composite Second-order Beat : CSO)

(1) 케이블 시스템에서 영상 반송파보다 1.25[MHz] 높은 곳에서 2차 비트가 집군화되어 있는 것.

(2) 영상반송파로부터 1.25[MHz] 높은 곳에 위치한 2차 왜곡 생성물의 클러스터의 평균 레벨의 피크 치에 대한 영상 반송파의 피크 레벨간의 비로서 [dB]단위로 표현.

컴포지트 3차 비트(Composite Triple Beat : CTB)

(1) 케이블 시스템에서 영상 반송파보다 1.25[MHz] 높은 곳에서 3차 비트가 집군화되어 있는 것.

(2) 영상반송파로부터 1.25[MHz] 높은 곳에 위치한 3차 왜곡생성물의 클러스터의 평균레벨의 피크치에 대한 영상반송파의 피크레벨간의 비로서 [dB]단위로 표현.

케스케이드(cascade) 접속

CATV전송로의 최대 특징은 간선, 분기선에서는 간선증폭기, 분배증폭기로 각각 2~4분배하고 분배선계, 인입선계에서는 분배기 또는 분기기에 각각 2계통이상으로 분할하고, 분배선에서 각 가입자 댁내로 분기하기 위한 탭오프 및 분배선을 연장하기 위한 연장증폭기 등을 사용하여, 시설 구역 내를 트리형 동축케이블로 분배망을 형성하여 가입자 댁내까지 인입한다. 이 상태를 캐스케이드 접속이라 한다. CATV시스템에 가입자단자까지 TV신호의 전송품질은 시스템의 성능에 의해 결정되며, 이것은 유니트(증폭기 등의 기기 및 전송케이블)의 종속접속에 의한 비직선 반사등의 왜곡과 C/N비 등에 의해서도 좌우된다.

케이블 내장 TV(cable-ready Television Set)

별도의 디코더 없이 케이블신호를 볼 수 있도록 TV세트 속에 미리 장치해 놓은 텔레비전.

클리핑(clipping)

과도한 입력신호에 의해 출력신호가 왜곡되는 현상이다. 발생요인은 아래와 같다.

- RF 유입잡음과 임펄스 잡음, 컨버터와 같은 댁내장비의 과도한 출력레벨.
- 저가의 Febry-Perot LASER 사용 등.

탭 오프(tap off)

탭(Tap)은 분기한다는 의미로 분기기(分岐器)를 뜻한다. 유선 텔레비전에서는 하나의 중앙안테나에서 수천 군데로 분배하기 때문에 도중에 중계증폭기 등 여러 기능을 지닌 기기가 설치되어 있다. 탭 오프는 최종적으로 가정의 수상기로 인입하는 선(drop wire)이 분기되기 직전 지점에 부착되어 있고, 통상 전주의 케이블에 길이 20[cm], 두께 5[cm], 높이 15[cm] 정도 크기의 금속 케이스로 되어 있다. 여기에서 4~8갈래로 분기하여 각 가정으로 인입된다. 따라서 빌딩내의 공동수신시설에 있어서 통상 직영 유니트라 칭하는 분기접속장치가 이것에 해당한다.

트렁크(trunk)

케이블 TV 시스템의 헤드엔드에 삽입되는 증폭기. 약한 입력신호가 출력라인으로 재전송되기 전에 증폭되는데 이는 보통 일련의 영상 음성 또는 데이터 채널을 동시에 운반한다. 증폭기는 시스템의 도달거리를 늘린다. 일반적으로 매 1,500~2,000피트마다 삽입시켜야 한다.

특약사업권(franchise)

유선방송사업자로 하여금 유선방송을 할 수 있도록 허가한 법적 문서이다. 프랜차이즈를 받은 자만이 일정한 도시에서 또는 시의 어느 특정 지역에서 유선 방송 사업을 독점적으로 수행할 수 있다. 일정기간동안 상업방송(TV, 라디오)회사들이 방송허가를 부여받는 계약적 합의인 것이다. 프랜차이즈 시스템을 주재하는 주체를 프랜차이저(franchiser)라고 한다. 일반적으로 프랜차이저는 확립된 경영 조직·지명도가 높은 기업명을 가지며, 상품에 대해서는 지명도와 신뢰도가 높은 브랜드를 가지는 것이 원칙이다. 즉, 프랜차이저는 서비스나 상품을 가맹점에 제공하여 판매케 하는 것이므로 그들 상품이 충분히 소비자에게 침투되어 있지 않으면 사업자 측의 이익률이 낮고 나아가서 프랜차이즈 계약을 맺고자 하는 사업자가 나타나지 않기 때문이다. 지방의 특약사업권을 따기 위해서는 억세스 채널뿐만 아니라 방송 이외의 신호도 제공할 것을 요구받는다. 지방 당국은 채널이 지역 사업가나 라디오, 공공 TV 방송가들에게도 임대되도록 규정하고 있다. 미국과 유럽의 여러 나라에서는 공통적으로 프랜차이즈 부여 방식에 의해서 유선 텔레비전을 운영하고 있다. 예를 들면, 미국의 라디오와 TV 방송국의 운영허가는 연방통신위원회 곧, FCC에서 받지만 유선방송국의 프랜차이즈는 주정부 또는 시의회로부터 받는다. 프랜차이즈 기간은 일반적으로 15년씩이다. 15년이 지나면 다시 신청할 수 있으나 경쟁업자의 도전을 받게 된다. 대체로 프랜차이즈는 한 지역에 하나뿐이므로 유선 텔레비전이라고 하는 황금시장에 참여하기 위해서는 무엇보다 프랜차이즈를 확보해야 한다. 따라서 케이블 프랜차이즈를 확보하기 위한 경합은 치열해질 수밖에 없다. 어떤 이는 프랜차이즈 쟁탈전을 캘리포니아 보난자 이후 〈제2의 골드러시〉라고 말하기까지 한다. 지방자치단체가 특정 케이블사업자에게 프랜차이즈를 부여하는 이유는, 첫째 유선 텔레비전 설치는 시의 여러 시설, 지상의 전주나 지하에 매설한 케이블 등 공공시설을 이용해야 하고, 둘째 케이블 시스템은 그 하나만 갖고도 30개 안팎의 채널은 보통이고 현재도 107개 채널까지 프로그램을 보내고 있어서 하나 더 시스템을 허가해 주어도 채널의 변화가 없으며, 셋째 각 지역마다 독자적인 프랜차이즈를 부여하고 있으므로 그 지역 실정에 맞는 채널을 설치하고 지역적 필요에 부응하는 프로그램의 편성을 유도할 수 있기 때문이다.

틸트 보정(tilt compensation)

증폭기의 주파수 / 이득 응답 특성을 동축케이블의 주파수에 따른 감쇄특성에 대해 보상하기 위해 자동 또는 수동으로 조정하는 것.

파일로트(pilot)

AGC방식 CATV에 사용되는 동축케이블의 감쇠량은 온도에 의해 변화되며, 그 변화량은 시스템 구성 중 최장거리를 점하는 간선계에서 특히 현저하며, 그 보상여하에 따라 전송품질 및 시스템의 규모에 크게 영향을 준다. 이 대책으로서 케이블의 감쇠량의 변화(전송하는 주파수에 따라 서로 다름)에 따라 선로증폭기의 이득을 자동적으로 제어한다. 이것을 자동이득제어(Automatic Gain Control : AGC)라고 하지만 파이로트 AGC방식은 헤드엔드에서 파이로트 신호를 흘려서 파이로트 신호의 변화를 각 선로증폭기로 검출하여 증폭기의 이득을 자동으로 제어하는 방식으로서, 하나의 파이로트 신호를 이용하여 레벨과 슬로프(틸트량)를 동시에 제어하는 방식과 두개의 파이로트 신호를 사용하여 슬로프를 제어하는 방식이 있다.

파일로트 반송파(pilot carrier)

증폭기내의 감쇄(이득) 및 주파수응답(기울기) 보상회로를 동작시키는 데에 사용되는 케이블 TV 시스템상의 신호.

파일로트 부반송파(pilot subcarrier)

스테레오 방송의 수신을 위해 사용되는 부반송파.

파형 모니터(waveform monitor)

영상 및 동기 신호, 진폭 그 외 영상 신호의 모니터링과 조정에 사용되는 정보를 그래픽 형태로 나타내는 특수 목적 오실로스코프.

프레임(frame)

비월 주사선의 두개의 필드로 구성된, 1개의 완전한 TV 화면 화상.

프로그램 공급자(Program Provider)

유선 분배망과 공중파를 통하거나 직접 운영자에게 프로그램을 공급하는 사업자. 유선 분배망을 이용하는 공급자에게는 채널 배정에 관한 프랜차이즈, 곧 특약사업권을 적용할 수 있다. 공급권과 배분권만을 가지게 되며 〈공급자〉라 약칭한다.

프리앰프(preamplifier)

약한 공중파 신호를 증폭시켜 안테나 전도손실을 극복하고 이어지는 프로세서 또는 증폭기를 충분히 구동할 수 있도록 설계된 저 잡음 전자장치(일반적으로 안테나 부근에 설치). 스펙트럼 분석기의 경우 스펙트럼 분석기 자체에 비해 시스템 스펙트럼 분석기(프리앰프 / 스펙트럼 분석기)의 감도를 향상시키는 외장으로서 잡음지수가 낮은 증폭기.

피크 전력(peak power)

진폭 면에서 동기화 피크에 해당하는 무선 주파수 주기에 걸친 전력. TV방송 송신계에 관련됨.

필드(field)

전체 화면(또는 프레임) 간격의 절반으로서 화면의 모든 짝수 또는 홀수 프레임을 포함.

필드 주파수(field frequency)

하나의 필드 전체가 스캔되는 rate로 NTSC 흑백 영상신호의 경우 공칭 값은 초당 60회이며 NTSC 컬러 영상신호의 경우 초당 59.94회.

험변조(hum modulation)

전원주파수나 그 고조파(예 : 60[Hz] 또는 120[Hz]) 또는 여타 저주파 외란에 의한, TV 영상반송파의 불필요한 변조.

헤드엔드(Head-End, H/E)

헤드엔드란 유선TV 방송을 위해서 전파를 증폭하여 조정하고 변환하며, 투입차단 또는 혼합하여 선로로 송출하는 장치이면서 마스터 안테나(master antenna)로 수신한 전파나 유선 텔레비전 자체에서 제작한 자주 프로그램 등의 신호를 간선 케이블로 송출하는 장치를 총칭해서 헤드엔드라고 한다. 당해 유선TV 방송의 주된 송신장소(전치증폭기의 장소를 포함)에 있는 것 및 이것에 부가되는 장치(수신공중선계, TV카메라, 녹음재생장치, 마이크로폰증폭기 및 녹음재생장치 제외)를 말한다.

헤테로다인(heterodyne)

두 개의 주파수를 비선형소자를 통해 혼합하여 입력된 두 주파수의 합과 차에 해당하는 두 개의 상이한 주파수가 생성. 비트와 동의.

협대역(narrow band)

좁은 주파수범위(1[MHz] 이하의 주파수 대역폭을 의미하는데 사용하는 경우가 있음)를 전송하는 시스템에 대한 상대적인 개념. 전화와 TV를 비교한다면 전화는 협대역(3[kHz])이고 TV는 광대역(6[MHz])으로 간주된다.

화상통신회의(TV회의 : teleconferencing, 영상회의 : video conference)

멀리 떨어져 있는 회의실 사이를 영상과 음성으로 연결하여 TV화면을 통해 같은 회의실에 있는 것 같은 분위기로 회의를 할 수 있는 방식이다. 미국에서는 IBM을 중심으로 설립된 SBS(Satellite Business System)가 1981년부터 위성디지털회선을 이용해서 서비스를 시작하였으며, AT&T도 1982년 7월부터 화상회의단말기를 사용자 사무실에 설치하는 새로운 서비스로 전환했다. 일본도 1985년 3월 동경, 대만 등 5개 지구에서 화상 회의서비스를 시작했고, 우리나라에서도 대기업 중심으로 본격적인 서비스가 실시 또는 계획되고 있다. 화면의 영상신호는 이용자의 가입자 선로에서는 4[MHz]의 아날로그 신호로 중계회선에서는 6.3[MHz]의 디지털 신호로 전송된다. 이는 프레임 간 부호화(매초 30매를 보내는 화면에서 하나의 화면을 신호를 예측 부호화하여 부호량을 줄이는 것과 함께 인접 화면과의 상관에서 변화하는 부분만을 부호화한다)로 부호량을 줄이고 대역 압축을 한 것이다. 음성은 전화가 3.4[kHz]까지만 보내는 데 비해 7[kHz]까지 송신함으로써 육성에 가까워지며, 배경음도 원음에 비슷해 현장감을 높이는 효과가 있다. 또한 영상 화면에 나타나는 가로 한 줄의 최대 인원수는 화면의 크기에 관계없이 3~4명이며, 이 이상의 경우에는 분할하여 2대의 수상기로 표시하는 것이 좋다고 한다. 우리나라의 메이커들도 시스템을 개발하고 있으며, 일본에서는 화상신호를 750K비트/초까지 대역 압축하는 기술을 개발했다.

혼변조(상호변조, intermodulation)

혼변조란 비선형 시스템에서 두 개 이상의 서로 다른 신호가 입력될 때 이들 신호 주파수뿐 아니라, 이들 신호의 고조파들의 합과 차의 주파수 성분들이 출력되는 현상을 말한다. 이러한 것들을 IMD(Intermodulation Distortion)라고 하며 원래 신호를 왜곡시키는 성분이다. 비선형성에 의해 생겨난 이러한 고조파들은 BPF(Bandpass filter)를 통해 제거해 버릴 수 있다. 그러나 원신호와 너무 가까이 붙어 있어서 BPF로 제거할 수 없는 성분이 있을 수 있다. 이것들이 intermodulation 중에서도 가장 제거하기 어려운 제3고조파(3rd IMD)성분들이다. 이러한 성분들은 원래 신호를 교란하고 통신을 방해하기 때문에 최대한 발생되지 않도록 하는 것이 중요하다.

흑색레벨(black level)

흑색 피크의 최대치에 해당하는 영상 신호의 레벨.

ASC(Automatic Slope Control)

CATV시설에 있어서는 동축케이블 감쇄량의 변화분(변화량은 주파수에 따라 다름)을 증폭기의 이득으로 보상하는 것을 필요로 한다. 증폭기의 최고와 최저채널에 대한 이득차(슬로프), 즉 틸트량을 소정의 값으로 유지하기 위해서 헤드엔드부터 파이로트 신호를 흘려서 파이로트 신호의 변화를 각 선로증폭기로 검출하여 증폭기의 슬로프를 자동으로 제어하는 방식이다.

dBc

반송파 기준 반송파 레벨에 대한 상대적인 이득 또는 손실을 의미하는 [dB]단위의 비율.

NCTA(National Cable Television Association)

Washington DC에 본부를 두고 있는 케이블TV 산업의 협회로서 회원사는 케이블TV 시스템 운영자이며 준회원은 케이블 하드웨어 및 프로그램 공급업자와 판매업자, 법률 및 중개회사, 그리고 금융기관 등이 포함된다. NCTA는 주 및 연방의 정책 및 입법기관에 대해 미국 내 케이블

TV 산업을 대표한다. 명칭은 1969년에 National Community Television Association에서 바뀐 것임.

OCAP(OpenCable Application Platform)

북미지역 CATV 서비스를 대상으로 하는 데이터 방송용 미들웨어 규격. 북미 케이블TV 사업자 단체 SCTE(Society of Cable Television Engineers)에서 지원 OCAP 1.0은 DVB MHP 1.0을 기반으로 하는 규격임.

PCM(Pulse Code Modulation)

일반적으로 펄스부호변조라고 번역되는 것으로 지금까지 레이더와 함께 가장 발전된 형태의 다중통신수단의 하나이다. 예를 들어 음성신호와 같은 아날로그신호를 디지털신호로 변조하여 전송하는 방식을 말한다. 라디오, TV, 레코드 등 일반적인 정보의 전달수단은 시간에 대한 전압이나 전류의 변화, 즉 아날로그 신호방식으로 되어 있다. 아날로그방식에서는 도중에 발생하는 잡음이나 왜곡을 제거하기가 어렵다. 그러나 PCM에서는 아날로그 신호를 순간적 전기신호(pulse)의 유무 또는 그 조합의 형태, 다시 말해서 디지털신호로 바꿔서 전송하게 된다. 이 때문에 최종적으로 펄스의 유무만 판명된다면 신호를 재현할 수 있어 잡음에 매우 강한 고품질의 정보전송이 가능하다. 한편 PCM화는 전송주파수대역의 확대, 즉 넓은 전파대역을 필요로 하고 있다. PCM방식은 이전부터 그 개념이 있었지만 진공관, 트랜지스터 등의 회로소자를 다량으로 사용하지 않으면 안 되었고 본격적으로 활용하기 시작한 것은 IC가 개발되면서 부터이다. PCM화에 따라 잡음에 극히 강한 고품질의 전송로가 실현된 예는, 1982년 10월부터 시판되기 시작한 필립스 소니(Philips Sony)사 제품인 DAD(Digital Audio Disc)이다. PCM화된 음성 신호를 광디스크에 기록한 것으로 잡음이 거의 없이 다이내믹 레인지(dynamic range)가 넓은 음악을 즐길 수 있게 되었다.

앞으로는 SHF대나 EHF대의 전파를 이용한 방송 위성으로 PCM방송이 가능하게 될 것이다. PCM방송이 실현되면 방송의 음도 DAD와 함께 질적으로 놀라울 만큼 향상될 것이다. 행성탐사기가 수억[km] 떨어진 곳에서 선명한 화상을 보낼 수 있는 것도 PCM기술 때문이다. 탐사기의 전파는 약하며 더욱이 원거리의 우주공간을 날아오기 때문에 지구에 도달할 때는 극히 미약해져 잡음과 거의 구별이 되지 않는다. PCM방식으로는 이와 같이 미약한 신호라 할지라도 컴퓨터 처리에 의해 선명한 화상을 재현할 수 있다.

2차 비트(second order beat)

두 신호의 혼합 또는 비트에 의해 발생하는 짝수 배 주파수 성분의 왜곡 생성물.

3중 비트(triple beat)

세 개의 신호의 혼합에 의해 이들의 산술 합에 해당하는 주파수의 홀수 배 주파수의 왜곡 생성물이 발생하는 것. 3차 비트와 같은 의미.

02 전력 환산표

POWER		VOLTAGE		POWER		VOLTAGE	
W	dBm	dBμV	V	W	dBm	dBμV	V
130	51	160	100	0.32	-65	44	0.16
40	46	155	56	0.25	-66	43	0.14
13	41	150	32	0.20	-67	42	0.13
4	36	145	18	0.16	-68	41	0.11
1.3	31	140	10				μV
0.4	26	135	5.6	0.13	-69	40	100
(mW)			(pW)				
130	21	130	3.2	100	-70	39	89
40	16	125	1.8	80	-71	38	79
13	11	120	1	63	-72	37	71
4	6	115	0.56	50	-73	36	63
1	0	109	0.274	40	-74	35	56
0.63	-2	107	0.22	32	-75	34	50
0.40	-4	105	0.18	25	-76	33	45
			(mV)	20	-77	32	40
0.13	-9	100	100	16	-78	31	35
μV				13	-79	30	32
100	-10	99	89	10	-80	29	28
80	-11	98	79	8	-81	28	25
63	-12	97	71	0.63	-82	27	22
50	-13	96	63	5.0	-83	26	20
40	-14	95	56	4.0	-84	25	18
32	-15	94	50	3.2	-85	24	16
25	-16	93	45	2.5	-86	23	14
20	-17	92	40	2.0	-87	22	13
16	-18	91	35	1.6	-88	21	11
13	-19	90	32	1.3	-89	20	10
10	-20	89	28	1	-90	19	8.9
8	-21	88	25	0.80	-91	18	7.9
6.3	-22	87	22	0.63	-92	17	7.1
5.0	-23	86	20	0.50	-93	16	6.3
4.0	-24	85	18	0.40	-94	15	5.6
3.2	-25	84	16	0.32	-95	14	5.0

2.5	-26	83	14	0.25	-96	13	4.5
2.0	-27	82	13	0.20	-97	12	4.0
1.6	-28	81	11	0.16	-98	11	3.5
1.3	-29	80	10	0.13	-99	10	3.2
1	-30	79	8.9	(fW)			
0.80	-31	78	7.9	100	-100	9	2.8
0.63	-32	77	7.1	80	-101	8	2.5
5.50	-33	76	6.3	63	-102	7	2.2
0.40	-34	75	5.6	50	-103	6	2.0
0.32	-35	74	5.0	40	-104	5	1.8
0.25	-36	73	4.5	32	-105	4	1.6
0.20	-37	72	4.0	25	-106	3	1.4
0.16	-38	71	3.5	20	-107	2	1.3
0.13	-39	70	3.2	16	-108	1	1.1
(nW)				13	-109	0	1
100	-40	69	2.8	10	-110	-1	0.89
80	-41	68	2.5	8	-111	-2	0.79
63	-42	67	2.2	6.3	-112	-3	0.71
50	-43	66	2.0	5.0	-113	-4	0.63
40	-44	65	1.8	4.0	-114	-5	0.56
32	-45	64	1.6	3.2	-115	-6	0.50
25	-46	63	1.4	2.5	-116	-7	0.45
20	-47	62	1.3	2.0	-117	-8	0.40
16	-48	61	1.1	1.6	-118	-9	0.35
13	-49	60	1	1.3	-119	-10	0.32
10	-50	59	0.89	1	-120	-11	0.28
8	-51	58	0.79	0.80	-121	-12	0.25
6.3	-52	57	0.56	0.63	-122	-13	0.18
5.0	-53	56	0.63	0.50	-123	-14	0.20
4.0	-54	55	0.56	0.40	-124	-15	0.18
3.2	-55	54	0.50	0.32	-125	-16	0.16
6.5	-56	53	0.45	0.25	-126	-17	0.14
2.0	-57	52	0.40	0.20	-127	-18	0.13
2.6	-58	51	0.35	0.16	-128	-19	0.11
1.3	-59	50	0.32	0.13	-129	-20	0.10
1	-60	49	0.28	0.10	-130	-21	0.89
0.80	-61	48	0.25				
0.63	-62	47	0.22				
0.50	-63	46	0.20				
0.40	-64	45	0.18				

03 종합유선 방송법

[시행 1992.7.1.] [법률 제4494호, 1991.12.31., 제정]

제1장 총 칙

제1조 (목적) 이 법은 종합유선방송의 건전한 육성·발전과 이용자의 편의를 도모함으로써 국민문화의 향상과 공공복리의 증진에 이바지함을 목적으로 한다.

제2조 (정의) 이 법에서 사용하는 용어의 정의는 다음과 같다.

1. "종합유선방송"이라 함은 영상(문사 및 정시화상을 포함한다)·음성·음향 등을 유신전기통신시설을 이용하여 수신자에게 송신하는 다채널방송을 말한다.
2. "종합유선방송시설"이라 함은 종합유선방송국시설과 전송선로시설을 말한다.
3. "종합유선방송국시설"이라 함은 종합유선방송을 편성·운행·송출하기 위하여 종합유선방송국안에 설치하는 설비를 말한다.
4. "전송선로시설"이라 함은 종합유선방송을 전송하는 데 필요한 선로설비를 말한다.
5. "종합유선방송국"이라 함은 종합유선방송국시설을 갖추고 프로그램공급업의 허가를 받은 자로부터 방송프로그램을 공급받아 종합유선방송을 송출하는 사업체를 말한다.
6. "프로그램공급업"이라 함은 종합유선방송국에 방송프로그램을 공급하는 영업을 말한다.
7. "전송망사업"이라 함은 전송선로시설을 설치·운영하는 영업을 말한다.
8. "종합유선방송구역"이라 함은 종합유선방송국이 종합유선방송의 역무를 제공하는 업무구역을 말한다.
9. "수신자"라 함은 종합유선방송을 수신하기 위하여 종합유선방송국과 가입계약을 체결한 자를 말한다.
10. "동시재송신"이라 함은 방송법에 의한 방송국의 무선방송을 수신하여 그 방송프로그램에 변경을 가하지 아니하고 그대로 동시에 재송신하는 것을 말한다.

제3조 (정부의 시책) 공보처장관은 이 법의 목적을 달성하기 위하여 종합유선방송에 관한 기본적이고 종합적인 시책을 강구하여야 한다.

제4조 (겸영제한 등) ① 종합유선방송국·프로그램공급업·전송망사업은 상호 겸영(주식 또는 지분의 소유를 포함한다. 이하 같다)할 수 없다. 다만, 종합유선방송의 기술개발 및 그 표

준화, 사회적 · 경제적 수용성 조사 등을 위하여 특히 필요하다고 인정하여 대통령령이 정하는 정부투자기관 기타 공공단체에 대하여 공보처장관이 종합유선방송국을 허가하는 경우에는 그러하지 아니하다.

② 종합유선방송국은 상호 겸영할 수 없다. 다만, 제8조제3항제2호의 규정에 의하여 공보처장관이 지정하는 지역의 종합유선방송국을 추가운영하는 경우에는 그러하지 아니하다.

③ 종합유선방송국과 방송법에 의한 방송국(이하 "무선방송국"이라 한다)은 상호 겸영할 수 없다.

④ 종합유선방송국과 정기간행물의등록등에관한법률에 의한 일간신문 · 통신은 상호 겸영할 수 없다.

⑤ 대통령령이 정하는 대기업과 그 계열기업은 종합유선방송국을 경영하거나 그 주식 또는 지분을 소유할 수 없다.

⑥ 특정이념 또는 사상을 지지 · 옹호하는 정당 · 종교단체는 종합유선방송국을 경영하거나 그 주식 또는 지분을 소유할 수 없다.

⑦ 제1항 내지 제5항의 규정에 의한 겸영 및 경영금지대상자와 특수한 관계에 있는 자는 종합유선방송국을 경영하거나 그 주식 또는 지분을 소유할 수 없다. 이 경우 특수한 관계에 있는 자의 범위는 대통령령으로 정한다.

⑧ 제1항 내지 제7항의 규정에 위반하여 주식 또는 지분을 소유한 자는 그 소유분에 대한 의결권을 행사할 수 없다.

⑨ 종합유선방송국의 장은 매년 말 당해 종합유선방송국의 재산상황을 공고하고, 그 내용을 공보처장관에게 제출하여야 한다.

제5조 (결격사유) ① 국가 · 지방자치단체 또는 법인이 아닌 자는 종합유선방송국 · 프로그램공급업 및 전송망사업(이하 "종합유선방송사업"이라 한다)을 할 수 없다. 제21조의 규정에 의하여 허가 또는 지정이 취소된 후 2년이 경과되지 아니한 자의 경우에도 또한 같다.

② 다음 각호의 1에 해당하는 자는 종합유선방송사업을 행하는 법인의 대표자 · 이사 · 감사 및 편성책임자가 될 수 없다.

1. 대한민국의 국적을 가지지 아니한 자
2. 대한민국에 주소를 두지 아니한 자
3. 미성년자 · 한정치산자 · 금치산자
4. 파산선고를 받은 자로서 복권되지 아니한 자
5. 형법 제87조 내지 제90조 · 제92조 내지 제101조, 군형법 제5조 내지 제8조 · 제9조제2항 · 제11조 내지 제16조 또는 국가보안법 제3조 내지 제9조의 죄를 범하여 금고이상의 형의 선고를 받고 그 형의 집행이 종료되지 아니하거나 집행을 받지 아니하기로 확정되

지 아니하거나 집행유예의 기간이 종료되지 아니한 자

6. 보안관찰법에 의한 보안관찰처분이나 사회보호법에 의한 보호처분의 집행중에 있는 자
7. 외국의 법인 또는 단체의 대표자
8. 제1호 내지 제7호 각호의 1에 해당하는 자가 의결권의 100분의 5이상을 가지는 법인 또는 단체의 대표자

제6조 (**외국자본의 유입제한**) 종합유선방송사업자는 외국인 또는 외국의 정부나 단체로부터 기부금·찬조금 기타 어떠한 명목으로도 재산상의 출연을 받지 못한다.

제2장 종합유선방송사업

제7조 (**종합유선방송국의 허가**) ① 종합유선방송국을 운영하고자 하는 자는 대통령령이 정하는 바에 따라 서울특별시장·직할시장 또는 도지사(이하 "시·도지사"라 한다)를 거쳐 공보처장관의 허가를 받아야 한다.

② 공보처장관은 제1항의 규정에 의한 허가를 하고자 할 때에는 다음 각호의 사항을 심사하여야 한다.

1. 종합유선방송의 목적과 내용이 법령에 위반되지 아니하고 국가의 이익을 저해하지 아니할 것
2. 종합유선방송의 지역적·사회적·문화적 필요성과 타당성이 있을 것
3. 종합유선방송국의 운영을 통하여 지역사회의 발전에 이바지할 수 있을 것
4. 종합유선방송국을 운영할 수 있는 충분한 재정적 능력이 있을 것
5. 종합유선방송국시설의 설치계획이 합리적이고 제33조의 규정에 의한 기술기준에 적합하며, 종합유선방송국을 운영할 수 있는 기술적 능력을 갖출 것

③ 공보처장관은 제2항제2호 내지 제4호에 관한 사항의 심사에 있어서는 시·도지사의 의견을 들어야 한다.

④ 공보처장관은 제2항제5호에 관한 사항의 심사에 있어서는 체신부장관과 합의하여야 한다.

⑤ 공보처장관은 제1항의 규정에 의한 허가를 한 때에는 이를 관계행정기관의 장 및 시·도지사에게 통보하여야 한다.

제8조 (**지역사업권**) ① 공보처장관은 제7조의 규정에 의한 허가를 함에 있어서는 일정한 종합유선방송구역을 전담하여 운영하는 권리(이하 "지역사업권"이라 한다)를 부여할 수 있다.

② 제1항의 규정에 의한 종합유선방송구역은 행정구역을 중심으로 전기통신회선설비, 지역주민의 생활권 및 지리적 여건 등을 참작하여 대통령령이 정하는 바에 따라 공보처장관이

지정 · 고시한다.

③ 공보처장관은 제1항의 규정에 의한 지역사업권을 부여함에 있어서는 다음 각호의 사항에 관하여 필요한 조건을 붙일 수 있다.

1. 공공의 이익증진과 수신자의 편의도모
2. 지역간의 균형을 위하여 공보처장관이 지정하는 지역에 대한 종합유선방송국의 추가운영
3. 허가사항의 확실한 이행

④ 공보처장관은 제1항의 규정에 의한 지역사업권을 부여받은 자로부터 대통령령이 정하는 바에 따라 연간 총수익의 10퍼센트의 범위안에서 지역사업권료를 징수할 수 있다.

제9조 (종합유선방송국시설의 설치 및 준공검사등) ① 제7조의 규정에 의하여 허가를 받은 종합유선방송국은 대통령령이 정하는 기한까지 종합유선방송국시설을 설치하고, 체신부장관의 준공검사를 받아야 한다. 설치한 종합유선방송국시설을 변경한 때에도 또한 같다.

② 종합유선방송국은 천재 · 지변 등 불가항력적인 사유로 제1항의 규정에 의한 기한까지 종합유선방송국시설을 설치할 수 없는 경우에는 대통령령이 정하는 바에 따라 체신부장관에게 시설설치기한의 연기를 신청할 수 있다.

③ 종합유선방송국은 제1항의 규정에 의하여 체신부장관으로부터 종합유선방송국시설에 대하여 준공검사를 받은 때에는 대통령령이 정하는 바에 따라 지체없이 공보처장관에게 이를 신고하여야 한다.

제10조 (변경허가) ① 종합유선방송국은 허가받은 사항을 변경하고자 할 때에는 대통령령이 정하는 바에 따라 공보처장관의 허가를 받아야 한다. 다만, 대통령령이 정하는 경미한 사항에 관하여는 미리 공보처장관에게 신고하고 이를 변경할 수 있다.

② 공보처장관이 제1항의 규정에 의한 변경허가를 하고자 하는 경우에 그 변경허가사항이 종합유선방송국시설의 변경을 수반할 때에는 그 시설에 관한 사항은 체신부장관과 합의하여야 한다.

③ 공보처장관은 제1항의 규정에 의한 변경허가를 한 때에는 이를 관계행정기관의 장 및 시 · 도지사에게 통보하여야 한다.

제11조 (허가의 유효기간) 종합유선방송국의 허가의 유효기간은 5년을 초과하지 아니하는 범위내에서 대통령령으로 정한다.

제12조 (재허가) ① 종합유선방송국의 허가를 받은 자가 허가의 유효기간 만료후에도 종합유선방송국을 운영하고자 할 때에는 대통령령이 정하는 바에 따라 공보처장관의 재허가를 받아야 한다.

② 공보처장관은 제1항의 규정에 의한 재허가를 하고자 할 때에는 제7조제2항 각호의 사항

외에 다음 각호의 사항을 심사하여야 한다.

1. 이 법을 위반하지 아니하고 허가조건을 성실히 이행하였는지의 여부
2. 종합유선방송국의 역무제공이 당해 지역주민의 의사를 합리적으로 수용하고 있는지의 여부

③ 공보처장관은 제2항의 규정에 의한 심사결과 재허가를 하는 것이 부적합하다고 인정하는 경우에는 제2항제2호의 사항에 대한 시·도지사의 의견을 들어야 한다.

④ 공보처장관은 제1항의 규정에 의한 재허가를 한 때에는 이를 관계 행정기관의 장 및 시·도지사에게 통보하여야 한다.

제13조 **(프로그램공급업의 허가)** ① 프로그램공급업을 하고자 하는 자는 대통령령이 정하는 바에 따라 종합유선방송위원회를 거쳐 공보처장관의 허가를 받아야 한다. 허가사항을 변경하고자 할 때에도 또한 같다.

② 공보처장관은 제1항의 규정에 의한 허가를 하고자 할 때에는 다음 각호의 사항을 심사하여야 한다.

1. 프로그램공급업의 목적과 내용이 법령에 위반되지 아니할 것
2. 제15조제2항의 규정에 의한 일정비율이상의 방송프로그램을 제작할 수 있는 능력을 갖출 것

③ 공보처장관은 제2항 각호에 관한 사항의 심사에 있어서는 종합유선방송위원회의 의견을 들어야 한다.

④ 공보처장관은 제1항의 규정에 의한 허가를 함에 있어서 방송프로그램의 원활한 공급을 위하여 특히 필요하다고 인정하는 경우 정부투자기관 등 대통령령이 정하는 자에 대하여는 제2항제2호의 규정을 적용하지 아니할 수 있다.

제14조 **(방송프로그램 공급분야의 지정)** 공보처장관은 제13조의 규정에 의한 허가를 함에 있어서는 방송프로그램의 공급이 특정분야에 편중되지 아니하고 그 전문성과 다양성이 실현될 수 있도록 하기 위하여 방송프로그램의 공급분야를 지정할 수 있다.

제15조 **(방송프로그램의 공급 등)** ① 제13조의 규정에 의하여 프로그램공급업의 허가를 받은 자(이하 "프로그램공급자"라 한다)는 공정하고 합리적인 시장가격으로 양질의 방송프로그램을 종합유선방송국에 공급하여야 하며, 정당한 이유없이 이를 거부하여서는 아니된다.

② 프로그램공급자는 대통령령이 정하는 바에 따라 일정비율이상의 방송프로그램을 제작하여야 한다. 다만, 공보처장관이 제13조제4항의 규정에 의하여 방송프로그램의 제작능력을 갖출 것을 요하지 아니한다고 인정하는 자의 경우에는 그리하지 아니하다.

제16조 **(외국 방송프로그램의 수입 등)** ① 프로그램공급자가 외국의 방송프로그램을 수입하거나 외국의 방송을 중계(재편집하여 중계하는 경우를 포함한다. 이하 같다)하고자 할 때에는

대통령령이 정하는 바에 따라 공보처장관의 승인을 얻어야 한다.

② 프로그램공급자가 외국의 프로그램제작업자와 공동으로 방송프로그램을 제작하고자 할 때에는 대통령령이 정하는 바에 따라 공보처장관의 승인을 얻어야 한다.

제17조 (전송망사업자의 지정) ①전송망사업을 하고자 하는 자는 체신부장관의 지정을 받아야 한다.

② 체신부장관은 제1항의 규정에 의한 지정을 한 때에는 이를 공보처장관에게 통보하여야 한다.

제18조 (전송선로시설의 설치) 제17조의 규정에 의하여 지정을 받은 자(이하 "전송망사업자"라 한다)는 제7조의 규정에 의하여 허가된 종합유선방송국의 방송구역에 전송선로시설을 설치하여 종합유선방송국이 이를 사용할 수 있도록 하여야 한다.

제19조 (전송망사업자의 시설설치 등) ①전송망사업자는 종합유선방송국으로부터 전송선로시설의 설치요구를 받은 때에는 대통령령이 정하는 기한까지 이를 설치하고, 전기통신기본법 제25조의 규정에 의한 기술기준에 적합한 지의 여부에 관하여 체신부장관의 확인을 받아야 한다. 설치한 전송선로시설을 변경한 때에도 또한 같다.

② 전송망사업자는 천재·지변 등 불가항력적인 사유로 제1항의 규정에 의한 기한까지 전송선로시설을 설치할 수 없는 경우에는 대통령령이 정하는 바에 따라 체신부장관에게 시설설치기한의 연기를 신청할 수 있다.

③ 체신부장관은 제1항의 규정에 의한 확인결과를 공보처장관에게 통보하여야 한다.

제20조 (전송선로시설의 이용) ①종합유선방송국은 전송망사업자가 설치한 전송선로시설을 이용하여야 한다.

② 전송망사업자는 대통령령이 정하는 바에 따라 전송선로시설이용료 기타 이용조건에 관한 약관(이하 "이용약관"이라 한다)을 정하여 체신부장관의 승인을 얻어야 한다. 이를 변경하고자 할 때에도 또한 같다.

③ 체신부장관이 제2항의 규정에 의한 승인을 하고자 할 때에는 다음 각호의 기준에 적합한 지의 여부를 검토하여야 한다.

1. 이용료가 적정할 것
2. 전송망사업자와 전송선로이용자의 책임에 관한 사항이 공평하고 명확할 것
3. 특정인에 대하여 부당한 차별을 하지 아니할 것

④ 체신부장관은 제2항의 규정에 의하여 이용약관을 승인하거나 변경승인하고자 할 경우 전송선로시설이용료에 관한 사항은 미리 공보처장관과 합의하여야 한다.

제21조 (허가의 취소 등) ①공보처장관은 종합유선방송국이 다음 각호의 1에 해당할 때에는 그 허가를 취소하거나 3월 이내의 기간을 정하여 그 업무의 전부 또는 일부의 정지를 명할 수

있다.

1. 사위 기타 부정한 방법으로 제7조제1항 · 제10조제1항 또는 제12조제1항의 규정에 의한 허가 · 변경허가 또는 재허가를 받은 때
2. 제4조제1항 내지 제4항의 규정에 의한 겸영금지에 위반된 때
3. 제4조제5항 내지 제7항의 규정에 의한 대기업 · 그 계열기업 등이 당해 종합유선방송국을 경영하게 된 때
4. 제6조의 규정에 위반하여 재산의 출연을 받은 때
5. 제9조제1항의 규정에 의한 기한(제9조제2항의 규정에 의한 기한의 연기를 받은 경우에는 연기된 기한)까지 종합유선방송국시설의 준공검사를 받지 아니한 때
6. 제26조제1항 · 제2항 또는 제4항의 규정에 위반하여 광고방송을 한 때
7. 제47조의 규정에 의한 시정명령을 위반한 때
8. 제48조제1항의 규정에 의한 시설개선명령을 위반한 때
9. 대통령령이 정하는 기간이상 종합유선방송을 하지 아니한 때

② 공보처장관은 프로그램공급자가 다음 각호의 1에 해당할 때에는 그 허가를 취소하거나 3월 이내의 기간을 정하여 그 업무의 전부 또는 일부의 정지를 명할 수 있다.

1. 사위 기타 부정한 방법으로 제13조제1항의 규정에 의한 허가를 받은 때
2. 제4조제1항의 규정에 의한 겸영금지에 위반된 때
3. 제6조의 규정에 위반하여 재산의 출연을 받은 때
4. 제14조의 규정에 의하여 지정된 공급분야외의 분야의 방송프로그램을 공급한 때
5. 제15조제1항의 규정에 위반하여 정당한 이유없이 방송프로그램의 공급을 거부한 때
6. 제16조의 규정에 의한 승인을 얻지 아니하고 외국의 방송프로그램을 수입하거나 외국의 방송을 중계하거나 외국의 프로그램제작업자와 공동으로 방송프로그램을 제작한 때
7. 제47조의 규정에 의한 시정명령을 위반한 때
8. 대통령령이 정하는 기간이상 방송프로그램을 공급한 실적이 없는 때

③ 체신부장관은 전송망사업자가 다음 각호의 1에 해당할 때에는 그 지정을 취소하거나 3월 이내의 기간을 정하여 그 업무의 전부 또는 일부의 정지를 명할 수 있다.

1. 사위 기타 부정한 방법으로 제17조제1항의 규정에 의한 지정을 받은 때
2. 제19조제1항의 규정에 의한 기한(제19조제2항의 규정에 의한 기한의 연기를 받은 경우에는 연기된 기한)까지 확인을 받지 아니한 때
3. 제48조제1항의 규정에 의한 시설개선명령을 위반한 때

④ 공보처장관은 제1항의 규정에 의한 처분을 하고자 할 때에는 시 · 도지사의, 제2항의 규정에 의한 처분을 하고자 할 때에는 종합유선방송위원회의 의견을 각각 들어야 한다.

⑤ 체신부장관은 제3항의 규정에 의하여 지정을 취소한 때에는 이를 공보처장관에게 통보하여야 한다.

⑥ 공보처장관 또는 체신부장관은 종합유선방송사업자가 제1항 내지 제3항 각호의 1에 해당하여 업무정지처분을 하여야 할 경우로서 그 업무정지가 종합유선방송의 수신자에게 심한 불편을 주거나 기타 공익을 해할 우려가 있는 때에는 그 업무정지에 갈음하여 2천만원 이하의 과징금을 부과할 수 있다.

⑦ 제6항의 규정에 의한 과징금을 부과하는 위반행위의 종별과 과징금의 금액 기타 필요한 사항은 대통령령으로 정한다.

⑧ 공보처장관 또는 체신부장관은 제6항의 규정에 의한 과징금을 납부하여야 할 자가 납부기한까지 이를 납부하지 아니한 때에는 국세체납처분의 예에 의하여 이를 징수한다.

제3장 종합유선방송의 운영

제22조 (채널의 구성과 운용) ① 종합유선방송국의 채널은 방송분야의 다양성이 구현되도록 구성·운용되어야 하며, 특정분야에 편중되어서는 아니된다.

② 종합유선방송국은 대통령령이 정하는 바에 따라 국가가 공공의 목적으로 이용할 수 있는 채널을 두어야 한다.

③ 종합유선방송국은 대통령령이 정하는 바에 따라 스스로 제작한 지역정보 및 방송프로그램안내와 공지사항등을 송신하는 지역채널을 운용할 수 있다.

④ 종합유선방송국의 채널은 유상 또는 무상으로 타인에게 대여하거나 사용하게 할 수 없다.

제23조 (편성의 자유와 책임) ① 종합유선방송의 편성은 이 법이 정하는 바에 따르지 아니하고는 누구든지 이를 규제하거나 간섭할 수 없다.

② 종합유선방송국의 장은 편성책임자 및 광고책임자를 선임하고, 그 성명을 방송시간 내에 매일 1회 이상 공표하여야 하며, 편성책임자 및 광고책임자가 그 직무를 수행할 수 없을 때에는 즉시 그 대리인을 지정하여야 한다.

제24조 (편성기준) 종합유선방송국의 장은 방송프로그램을 편성함에 있어서는 다음 각호의 기준에 적합하도록 하여야 한다.

1. 제41조의 심의기준에 적합할 것
2. 사실을 왜곡하지 아니할 것
3. 기타 이 법의 규정에 위반되지 아니할 것

제25조 (외국방송프로그램의 편성) 외국에서 수입한 방송프로그램이 전체 방송프로그램에서 차

지하는 편성비율은 대통령령이 정하는 비율을 초과하지 아니하여야 한다.

제26조 (광고방송) ① 광고방송은 방송프로그램과 혼동되지 아니하도록 명확하게 구분되어야 한다.

② 광고방송의 시간과 회수 등은 종합유선방송의 편성·운행에 지장을 주지 아니하는 범위 안에서 대통령령으로 정한다.

③ 종합유선방송의 특성상 광고방송만을 하는 채널의 경우에는 제1항 및 제2항의 규정을 적용하지 아니한다.

④ 종합유선방송국은 공공의 이익을 증진시킬 목적으로 제작된 비상업적 공익광고를 대통령령이 정하는 비율이상 방송하여야 한다.

제27조 (무선방송의 동시재송신) ① 종합유선방송국은 대통령령이 정하는 무선방송국의 방송(라디오방송을 제외한다)을 동시재송신하여야 한다. 다만, 동시재송신하고자 하는 무선방송국의 방송구역 안에 당해 종합유선방송국의 방송구역이 포함되지 아니하는 경우에는 그러하지 아니하다.

② 제1항의 규정에 의한 동시재송신의 경우에는 당해 무선방송국이 가지는 저작권법 제69조의 동시중계방송권에 관한 규정은 이를 적용하지 아니한다.

제28조 (역무의 제공의무 및 약관승인) ① 종합유선방송국은 정당한 이유 없이 관할 종합유선방송구역에서 종합유선방송의 역무제공을 거부하여서는 아니된다.

② 종합유선방송국은 총리령이 정하는 바에 따라 수신료 기타 역무제공에 관한 약관을 정하여 공보처장관의 승인을 얻어야 한다. 이를 변경하고자 할 때에도 또한 같다.

③ 공보처장관이 제2항의 규정에 의한 승인을 하고자 할 때에는 다음 각호의 기준에 적합한 지의 여부를 검토하여야 한다.

1. 수신료가 적정할 것
2. 종합유선방송국과 수신자의 책임에 관한 사항이 공평하고 명확할 것
3. 특정인에 대하여 부당한 차별을 하지 아니할 것

④ 공보처장관은 제2항의 규정에 의한 약관을 승인하거나 변경승인하고자 할 때에는 종합유선방송위원회의 의견을 들어야 한다.

제29조 (업무의 신고) 종합유선방송국은 개국 2월전까지 대통령령이 정하는 바에 따라 종합유선방송의 역무제공에 관한 다음 각호의 사항을 공보처장관에게 신고하고, 종합유선방송위원회에 이를 통보하여야 한다. 이를 변경하고자 할 때에도 또한 같다.

1. 역무제공(동시재송신업무를 포함한다)의 종류와 조건
2. 채널의 구성과 운용내용
3. 편성기준·방송시간 및 방송프로그램

4. 수신계약자의 예상인원

5. 사업수지견적

6. 사용하는 시설 및 주파수

7. 종합유선방송국의 개국예정일

8. 기타 총리령이 정하는 사항

제30조 (**방송내용의 기록·보존**) ① 종합유선방송국은 방송일지를 비치하여 방송된 내용을 기록하여야 하며, 대통령령이 정하는 바에 따라 정기적으로 방송실시결과를 공보처장관과 종합유선방송위원회에 각각 제출하여야 한다.

② 종합유선방송국은 제22조제3항의 규정에 의하여 스스로 제작한 방송프로그램의 원본 또는 사본을 방송 후 1월간 보존하여야 한다.

③ 프로그램공급자는 종합유선방송국에 공급한 방송프로그램의 원본 또는 사본을 방송 후 1월간 보존하여야 한다.

제31조 (**폐업 및 휴업신고**) ① 종합유선방송국이 그 업무를 폐업하고자 할 때에는 대통령령이 정하는 바에 따라 지체없이 공보처장관에게 이를 신고하여야 한다.

② 종합유선방송국은 천재·지변 등 불가항력적인 사유가 있는 경우에 한하여 휴업할 수 있다. 이 경우 종합유선방송국은 대통령령이 정하는 바에 따라 지체없이 공보처장관에게 이를 신고하여야 한다.

제32조 (**지사 등의 설치**) ① 종합유선방송국 또는 프로그램공급자가 외국에 지사 또는 지국을 설치하고자 할 때에는 대통령령이 정하는 바에 따라 공보처장관의 승인을 얻어야 한다. 이를 변경하고자 할 때에도 또한 같다.

② 외국의 유선방송사업자가 국내에 지사 또는 지국을 설치하고자 할 때에는 대통령령이 정하는 바에 따라 공보처장관의 허가를 받아야 한다. 이를 변경하고자 할 때에도 또한 같다.

③ 공보처장관은 제2항의 규정에 의하여 허가받은 지사 또는 지국이 다음 각호의 1에 해당할 때에는 그 허가를 취소할 수 있다.

1. 사위 기타 부정한 방법으로 허가를 받은 사실이 있을 때
2. 허가조건을 위반한 때
3. 제2항의 규정에 의한 유선방송사업자가 대한민국의 국헌을 문란하게 하거나 그 위신을 손상하게 하는 방송을 한 때

제33조 (**종합유선방송국시설 등의 기술기준**) 종합유선방송국시설의 설치 및 유지에 관한 사항과 전송선로시설의 분계점등에 관한 사항은 체신부령이 정하는 기술기준(이하 "기술기준"이라 한다)에 의한다.

제4장 종합유선방송위원회

제34조 (종합유선방송위원회의 설치) ① 종합유선방송의 공공성 · 윤리성 및 방송내용의 질적 향상을 도모하기 위하여 종합유선방송위원회(이하 "위원회"라 한다)를 둔다.

② 위원회는 위원장 · 부위원장 각 1인을 포함한 7인 이상 11인 이내의 위원으로 구성한다.

③ 위원장과 부위원장은 위원중에서 호선한다.

④ 위원회에는 위원장을 포함한 3인 이내의 상임위원을 둘 수 있다.

⑤ 위원은 방송관계전문가, 변호사의 자격이 있는 자등 대통령령이 정하는 자중에서 공보처장관이 임명한다.

⑥ 위원장은 위원회를 대표하고 위원회의 업무를 통할하며, 부위원장은 위원장이 사고가 있을 때에는 그 업무를 대행한다.

⑦ 기타 위원회의 구성 · 운영 등에 관하여 필요한 사항은 대통령령으로 정한다.

제35조 (위원의 임기) ① 위원장 · 부위원장을 포함한 위원의 임기는 3년으로 한다.

② 위원이 결원이 생긴 때에는 제34조의 규정에 의하여 그 보궐위원을 임명하여야 하며, 보궐위원의 임기는 전임자의 잔임기간으로 한다.

제36조 (위원의 결격사유) 다음 각호의 1에 해당하는 자는 위원이 될 수 없다.

1. 공무원(교육공무원 및 법관을 제외한다)
2. 정당법에 의한 정당원
3. 종합유선방송사업에 종사하는 자
4. 국가공무원법 제33조 각호의 1에 해당하는 자

제37조 (위원의 직무상 독립과 신분보장) ① 위원은 임기중 직무상 외부의 어떠한 지시나 간섭을 받지 아니한다.

② 위원은 다음 각호의 1에 해당하는 경우를 제외하고는 그의 의사에 반하여 면직되지 아니한다.

1. 금고이상의 형의 선고를 받은 경우
2. 장기간의 심신상의 장애로 직무를 수행할 수 없게 된 경우

제38조 (위원회의 직무) ① 위원회는 다음 각호의 사항을 심의 · 의결한다.

1. 종합유선방송내용의 공공성과 윤리성에 관한 사항
2. 제13조제3항 · 제21조제4항 및 제28조제4항의 규정에 의한 위원회의 의견제시에 관한 사항
3. 수신자의 고충에 관한 조사 및 건의에 관한 사항
4. 위원회규칙의 제정 및 개폐에 관한 사항

② 위원회는 제1항제1호의 규정에 의한 사항을 심의·의결함에 있어서 다음 각호의 방송물에 대하여는 방송되기 전에 그 방송여부를 심의·의결할 수 있다.

1. 방송용 극영화와 만화영화(비디오물 등을 포함한다)
2. 외국의 방송프로그램(운동경기 등의 중계 및 보도에 관한 방송프로그램을 제외한다)
3. 광고방송

③ 위원회는 종합유선방송내용이 제41조의 규정에 의한 심의기준에 위반될 때에는 종합유선방송국 또는 프로그램공급자에게 경고·해명·사과·정정, 당해 광고방송 또는 방송프로그램의 중단(이하 "시정조치"라 한다)을 명할 수 있다.

④ 위원회는 시정조치를 명하고자 할 때에는 미리 당사자 또는 그 대리인에게 의견을 진술할 기회를 주어야 한다. 다만, 당사자 또는 그 대리인이 정당한 사유없이 이에 응하지 아니하거나 주소불명등으로 의견진술의 기회를 줄 수 없는 경우에는 그러하지 아니하다.

⑤ 제3항의 규정에 의한 명령을 받은 종합유선방송국 또는 프로그램공급자는 14일 이내에 그 명령을 이행한 후 그 결과를 위원회에 보고하여야 한다.

⑥ 위원회는 제3항의 규정에 의한 명령을 한 때 또는 제5항의 규정에 의한 보고를 받은 때에는 지체없이 이를 공보처장관에게 통보하여야 한다.

제39조 (의결정족수) 위원회의 의사는 재적위원 3분의 2이상의 출석과 출석위원 과반수의 찬성으로 의결한다.

제40조 (심의실무기구의 설치) ① 위원회는 제38조제1항제1호 및 동조제2항의 규정에 의한 심의업무를 보좌하게 하기 위하여 심의실무기구를 둘 수 있다.

② 심의실무기구의 조직과 운영에 관하여 필요한 사항은 위원회규칙으로 정한다.

제41조 (심의기준) 위원회는 제38조제1항제1호의 사항을 심의하기 위하여 다음 각호의 사항을 포함하는 심의기준을 위원회규칙으로 제정·공표하여야 한다.

1. 헌법의 민주적 기본질서의 유지와 인권존중에 관한 사항
2. 건전한 가정생활과 아동 및 청소년의 선도에 관한 사항
3. 음란·퇴폐·폭력을 배제하고, 공중도덕과 사회윤리를 신장하는 사항
4. 국제적 우의를 훼손하지 아니하도록 하는 사항
5. 민족의 주체성 함양에 관한 사항
6. 민족문화의 창조적 계발에 관한 사항
7. 보도·논평의 공정성에 관한 사항
8. 제38조의 규정에 의한 시정조치에 관한 사항

제42조 (사무국) ① 위원회의 사무를 보조하게 하기 위하여 위원회에 사무국을 둔다.

② 사무국에 사무국장 1인과 필요한 직원을 두되, 위원장이 임명한다. 이 경우 사무국장을

임명할 때에는 위원회의 동의를 얻어야 한다.

③ 사무국의 조직·운영과 사무국직원의 보수 기타 필요한 사항은 위원회규칙으로 정한다.

제43조 (**위원회규칙**) 위원장은 위원회의 의결을 거쳐 위원회의 운영에 관한 규칙을 제정할 수 있다.

제44조 (**국고보조금**) 국가는 예산의 범위안에서 위원회에 국고보조금을 지급할 수 있다.

제5장 침해에 대한 구제

제45조 (**정정보도청구권**) ① 종합유선방송에 공표된 사실적 주장에 의하여 피해를 받은 자(이하 "피해자"라 한다)는 그 공표가 이루어진 날부터 30일 이내에 서면으로 종합유선방송국의 장이나 편성책임자에게 정정보도의 방송을 청구할 수 있다.

② 정정보도청구서에는 피해자 또는 그 대리인의 서명·날인과 주소를 기재하고, 이의대상인 보도내용과 방송을 요청하는 정정보도문을 첨부하여야 한다.

③ 종합유선방송국의 장 또는 편성책임자는 정정보도청구를 받은 때에는 지체없이 피해자 또는 대리인과 정정보도의 내용 등에 관하여 협의한 후 이를 무료로 방송하여야 한다. 다만, 피해자가 정정보도청구권의 행사에 정당한 이익을 가지지 아니하는 경우나 청구된 정정보도의 청구내용이 명백히 사실에 반하는 경우 또는 상업적인 광고만을 목적으로 하는 경우에는 이의 방송을 거부할 수 있다.

④ 정정보도는 사실적 진술과 이를 명백히 전달하는 데 필요한 설명에 국한되고, 위법한 내용을 포함할 수 없다.

⑤ 정정보도문의 자수는 이의의 대상이 된 공표내용의 자수를 초과할 수 없다.

⑥ 종합유선방송국의 장 또는 편성책임자가 행하는 정정보도는 그 공표가 행하여진 것과 동일한 채널 및 시간대에 동일한 효과를 발생시킬 수 있는 방법으로 하여야 한다.

⑦ 제1항의 정정보도청구에 프로그램공급자가 함께 관련되어 있을 때에는 당해 프로그램공급자도 제6항의 규정에 의한 방법으로 정정보도의무를 이행하여야 한다.

⑧ 국가·지방자치단체 또는 공공단체의 공개회의와 법원의 공개재판절차에 관한 사실방송의 경우에는 제1항 내지 제7항의 규정을 적용하지 아니한다.

⑨ 종합유선방송에 관한 정정보도청구에 의한 분쟁의 중재와 그 절차에 관한 사항과 정정보도청구사건의 심판에 관한 사항 및 추후보도청구권에 관한 사항에 대하여는 정기간행물의등록 등에관한법률 제17조 내지 제20조의 규정을 준용한다.

제6장 보 칙

제46조 (보고 및 검사) ① 공보처장관은 종합유선방송의 질적 향상과 건전한 질서의 확립을 위하여 필요하다고 인정하는 경우에는 종합유선방송사업자에 대하여 대통령령이 정하는 바에 따라 필요한 보고를 하게 하거나 관계공무원으로 하여금 사무소 또는 사업장등에 출입하여 관계서류 등을 검사하게 할 수 있다.

② 체신부장관은 종합유선방송국과 전송망사업자에 대하여 대통령령이 정하는 바에 따라 종합유선방송시설에 관하여 필요한 보고를 하게 하거나 관계공무원으로 하여금 당해 시설 또는 사업장등에 출입하여 그 시설·장비 등을 검사하게 할 수 있다.

③ 제1항 및 제2항의 규정에 의한 검사를 하는 관계공무원은 그 권한을 표시하는 증표를 지니고 이를 관계인에게 내보여야 한다.

제47조 (시정명령) 공보처장관은 종합유선방송사업자가 다음 각호의 1에 해당할 때에는 이의 시정을 명할 수 있다.

1. 이 법 또는 허가조건을 위반하고 있다고 인정될 때
2. 종합유선방송의 역무에 관한 사항이 수신자의 이익을 부당하게 저해하고 있다고 인정될 때

제48조 (시설개선명령) ① 체신부장관은 제46조제2항의 규정에 의한 검사결과 종합유선방송시설이 제33조의 규정에 의한 기술기준 또는 전기통신기본법 제25조의 규정에 의한 기술기준에 적합하지 아니할 때에는 그 시설의 보수·개수·이전 기타 필요한 조치(이하 "시설개선명령"이라 한다)를 명할 수 있다.

② 체신부장관은 제1항의 규정에 의한 시설개선명령을 한 때에는 그 내용을 지체없이 공보처장관에게 통보하여야 한다.

제49조 (종합유선방송협회) ① 종합유선방송사업자는 종합유선방송사업의 균형발전을 도모하고, 종합유선방송에 관한 조사·연구와 인력·기술개발을 하기 위하여 종합유선방송협회(이하 "협회"라 한다)를 설립한다.

② 협회는 법인으로 한다.

③ 협회는 종합유선방송사업자를 그 회원으로 한다.

④ 협회의 사업에 소요되는 경비는 회비·사업수입금등으로 충당한다.

⑤ 협회의 설립 및 운영 등에 관하여 필요한 사항은 대통령령으로 정한다.

⑥ 협회에 관하여 이 법에 규정된 것을 제외하고는 민법중 사단법인에 관한 규정을 준용한다.

제50조 (청문) 공보처장관 또는 체신부장관은 다음 각호의 1에 해당하는 경우에는 대통령령이

정하는 바에 따라 미리 당해 처분의 상대방 또는 그 대리인에게 의견을 진술할 기회를 주어야 한다. 다만, 당해 처분의 상대방 또는 그 대리인이 정당한 사유없이 이에 응하지 아니하거나 주소불명 등으로 의견진술의 기회를 줄 수 없는 경우에는 그러하지 아니하다.

1. 제12조의 규정에 의한 재허가를 하지 아니할 경우
2. 제21조의 규정에 의한 허가 또는 지정을 취소하거나 업무정지처분 또는 과징금 부과처분을 할 경우
3. 제32조제3항의 규정에 의한 허가를 취소할 경우

제51조 (수수료) 이 법에 의한 허가·변경허가·재허가 또는 지정의 신청을 하는 자와 종합유선방송시설의 준공검사를 받고자 하는 자는 총리령이 정하는 바에 따라 수수료를 납부하여야 한다. 이 경우 지정신청수수료 및 종합유선방송시설의 준공검사수수료에 관하여는 체신부장관과 합의하여야 한다.

제52조 (권한의 위임·위탁) 체신부장관은 제9조제1항의 준공검사권한을 대통령령이 정하는 바에 따라 체신청장에게 위임하거나 전파관리법에 의한 무선국관이사업단에 위탁할 수 있다.

제7장 벌 칙

제53조 (벌칙) 다음 각호의 1에 해당하는 자는 3년 이하의 징역 또는 2천만원이하의 벌금에 처한다.

1. 사위 기타 부정한 방법으로 제7조제1항·제12조제1항·제13조제1항 또는 제17조제1항의 규정에 의한 허가·재허가 또는 지정을 받아 종합유선방송사업을 한 자
2. 제7조제1항·제12조제1항·제13조제1항 또는 제17조제1항의 규정에 의한 허가·재허가 또는 지정을 받지 아니하고 종합유선방송사업을 한 자

제54조 (벌칙) 다음 각호의 1에 해당하는 자는 1년 이하의 징역 또는 1천만원이하의 벌금에 처한다.

1. 제4조제1항 내지 제4항의 규정에 의한 겸영금지를 위반한 자
2. 제4조제5항 또는 제7항의 규정에 위반하여 종합유선방송국을 경영하거나 그 주식 또는 지분을 소유한 자
3. 제6조의 규정에 위반하여 재산의 출연을 받은 자
4. 사위 기타 부정한 방법으로 제10조제1항의 규정에 의한 변경허가를 받아 종합유선방송국을 운영한 자
5. 제10조제1항의 규정에 의한 변경허가를 받지 아니하고 종합유선방송국을 운영한 자
6. 제16조의 규정에 의한 승인을 얻지 아니하고 외국의 방송프로그램을 수입하거나 외국의

방송을 중계하거나 외국의 프로그램제작업자와 공동으로 방송프로그램을 제작한 자

7. 제23조제1항의 규정에 의한 종합유선방송의 편성에 관하여 규제나 간섭을 한 자
8. 제32조제2항의 규정에 의한 허가 또는 변경허가를 받지 아니하고 국내에 지사 또는 지국을 설치한 자
9. 제38조제3항의 규정에 의한 명령을 위반한 자
10. 제41조의 규정에 의한 심의기준을 위반하여 공서량속을 현저히 해할 우려가 있는 음란물을 편성·송출한 자

제55조 (양벌규정) 법인의 대표자 또는 법인이나 개인의 대리인·사용인 기타 종업원이 그 법인 또는 개인의 업무에 관하여 제53조 또는 제54조의 위반행위를 한 때에는 행위자를 벌하는 외에 그 법인 또는 개인에 대하여도 각 해당 조의 벌금형을 과한다.

제56조 (과태료) ① 다음 각호의 1에 해당하는 자는 500만원 이하의 과태료에 처한다.

1. 제4조제9항의 규정에 의한 종합유선방송국의 재산상황을 공고하지 아니하거나 제출하지 아니한 자
2. 제9조제3항·제10조제1항 단서·제29조 또는 제31조의 규정에 의한 신고를 하지 아니한 자
3. 제15조제1항의 규정에 위반하여 정당한 이유없이 방송프로그램의 공급을 거부한 때
4. 제22조제4항의 규정에 위반하여 종합유선방송국의 채널을 타인에게 대여하거나 사용하게 한 자
5. 제25조의 규정에 의한 편성비율을 초과하여 외국에서 수입한 방송프로그램을 편성한 자
6. 제30조제1항의 규정에 의한 방송일지를 기록하지 아니하거나 허위로 기재한 자
7. 제30조제2항 또는 제3항의 규정에 의한 방송프로그램의 원본 또는 사본을 보존하지 아니한 자
8. 제32조제1항의 규정에 의한 승인 또는 변경승인을 얻지 아니하고 외국에 지사 또는 지국을 설치한 자
9. 제46조의 규정에 의한 보고를 하지 아니하거나 허위로 보고한 자 또는 검사를 거부·방해·기피한 자

② 제1항의 규정에 의한 과태료는 대통령령이 정하는 바에 따라 공보처장관 또는 체신부장관(이하 "부과권자"라 한다)이 부과·징수한다.

③ 제2항의 규정에 의한 과태료처분에 불복이 있는 자는 그 처분이 고지된 날부터 30일 이내에 부과권자에게 이의를 제기할 수 있다.

④ 제2항의 규정에 의하여 과태료처분을 받은 자가 제3항의 규정에 의하여 이의를 제기한 때에는 부과권자는 지체없이 관할법원에 그 사실을 통보하여야 하며, 그 통보를 받은 관할

법원은 비송사건절차법에 의한 과태료의 재판을 한다.

⑤ 제3항의 규정에 의한 기간 내에 이의를 제기하지 아니하고 과태료를 납부하지 아니한 때에는 국세체납처분의 예에 의하여 이를 징수한다.

부칙 〈법률 제4494호, 1991.12.31.〉

① (시행일) 이 법은 1992년 7월 1일부터 시행한다. 다만, 제4장(제34조 내지 제44조)의 규정은 공포한 날부터 시행한다.

② (종합유선방송개시에 관한 특례) 제7조의 규정에 의하여 허가받은 종합유선방송국은 1993년 1월 1일 이후에 종합유선방송(시험방송을 포함한다)을 개시할 수 있다. 다만, 이 법 공포당시 실시중인 시험방송인 경우에는 그러하지 아니하다.

③ (다른 법률의 개정) 유선방송관리법중 다음과 같이 개정한다.

제2조제1호를 다음과 같이 한다.

1. "유선방송"이라 함은 유선전기통신시설을 이용하여 음성·음향 또는 영상(문자 및 정지화상을 포함한다. 이하 같다)을 공중에게 전파하기 위하여 송신하는 것으로서 중계유선방송·음악유선방송 및 자가유선방송을 말한다.

제3조제2항 단서를 삭제하고, 동조에 제3항을 다음과 같이 신설한다.

③ 제2항의 규정에 의한 유효기간이 만료된 때에는 재허가를 할 수 있다. 다만, 3회이상 제15조의 규정에 의한 유선방송범위를 반복하여 위반한 자에 대하여는 그러하지 아니하다.

제15조제1항제1호를 다음과 같이 한다.

1. 중계유선방송사업자는 방송국의 방송에 한한 중계송신 제5조제4항 및 제24조제1호중 "제3조제2항"을 각각 "제3조제3항"으로 한다.

04 종합유선방송국 시설 등의 기술기준에 관한 규칙

[시행 1997.4.1.] [정보통신부령 제36호, 1997.4.1., 전부개정]

제1장 총 clr

제1조 (목적) 이 규칙은 종합유선방송법 제33조, 건축법시행령 제98조 및 주택건설기준등에관한규정 제42조의 규정에 의하여 종합유선방송국의 설치 · 유지와 전송선로시설의 분계점 및 구내전송선로용배관의 설치등에 관한 사항을 규정함을 목적으로 한다.

제2조 (정의) ① 이 규칙에서 사용하는 용어의 정의는 다음과 같다.

1. "영상신호"라 함은 주사에 따라 생기는 직접적인 전기적 변화로서 정지 또는 이동하는 사물의 순간적 영상을 전송하기 위한 신호를 말한다.
2. "음성신호"라 함은 음성 기타 음향에 따라 생기는 직접적인 전기적 변화로서 음성 기타 음향을 전송하기 위한 신호를 말한다.
3. "기저대역"이라 함은 변조하기 전의 정보를 포함하고 있는 주파수대역을 말한다.
4. "구내전송선로설비"라 함은 종합유선방송을 수신하기 위하여 수신자가 설치하는 선로 · 관로 · 배관 · 증폭기 · 분배기 및 분기기등과 그 부대설비로서 건축법시행령 제98조 및 주택건설기준등에관한규정 제42조의 규정에 의하여 건축물에 설치하는 종합유선방송전송선로설비를 말한다.
5. "분배기"라 함은 입력신호 에너지를 2이상으로 분배하는 장치를 말한다.
6. "분기기"라 함은 입력신호 에너지를 간선에서 지선으로 나누는 장치를 말한다.
7. "보호기"라 함은 낙뢰 또는 강전류 전선과의 접촉 등에 의한 이상전류 또는 이상전압의 유입을 제한하거나 차단하는 장치를 말한다.
8. "증폭기"라 함은 동축케이블 · 분배기 및 분기기 등에 의한 상 · 하향신호의 전송손실을 보상하기 위하여 사용하는 장치를 말한다.

② 제1항외에 이 규칙에서 사용하는 용어의 정의는 종합유선방송법이 정하는 바에 따른다.

제3조 (분계점) ① 종합유선방송국시설과 전송선로시설의 분계점은 다음 각호와 같다.

1. 종합유선방송국시설에 접속하는 전송선로시설이 동축케이블인 경우 : 진폭변조기(진폭변조기가 혼합기와 연결되어 설치된 경우에는 혼합기를 말한다)와 동축케이블의 최초 접속점

2. 종합유선방송국시설에 접속하는 전송선로시설이 광케이블인 경우에는 다음 각목의 1에 해당하는 접속점

가. 진폭변조방식 : 진폭변조기(진폭변조기가 혼합기와 연결되어 설치된 경우에는 혼합기를 말한다)와 광송신기의 최초 접속점

나. 주파수변조방식 : 주파수변조기(주파수변조기가 혼합기와 연결되어 설치된 경우에는 혼합기를 말한다)와 광송신기의 최초 접속점

다. 펄스변조방식 또는 디지털변조방식 : 텔레비전 인코더(텔레비전인코더가 변조기 및 혼합기와 연결되어 설치된 경우에는 혼합기를 말한다)와 광송신기의 최초 접속점

② 제1항제2호의 규정에 불구하고 텔레비전인코더 · 변조기 또는 혼합기 등에 광송신 기능이 내장된 경우에는 종합유선방송국과 전송망사업자가 상호협의하여 정하는 점을 그 분계점으로 한다.

③ 전송선로시설과 구내전송선로설비의 분계점은 전송선로시설과 건축법시행령 제98조의 규정에 의한 종합유선방송전송선로설비의 최초 접속점으로 한다.

제4조 (표준전송방식) 무선설비규칙 제36조 및 제42조의 규정은 종합유선방송의 텔레비전방송 및 초단파방송의 표준전송방식에 관하여 이를 준용한다.

제2장 종합유선방송국시설

제5조 (수신공중선) ①동시재송신을 위한 수신공중선은 다음 사람의 수신설비 또는 전기통신설비로부터 1미터이상 떨어진 곳으로서 다른 사람의 수신설비 또는 전기통신설비에 장애가 되지 아니하는 곳에 설치하여야 한다. 다만, 그 다른 사람의 승낙을 얻은 경우에는 그러하지 아니하다.

② 무선설비규칙 제25조 내지 제27조의 규정은 제1항의 규정에 의한 수신공중선의 설치기준에 관하여 이를 준용한다.

제6조 (신호의 특성 및 질적 수준) ①종합유선방송국은 다음 각호의 구분에 따라 영상신호 및 음성신호를 주전송장치에 입력하여야 한다.

1. 영상신호인 경우에는 다음 각목의 특성에 적합할 것

가. 사용하여야 할 기저대역 주파수는 4.2[MHz] 범위안일 것 사용하여야 할 기저대역 주파수는 4.2[MHz] 범위안일 것사용하여야 할 기저대역 주파수는 4.2[MHz] 범위안일 것

나. 신호의 바레벨은 100±2IRE이내, 동기레벨은 40±2IRE 이내일것

다. 출력 임피던스는 75[Ω] 불평형일 것

2. 음성신호인 경우에는 다음 각목의 특성에 적합할 것

가. 사용하여야 할 기저대역 주파수는 50[Hz]에서 15[kHz] 범위안일 것

나. 출력의 레벨은 0[dbm]을 기준으로 하여 ±5데시벨이내일 것

다. 출력 임피던스는 600[Ω] 평형일 것

② 제1항의 규정에 의한 영상신호 및 음성신호는 별표 1의 질적수준에 적합하여야 한다.

제7조 (채널 등) ① 종합유선방송국이 사용할 수 있는 채널 및 주파수대역은 별표 2와 같다.

② 제1항의 규정에 의한 채널중 450[MHz]까지의 주파수대역채널은 종합유선방송용 기본채널로 하며, 그 이상의 주파수대역채널의 용도는 정보통신부장관이 정하여 고시한다.

③ 종합유선방송국은 특별한 사유가 없는 한 별표 2에 의한 채널중 채널번호가 낮은 것부터 사용하여야 한다.

제8조 (전원설비) ① 종합유선방송국용 전원설비는 종합유선방송국시설이 최대로 사용되는 때의 전력을 안정적으로 공급할 수 있는 용량으로서 동작 전압 · 전류를 항상 변동허용 범위안으로 유지할 수 있는 것이어야 한다.

② 제1항의 규정에 의한 전원설비에는 예비전원을 공급할 수 있는 설비를 갖추어야 한다. 이 경우 예비전원설비의 용량은 상용전원의 공급이 중단된 경우에 전력이 가장 많이 사용될 때를 기준으로 하여 3시간이상 공급할 수 있는 정도이어야 한다.

제9조 (측정 및 시험) 종합유선방송국은 매월 방송신호를 측정 · 시험하여 그 결과를 기록 · 관리하여야 한다.

제10조 (보호기 및 접지) ① 종합유선방송국시설 및 구내전송선로시설에는 보호기를 설치하여야 한다.

② 제1항의 규정에 의한 보호기의 성능 및 접지에 관하여는 정보통신부장관이 정하여 고시한다.

제11조 (주전송장치 등) ① 주전송장치의 전송방식은 진폭변조방식 · 주파수변조방식 · 펄스변조방식 또는 디지털변조방식으로 한다.

② 정보통신부장관은 다음 각호의 1에 해당하는 경우에는 종합유선방송국이 사용하는 주전송장치의 전송방식을 지정하거나 변경하도록 할 수 있다.

1. 기술의 발전에 따라 전송방식을 변경할 필요가 있는 경우
2. 방송구역의 규모 또는 형태에 따라 특정한 전송방식의 사용이 필요한 경우
3. 전송선로설비와 주전송장치의 호환성을 확보하기 위하여 필요한 경우

③ 제1항의 규정에 의한 주전송장치의 기술적 조건 및 특성에 관하여 필요한 사항은 정보통신부장관이 정하여 고시한다.

제3장 구내전송선로설비

제12조 (설치대상) 건축법시행령 제98조의 규정에 의하여 종합유선방송선로설비를 갖추어야 하는 건축물은 축사 · 차고 또는 창고 등 종합유선방송의 수요가 예상되지 아니하는 비주거용 건축물을 제외한 건축물로 한다.

제13조 (설치범위) ① 구내전송선로설비는 도로와 택지 또는 건축물의 경계점으로부터 건축물의 구내까지로 한다. 다만, 구내전송선로설비에 사용되는 동축케이블의 설치범위는 제15조의 규정에 의한 인입접속점으로부터 건축물의 구내까지로 한다.

② 다음 각호의 1에 해당하는 경우에는 종합유선방송의 구내전송선로용 배관을 따로 설치하지 아니할 수 있다.

1. 공동시청안테나시설과 종합유선방송구내전송선로설비를 공동으로 사용할 수 있는 경우
2. 건축법시행령 제98조의 규정에 의한 구내통신선로설비 또는 이동통신구내선로설비용 배관과 종합유선방송의 구내전송선로용 배관을 공동으로 사용할 수 있는 경우
3. 공동주택단지에 설치하는 공동구를 종합유선방송의 구내전송선로용 배관으로 사용할 수 있는 경우

제14조 (설치방법) ① 보호기는 원칙적으로 인입구 부근의 옥외에 설치하고 접지하여야 한다.

② 분기기 및 분배기는 임피던스의 변화 없이 신호를 분기 또는 분배할 수 있어야 하며, 유휴분기단자 및 유휴분배단자는 사용회선에 영향을 미치지 아니하도록 75[Ω]으로 종단하여야 한다.

③ 구내전송선로설비 및 배관의 곡률반경 및 완곡개소 등의 설치방법과 규격에 관하여 필요한 사항은 정보통신부장관이 정하여 고시한다.

제15조 (인입접속점) 종합유선방송법 제17조의 규정에 의한 전송망사업자가 설치한 동축케이블을 구내전송선로설비와 연결하기 위한 접속점은 구내전송선로설비중 보호기의 인입커넥터로 한다.

제16조 (사용되는 설비 및 조건) ① 구내전송선로설비에 사용되는 설비는 다음 각호와 같다.

1. 분기기 및 분배기
2. 동축케이블
3. 증폭기
4. 보호기

② 정보통신부장관은 제11조제2항의 규정에 의하여 주전송장치의 전송방식을 지정하거나 변경하도록 하는 경우에 제1항의 규정에 의한 구내전송선로설비를 변경하도록 할 수 있다.

③ 제1항의 규정에 의한 설비의 기술적 조건에 관하여 필요한 사항은 정보통신부장관이 정

하여 고시한다.

제17조 (증폭기) 구내전송선로설비에 사용되는 증폭기는 다음 각호의 기준에 적합하여야 한다.

1. 케이블의 특성에 의하여 자연적으로 감쇄된 상향신호 및 하향신호를 분리하여 증폭하는 기능이 있을 것
2. 수동으로 증폭기능을 조정할 수 있을 것
3. 등화기 및 감쇄기로 입력레벨을 등화 또는 감소할 수 있을 것
4. 전원을 수동으로 연결 또는 차단할 수 있어야 하며 접지단자를 구비할 것

제18조 (수신자설비) 종합유선방송을 수신하기 위한 수신자설비는 다음 각호의 기준에 적합하여야 한다.

1. 종합유선방송을 수신할 수 있는 주파수로 변환하는 기능이 있을 것
2. 자동 주파수조정기능 및 자동 이득조정기능이 있을 것

제19조 (다른 법령의 준용) 이 규칙에 규정된 사항 외에 종합유선방송국 시설 등의 기술기준에 관하여는 전기통신설비의기술기준에관한규칙 제41조 내지 제45조의 규정을 준용한다.

부칙 〈정보통신부령 제36호, 1997.4.1.〉

① (시행일) 이 규칙은 공포한 날부터 시행한다.

② (다른 법령의 개정) 텔레비전공동시청안테나시설등의기준에관한규칙중 다음과 같이 개정한다.

제1조 중 "텔레비전공동시청안테나시설 및 종합유선방송전송선로설비등"을 "텔레비전공동시청안테나시설"로 한다.

제2조 제1항제2호를 삭제한다.

제17조 중 "제15조"를 "제16조제3항"으로 한다.

제3장 내지 제5장(제18조 내지 제25조)을 각각 삭제한다.

③ (기존시설에 관한 경과조치) 이 규칙 시행당시 설치·운영 중인 종합유선방송국의 시설 및 구내전송선로설비의 기술적 조건에 대하여는 종전의 규정에 의한다.

[별표 1] 영상신호 및 음성신호의 질적수준[제6조 제2항 관련]

구 분	측 정 항 목		단 위	기준치	비 고
영상신호	주파수 특 성	0.5MHz	dB	(—)0.26 ~ 0.26	
		1.0MHz		(—)0.35 ~ 0.34	
		2.0MHz		(—)0.54 ~ 0.51	
		3.0MHz		(—)0.63 ~ 0.59	
		3.6MHz		(—)0.35 ~ 0.34	
		4.2MHz		(—)0.72 ~ 0.67	
	색 도 대 휘도특성	이득특성	IRE	(±)10이내	
		지연특성	ns	(±)45이내	
	직선파형 왜 곡	필드시간왜곡	%	3이내	
		라인시간왜곡	IRE	2이내	
		단시간 왜곡	%SD	3이내	
	비 직 선 왜 곡	미분이득(DG)	%	(±)10이내	
		미분위상(DP)	도	(±)5이내	
	신호대 잡음비		dB	60이상	
음성신호	주파수 특 성	50Hz~125Hz	dB	(—)1.5 ~ 0.4이내	
		125Hz~10kHz		(±)0.4이내	
		10kHz~14kHz		(—)1.5 ~ 0.4이내	
		14kHz~15kHz		(—)2.3 ~ 0.4이내	
	고주파왜곡		%	0.5이내	
	신호대 잡음비		dB	60이상	
	좌우분리도		dB	56이상	
수신공중선	출력레벨	VHF	dBμV	54이상	
		UHF	dBμV	70이상	

비고 : 단시간 왜곡의 기준치는 다음 그림과 같다.

[그림 생략]

시간(t)	외측한계(IRE)	내측한계(IRE)	시간(t)	외측한계(IRE)	내측한계(IRE)
(—)1,000	(—)3	3	125	112	94
(—)350	(—)6	6	175	109	94
(—)175	(—)9	6	350	106	94
(—)125	(—)12	6	1,000	103	97
0	112/(—)12	6			

[별표 2] 종합유선방송국의채널 및 주파수대역[제7조 관련]

구분	채널 번호	주파수대역	비 고
상향 대역		5.75MHz~ 41.75MHz	
하향 대역	2	54MHz~60MHz	
	3	60MHz~66MHz	
	4	66MHz~72MHz	
	5	76MHz~82MHz	
	6	82MHz~88MHz	
		88MHz~108MHz	음악방송대역
	14	120MHz~126MHz	장애대역
	15	126MHz~132MHz	
	16	132MHz~138MHz	
	17	138MHz~144MHz	
	18	144MHz~150MHz	
	19	150MHz~156MHz	
	20	156MHz~162MHz	
	21	162MHz~168MHz	
	22	168MHz~174MHz	
	7	174MHz~180MHz	
	8	180MHz~186MHz	
	9	186MHz~192MHz	
	10	192MHz~198MHz	
	11	198MHz~204MHz	
	12	204MHz~210MHz	
	13	210MHz~216MHz	
	23	216MHz~222MHz	
	24	222MHz~228MHz	
	25	228MHz~234MHz	
	26	234MHz~240MHz	
	27	240MHz~246MHz	
	28	246MHz~252MHz	
	29	252MHz~258MHz	
	30	258MHz~264MHz	

구분	채널 번호	주파수대역	비 고
하향 대역	31	264MHz~270MHz	장애대역
	32	270MHz~276MHz	
	33	276MHz~282MHz	
	34	282MHz~288MHz	
	35	288MHz~294MHz	
	36	294MHz~300MHz	
	37	300MHz~306MHz	
	38	306MHz~312MHz	
	39	312MHz~318MHz	
	40	318MHz~324MHz	
	41	324MHz~330MHz	
	42	330MHz~336MHz	
	43	336MHz~342MHz	
	44	342MHz~348MHz	
	45	348MHz~354MHz	
	46	354MHz~360MHz	
	47	360MHz~366MHz	
	48	366MHz~372MHz	
	49	372MHz~378MHz	
	50	378MHz~384MHz	
	51	384MHz~390MHz	
	52	390MHz~396MHz	
	53	396MHz~402MHz	
	54	402MHz~408MHz	
	55	408MHz~414MHz	
	56	414MHz~420MHz	
	57	420MHz~426MHz	
	58	426MHz~432MHz	
	59	432MHz~438MHz	
	60	438MHz~444MHz	
	61	444MHz~450MHz	
기타 대역		450MHz~750MHz	

〈비고〉 1. 상향대역중 7.0MHz~7.1MHz, 10.1MHz~10.15MHz, 14.0MHz~14.35MHz, 18.068MHz~18.168MHz, 21MHz~21.45MHz, 24.89MHz~24.99MHz, 28.0MHz~29.7MHz은 아마추어대역 등이므로 사용시 주의가 요구됨.

05 유선방송국 설비 등에 관한 기술기준

제1장 총 칙

제1조 (목적) 이 고시는 「방송법」 제79조제1항 및 「방송통신설비의 기술기준에 관한 규정」 제26조에 따라 유선방송국설비(종합유선방송 및 중계유선방송·음악유선방송을 행하기 위한 설비를 포함한다. 이하 같다)의 설치 및 유지에 관한 사항과 전송선로설비의 분계점 등에 필요한 사항을 규정함을 목적으로 한다.

제2조 (정의) ①이 고시에서 사용하는 용어의 정의는 다음과 같다.

1. "유선방송설비"란 유선방송국설비와 전송선로설비를 말한다.
2. "유선방송국설비"란 유선방송을 편성·운행·송출하기 위하여 유선방송국 안에 설치하는 주전송장치 등의 설비를 말한다.
3. "전송선로설비"란 케이블 · 접속커넥터 · 분배기 · 분기기 · 중계장치 · 증폭장치 등 유선방송신호를 전송하는데 필요한 전송설비와 선로설비를 말한다.
4. "주 전송장치"란 유선방송신호를 증폭·조정·변환 및 혼합하여 선로에 전송하는 장치 및 이에 부가된 장치(수신공중선계 · 텔레비전카메라 · 마이크로폰 · 문자발생기 · 녹음기 및 녹화기를 제외한다)를 말한다.
5. "영상신호"란 정지 또는 이동하는 사물의 순간적 영상을 전송하기 위한 전기적 신호를 말한다.
6. "음성신호"란 음성 기타 음향에 따라 생기는 직접적인 전기적 변화로서 음성 기타 음향을 전송하기 위한 신호를 말한다.
7. "기저대역"이란 변조하기 전의 정보를 포함하고 있는 주파수 대역을 말한다.
8. "수신설비"란 유선방송국에서 텔레비전방송신호를 수신하기 위한 수신안테나, 케이블 및 증폭장치 등을 말한다.
9. "구내전송선로설비"란 유선방송을 수신하기 위하여 수신자가 구내에 설치하는 선로 · 관로 · 배관 · 증폭기 · 분배기 및 분기기 등과 그 부대설비로서 「주택건설기준 등에 관한 규정」 제42조 및 「방송통신설비의 기술기준에 관한 규정」 제21조에 따라 건축물에 설치하는 유선방송 전송선로설비를 말한다.
10. "분배기"란 입력신호 에너지를 2이상으로 균등하게 분배하는 장치를 말한다.
11. "분기기"란 입력신호 에너지를 간선에서 지선으로 불균등하게 분리시키는 장치를 말한다.

12. "보호기"란 낙뢰 또는 강전류 전선과의 접촉 등에 의한 이상 전류 또는 이상 전압의 유입을 제한하거나 차단하는 장치를 말한다.
13. "증폭기"란 동축케이블·분배기 및 분기기 등에 의한 상·하향신호의 전송손실을 보상하기 위하여 사용되는 장치를 말한다.
14. "프로그램채널"이란 영상·음성·보조데이터로 구성되는 텔레비전방송서비스 채널과 단일 스트림으로 구성되는 데이터서비스 채널을 말한다.
15. "MPEG(Moving Picture Experts Group)"이란 국제표준화기구(ISO : International Organization for Standardization)와 국제전기표준화회의(IEC : International Electrotechnical Commission) 산하의 정보기술표준화를 위한 합동기술위원회(JTC1 : ISO/IEC Joint Technical Committee 1)에 소속된 여러 기술분과 중 하나인 ISO/IEC JCT1/SC29(Sub-committee 29)/WG11 (Working Group 11)을 말한다.
16. "가입자 단말장치"란 주 전송장치로부터 전송된 신호(영상·음성·데이터 등)를 외부장치(TV 수상기)에 전달하고, 주 전송장치와 데이터통신 등을 하는 장치를 말한다. 가입자 단말장치의 세부유형은 '디지털 유선방송 송수신 정합' 표준에 따른다.
17. "ATSC(Advanced Television Systems Committee)"란 차세대 지상파 텔레비전방식을 개발하고 심의하기 위하여 미국의 전자방송 및 산업관련 기관들이 조직한 위원회를 말한다.
18. "64QAM 또는 256QAM(QAM : Quadrature Amplitude Modulation)"이란 데이터 전송시 매 심볼 주기당 64개 또는 256개의 레벨로 출력하여 직교축(I, Q)에 대한 정사영 값을 정현파와 여현파에 각각 반송파억압 변조하여 합한 뒤 전송하는 방식을 말한다.
19. "QPSK(Quadrature Phase Shift Keying)"란 데이터 전송시 전압의 크기를 똑같이 하고 위상을 45°, 135°, 225°, 315°의 4가지로 전송하는 방식을 말한다.
20. "대역내(In-band) 채널"이란 음성·영상서비스, 디지털 멀티미디어서비스 및 정보서비스 등의 다양한 정보를 ISO/IEC 13818-1(MPEG-2)에 규정된 전송스트림(TS : Transport Stream)의 형식에 따라 전송하는 채널을 말한다.
21. "대역외(Out-of-band) 채널"이란 주 전송장치와 가입자 단말장치 간에 제어정보, 접근정보, 응용코드 다운로드 및 프로그램 안내정보 등 기타 유사한 정보를 전송하는 채널을 말한다.
22. 〈삭제〉
23. "서비스 정보(SI : Service Information)"란 가입자 단말장치에서 프로그램을 수신하는데 필요한 채널관련 정보 및 프로그램 안내 정보의 집합을 말한다.
24. "프로그램 및 시스템 정보(PSIP : Program and System Information Protocol)"란 가입자

단말장치에서 지상파 방송 또는 유선방송을 수신하는데 필요한 프로그램과 시스템에 대한 정보 프로토콜을 말한다.

25. 〈삭제〉

26. 〈삭제〉

27. 〈삭제〉

28. "8-VSB(Vestigial Side Band) 전송방식" 이란 3비트로 구성된 8레벨의 심볼들을 VSB로 변조하여 전송하는 방식이다.

② 제1항 외에 이 고시에서 사용하는 용어의 정의는 「전파법」, 「방송법」 및 「방송통신설비의 기술기준에 관한 규정」이 정하는 바에 따른다.

제3조 (수신공중선) 유선방송을 위한 수신공중선의 설치기준에 관하여는 「무선설비규칙」 제9조의 규정을 준용하여 설치하여야 한다.

제4조 (유선방송국설비의 공동사용) ① 복수의 종합유선방송국, 중계 · 음악유선방송국이 유선방송국설비를 공동으로 사용하는 경우 유선방송국설비를 하나의 시설로 설치 · 운영할 수 있다.

② 제1항에 의하여 유선방송국설비를 하나의 시설로 설치 · 운영하는 경우 그 사실을 증명할 수 있는 유선방송사업의 시설공동사용 관련 자료를 중앙전파관리소장에게 제출하여야 한다.

③ 제2항의 경우 중앙전파관리소장은 「방송법」 제79조제2항을 준용하여 그 시설의 적합여부를 검사하여야 한다.

제5조 (전원설비) ① 유선방송국용 전원설비는 최대로 사용되는 때의 전력을 안정적으로 공급할 수 있는 용량을 가진 것으로서 전압 · 전류의 변동허용범위는 ±10[%] 이내로 유지할 수 있는 것이어야 한다.

② 제1항에 따른 전원설비에는 상용전원의 공급중단시 예비전원을 안정적으로 공급할 수 있는 설비가 설치되어야 한다. 이 경우 예비전원의 용량은 상용전원의 공급이 중단된 경우에 최대사용전원을 기준으로 하여 3시간 이상 공급할 수 있는 수준이어야 한다.

제6조 (보호기 및 접지) ① 유선방송국설비에는 보호기를 설치하여야 한다.

② 제1항에 따른 보호기의 성능 및 접지에 관하여는 「방송통신설비의 기술기준에 관한 규정」 제7조를 준용한다.

제7조 (측정 및 시험) 〈삭제〉

제8조 (종사자의 자격과 정원) ① 종합유선방송사업자·중계유선방송사업자 및 음악유선방송사업자가 확보하여야 할 종사자의 자격과 정원은 〔별표 1〕과 같다.

② 제4조에 따라 유선방송국설비를 공동으로 사용하는 경우 종합유선방송사업자 · 중계유선

방송사업자 및 음악유선방송사업자가 확보하여야 할 종사자는 각각의 방송국이 갖추어야 할 자격과 정원을 합한 수의 1/2로 한다. 이때 산출된 정원이 정수가 아닌 경우에는 소수점 이하를 버리되, 1인 미만인 경우에는 1인으로 한다.

③ 제1항에 따른 종사자는 유선방송국 설비의 방송신호 측정·시험 등 방송품질 유지를 위한 관리업무를 수행하여야 한다.

제2장 종합유선방송설비

제1절 아날로그 종합유선방송국설비

제9조 (적용범위) 종합유선방송을 행하는 방송국의 설비는 텔레비전카메라 및 영상송신설비와 마이크로폰증폭기 또는 녹음재생장치와 수신공중선의 출력단자로부터 주 전송장치를 거쳐 전송선로설비와 접속되는 최초의 접속점까지의 범위에 적용한다.

제10조 (분계점) ① 종합유선방송국설비와 전송선로설비의 분계점은 다음 각 호와 같다.

1. 종합유선방송국설비에 접속하는 전송선로설비가 동축케이블인 경우 : 진폭변조기(진폭변조기가 혼합기와 연결되어 설치된 경우에는 혼합기를 말한다)와 동축케이블의 최초 접속점
2. 종합유선방송국설비에 접속하는 전송선로설비가 광케이블인 경우에는 다음 각 목의 어느 하나에 해당되는 접속점
   가. 진폭변조방식 : 진폭변조기(진폭변조기가 혼합기와 연결되어 설치된 경우에는 혼합기를 말한다)와 광송신기의 최초 접속점
   나. 주파수변조방식 : 주파수변조기(주파수변조기가 혼합기와 연결되어 설치된 경우에는 혼합기를 말한다)와 광송신기의 최초 접속점
   다. 펄스변조방식 및 디지털변조방식 : 텔레비전인코더(텔레비전인코더가 변조기 및 혼합기와 연결되어 설치된 경우에는 혼합기를 말한다)와 광송신기의 최초 접속점
3. 종합유선방송국설비에 접속하는 전송선로설비가 무선방식인 경우에는 다음 각 목의 어느 하나에 해당하는 접속점
   가. 진폭변조방식 : 진폭변조기(진폭변조기가 혼합기와 연결되어 설치된 경우에는 혼합기를 말한다)와 무선송신기의 최초 접속점
   나. 주파수변조방식 : 주파수변조기(주파수변조기가 혼합기와 연결되어 설치된 경우에는 혼합기를 말한다)와 무선송신기의 최초 접속점
   다. 펄스변조방식 또는 디지털변조방식 : 텔레비전인코더(텔레비전인코드가 변조기 및 혼합기와 연결되어 설치된 경우에는 혼합기를 말한다)와 무선송신기의 최초 접속점

② 제1항제2호에도 불구하고 텔레비전인코더 · 변조기 또는 혼합기 등에 광송신 기능이 내장된 경우에는 종합유선방송국과 전송망사업자가 상호 협의하여 정하는 점을 분계점으로 한다.

③ 전송선로설비와 구내전송선로설비의 분계점은 도로와 택지 또는 공동주택단지의 각 단지와의 경계점으로 한다. 다만 케이블의 분계점은 이를 수용하는 구내전송선로설비와 최초로 접속되는 곳으로 한다.

④ 제2항부터 제3항까지의 분계점이 사업자간 상호협의가 이루어지지 아니하는 경우에는 방송법 제35조의3에 따라 방송통신위원회에 조정을 신청할 수 있다.

제11조 (신호의 특성 및 질적수준) 〈삭제〉

제12조 (방송채널 등) ① 종합유선방송국이 사용할 수 있는 채널 및 주파수대역은 [별표 2]와 같다.

② 제1항에 따른 채널 중 1,002[MHz]까지 디지털방송 및 데이터서비스용으로 사용하며 아날로그방송용은 552[MHz]까지만 사용 할 수 있다.

제13조 (주 전송장치 등) ①종합유선방송국의 주 전송장치의 전송방식은 진폭변조방식으로 한다.

② 미래창조과학부장관은 다음 각 호의 어느 하나에 해당되는 경우에는 종합유선방송국이 사용하는 주 전송장치의 전송방식을 지정하거나 변경하도록 할 수 있다.

1. 기술의 발전에 따라 전송방식을 변경할 필요가 있는 경우
2. 방송구역의 규모 또는 형태에 따라 특정한 전송방식의 사용이 필요한 경우
3. 전송선로설비와 주 전송장치의 호환성을 확보하기 위하여 필요한 경우

③ 제1항에 따른 주 전송장치 등의 기술적 조건 및 특성은 [별표 3]과 같다.

제2절 디지털 종합유선방송국설비

제14조 (적용범위) 〈삭제〉

제15조 (방송신호의 구성) ① 방송신호는 영상·음성 및 보조데이터로 구성되는 텔레비전 프로그램 신호, 음성으로 구성되는 음성프로그램 신호 또는 데이터방송을 위한 데이터 신호로 구성된다.

② 그 외 방송신호는 영상, 음성 및 데이터 등의 여러 조합으로 프로그램 신호를 구성할 수 있다.

제16조 (방송신호의 표현형식) 영상신호 및 음성신호의 표현형식은 「디지털 유선방송송수신정합」 표준에서 규정하는 형식을 따른다.

제17조 (신호압축) ① 영상신호의 압축방식은 국제표준인 ISO/IEC 13818-2(MPEG-2 Part 2), ISO/IEC 14496-10(MPEG-4 Part 10) 또는 ITU-T H.265의 형식을 따른다.

② 음성신호의 압축방식은 AC-3(돌비 디지털방식)의 형식을 따른다.

제18조 (다중화) 영상 · 음성 · 데이터방송 신호 또는 시스템정보는 국제표준인 ISO/IEC 13818-1 (MPEG-2 Part 1)에 규정된 전송스트림의 형식에 따라 다중화 하여야 한다. 다만, 다중화의 제한사항에 대한 규정은 「디지털 유선방송 송수신 정합」 표준에서 규정한 형식에 적합하여야 한다.

제19조 (가입자 단말장치와 제한수신) ① 디지털유선방송에서의 가입자 제한과 복사방지를 위한 제한수신 모듈은 가입자 단말장치에서 분리 또는 교환이 가능하여야 한다.

② 가입자 단말장치와 제한수신 모듈의 접속방식은 「디지털 유선방송 송수신 정합」 표준에서 규정하는 형식을 따른다.

③ 가입자 단말장치의 입출력 특성은 [별표 7]과 같다

④ 종합유선방송사업자가 임대하는 가입자단말장치의 대역 외 채널변조 및 전송조건 등은 「디지털 유선방송 송수신 정합」 표준을 따른다.

⑤ 가입자 단말장치와 외부장치와의 정합을 위한 외부출력단자의 조건은 「디지털 유선방송 송수신 정합」 표준을 따른다.

제20조 (방송관련 정보) ① 방송서비스정보(SI)의 처리는 「디지털 유선방송 송수신 정합」 표준에서 규정한 형식을 따른다.

② 방송프로그램 및 시스템정보(PSIP)의 처리는 ATSC에서 규정하는 A/65를 따른다. 다만, 대역내 채널 변조방식으로 8-VSB 전송방식을 송출할 경우 지상파 가상 채널 테이블(TVCT)을 사용하여야 한다.

③ 서비스정보(SI)와 프로그램 및 시스템정보(PSIP)가 동시에 제공되는 경우에는 서비스정보가 우선한다.

제21조 (대역내 변조 및 전송조건 등) ① 대역 내 채널은 54[MHz]부터 1,002[MHz] 또는 88[MHz]부터 1,002[MHz]까지의 주파수대역에서 사용하여야 한다.

② 대역 내 채널에서 변조된 신호의 채널당 주파수대역폭은 6[MHz]로 하여야 한다.

③ 대역 내 채널의 변조방식은 QAM 또는 8-VSB 전송방식으로 하여야 한다.

④ 대역 내 채널의 변조방식에 따른 전송속도 및 오류정정 방식은 「디지털 유선방송 송수신 정합」 표준을 따른다.

제22조 (대역 내 채널 오류정정) 〈삭제〉

제23조 (대역 외 채널변조 및 전송조건 등) 대역 외 채널변조 및 전송조건 등은 「디지털 유선방송 송수신 정합」 표준을 따른다.

제24조 (대역 외 상향채널변조 및 전송조건 등) 〈삭제〉

제25조 (대역 외 하향 및 상향채널 오류정정) 〈삭제〉

제26조 (주 전송장치 등) ① 종합유선방송국의 주 전송장치의 전송방식은 디지털변조방식으로 한다.

② 제1항에 따른 주 전송장치 등의 기술적 조건 및 특성은 [별표 4]와 같다.

제3절 전송선로설비

제27조 (적용범위) 종합유선방송 전송선로설비는 제10조제1항 각 호에 따른 종합유선방송국설비와 최초로 접속되는 점에서부터 같은 조 제3항에 따른 구내전송선로설비와 최초로 접속되는 점까지의 범위에 적용한다.

제28조 (전송선로설비의 질적수준) ①종합유선방송신호를 전송하기 위한 전송선로설비의 누설전자파는 54[MHz]이하인 경우는 15[㎶/m]이하(30[m]), 54[MHz]초과~216[MHz]이하인 경우는 20[㎶/m]이하(3[m]), 216[MHz]초과인 경우는 15[㎶/m]이하(30[m])를 만족해야 한다. 다만, 824[MHz]~849[MHz]인 경우에는 3[㎶/m]이하(10[m], 기준대역폭 1.23[MHz])를 만족해야 한다.

② ①항 외의 영상반송파의 신호레벨, 채널간 영상반송파의 레벨차, 혼변조도, 영상방송파대 잡음비 등을 포함한 아날로그신호와 디지털신호에 대한 질적 수준은 「종합 유선방송 전송 선로설비 정합」 표준에서 규정한 형식을 따른다.

③ 제1항에 따른 전송선로설비의 질적 수준은 전송선로설비와 구내전송선로설비의 분계점에서 적합한 품질을 유지하여야 한다.

④ 종합유선방송 전송선로설비는 제12조제1항에 따른 주파수대역을 전송할 수 있도록 설치·운용되어야 한다.

제3장 중계유선방송 및 음악유선방송설비

제29조 (적용범위) 중계유선방송 및 음악유선방송을 행하는 유선방송설비는 유선방송국설비와 전송선로설비를 거쳐 수신자설비의 분계점까지의 범위에 적용한다.

제30조 (분계점) ① 중계유선방송 및 음악유선방송설비(제2항에 따른 전기통신설비를 포함한다)와 수신자설비의 분계점은 도로와 택지 또는 공동주택단지의 각 단지와의 경계점으로 한다. 다만, 케이블의 분계점은 이를 수용하는 구내전송선로설비와 최초로 접속되는 곳으로 한다.

② 기간통신사업자의 전기통신설비 또는 전송망사업자의 전송선로설비와 유선방송사업자의 유선방송설비의 분계점은 사업자 상호간의 합의에 의한다. 다만, 사업자간에 합의가 이루어지지 아니하는 경우에는 방송법 제35조의3에 따라 방송통신위원회에 조정을 신청할 수 있다.

제31조 (방송채널 등) ①중계유선방송사업자의 체널별 주파수대역은 [별표 5]와 같다.

② 중계유선방송사업자가 전기통신사업법 제31조제2항에 따라 전기통신역무를 제공하고자 하는 경우에 사용할 수 있는 상향 주파수대역은 5.75[MHz]부터 41.75[MHz] 또는 5.75[MHz]부터 65[MHz]까지로 하고 276[MHz]부터 750[MHz] 또는 324[MHz]부터 750[MHz]까지의 주파수대역은 디지털유선방송용으로 우선 사용할 수 있다.

③ 음악유선방송사업자가 사용할 수 있는 주파수대역은 88[MHz]부터 108[MHz]까지이며, 채널간격은 200[KHz]로 한다.

제32조 (유선방송의 질적수준 등) 중계유선방송 및 음악유선방송의 수신공중선 및 전송 · 선로설비 등의 질적수준은 [별표 6]과 같다.

제33조 (설치도면) 삭제

제34조 (다른 법령의 준용) ① 유선방송의 전송선로설비의 설치·운영에 관하여는 이 고시에서 정한 것 외에 「방송통신설비의 기술기준에 관한 규정」 제3조 · 제6조 · 제8조 · 제9조 · 제12조 및 제22조를 각각 준용한다.

② 유선방송의 전송방식 등에 관하여는 이 고시에서 정한 것 외에 무선설비 규칙 제3장 제1절 「방송표준방식 및 방송업무용 무선설비의 기술기준」 및 「아날로그 종합 유선방송 정합」 표준 제4.2절 전송방식의 규정을 준용한다.

제35조 (가입자 단말장치에 대한 적용특례) 디지털유선방송 가입자에게 임대하는 가입자 단말장치 중 수신만을 목적으로 하는 가입자 단말장치에 대해서는 이 고시 제23조 및 「방송 공동수신설비의 설치기준에 관한 고시」 제29조에 의한 대역 외 상향채널 관련 규정과 제19조 제1항에 의한 단말장치와 제한수신모듈의 분리 또는 교환의무 규정을 적용하지 아니할 수 있다.

제6장 보 칙

제36조 (재검토기한) 「훈령 · 예규 등의 발령 및 관리에 관한 규정」 (대통령훈령 제248호)에 따라 이 고시 발령 후 법령이나 현실 여건의 변화 등을 검토하여 이 고시의 폐지, 개정 등 조치를 하여야 하는 기한은 2015년 10월 31일까지로 한다.

부칙 〈제2008-35호, 2008.5.19.〉

제1조 (시행일) 이 고시는 고시한 날부터 시행한다.

제2조 (다른 고시의 폐지) 유선방송국설비 등에 관한 기술기준(정보통신부고시 제2006-33호,

2006. 8. 10)을 폐지한다.

제3조 (기존시설에 관한 경과조치) ①이 고시 시행 당시 종전의 규정(정보통신부고시 제2006-33호, 2006. 8. 10)에 의하여 설치 중이거나 설치되어 운영중인 시설은 이 고시에 의하여 설치된 것으로 본다.

② 제19조제3항의 규정에도 불구하고 1997년 4월 1일 이전 당시 규정에 의하여 설치된 전송선로설비를 이용하여 전기통신역무를 제공하는 경우 450[MHz] 내지 552[MHz] 대역 중 8개 채널까지 사용할 수 있다. 다만, 전기통신역무의 수요를 고려하여 전송선로설비 이용계약을 체결한 사업자간 협의에 의하여 1개 채널을 추가로 사용할 수 있다.

③ 이 고시 시행당시 설치·운영 중인 유선방송국의 시설의 기술적 조건과 전송선로설비의 질적 수준에 대하여는 종전의 규정에 의한다.

④ 제3항의 규정에도 불구하고 2006년 8월 10일 이전에 750[MHz] 이상의 주파수대역을 사용할 수 있도록 이미 설치한 전송선로설비의 경우에는 이 고시 〔별표 7의 질적수준을 만족하여야 한다. 다만, 당해 설비가 〔별표 7의 질적수준 중 216[MHz] 초과인 경우의 누설전자파 기준값 "15[㎶/m](30[m] 기준)이하"를 만족할 때에는 2010년 12월 31일까지 〔별표 7의 824[MHz]~849[MHz]인 경우의 누설전자파 기준값의 적용을 유예한다.

제4조 (삭제)

부칙(제2008-94호, 2008. 7. 3.)

제1조 (시행일) 이 고시는 고시한 날부터 시행한다.

제2조 (누설전자파) 대역외 상향채널을 5.75[MHz]부터 65[MHz]까지의 주파수대역에서 사용하는 경우에는 이 고시[별표 6] 및 [별표 7] 누설전자파 기준에도 불구하고 15[㎶/m] 이하(30[m] 거리에서 측정시)를 적용한다.

제3조 (제한수신) 제25조 제1항의 규정에 불구하고 디지털유선방송 가입자에게 임대하는 가입자 단말장치에 대해서는 2010년 12월 31일까지 가입자 단말장치와 제한수신모듈의 분리 또는 교환 의무를 적용하지 아니한다.

부칙〈제2009-2호, 2009. 1. 13〉

이 고시는 고시한 날부터 시행한다.

부칙〈제2009-29호, 2009. 11. 5〉

이 고시는 2009년 11월 5일부터 시행한다.

부칙 〈제2011-43호, 2011. 9. 15〉

이 고시는 발령한 날부터 시행한다.

부칙 〈제2011-48호, 2011. 11. 17〉

이 고시는 발령한 날부터 시행한다.

부칙 〈제2012-80호, 2012. 10. 15〉

이 고시는 2012년 11월 1일부터 시행한다.

부칙 〈제2012-95호, 2012. 11. 29〉

이 고시는 발령한 날부터 시행한다.

부칙 〈제2013-163호, 2013. 10. 7〉

이 고시는 고시한 날부터 시행한다.

부칙 〈제2014-27호, 2014. 4. 18〉

이 고시는 고시한 날부터 시행한다.

부칙 〈제2014-67호, 2014. 10. 15〉

이 고시는 고시한 날부터 시행한다.

[별표 1] 유선방송사업자가 확보하여야 할 종사자의 자격과 정원(제8조제1항 관련)

1. 유선방송사업자별 종사자의 자격과 정원

구 분	규 모(가입자)	종사자의 자격과 정원
종합유선방송사업	3만이상	전파전자통신기사, 정보통신산업기사, 통신선로산업기사, 무선설비산업기사, 방송통신산업기사, 또는 정보통신기술자(초급이상) 2명 이상
	3만미만	전파전자통신기사, 정보통신산업기사, 통신선로산업기사, 무선설비산업기사, 방송통신산업기사 또는 정보통신기술자(초급이상) 1명 이상
중계유선방송사업	3만이상	전파전자통신기사, 정보통신산업기사, 통신선로산업기사, 무선설비산업기사, 방송통신산업기사 또는 정보통신기술자(초급이상) 2명 이상
	1만이상~3만미만	전파전자통신기사, 정보통신산업기사, 통신선로산업기사, 무선설비산업기사, 방송통신산업기사 또는 정보통신기술자(초급이상) 1명 이상
	2천이상~1만미만	정보통신산업기사, 통신선로기능사, 무선설비기능사, 방송통신기능사 또는 통신기기기능사 1명 이상
	2천미만	자격 또는 경력인정자
음악유선방송사업	1천이상	전파전자통신기사, 정보통신산업기사, 통신선로산업기사, 무선설비산업기사, 방송통신산업기사 또는 정보통신기술자(초급이상) 1명 이상
	1천미만	자격 또는 경력인정자

가. 자격 및 경력자 인정기준

(1) 교육법상의 고등학교 또는 고등기술학교 이상 학교의 전기, 전자 통신학과 졸업자(졸업증명서로 인정)

(2) 아래 시설에서 전기통신분야 기술을 6월 이상 교습 받은 자(수료증 사본 또는 해당 시설발급의 확인서로 인정)

(가) 「학원의 설립·운영 및 과외 교습에 관한 법률」 제6조에 의해 설립된 학원

(나) 「평생교육법」 제21조의 규정에 의해 설치된 평생교육시설 및 동법 제25조의 규정에 의해 학교에 부설된 시설

(3) 전파법령에 의하여 허가를 받은 방송국의 기술분야에서 1년 이상 근무한 자(경력증명서로 인정)

(4) 「정보통신공사업법」에 의한 공사업체에서 1년 이상 시설의 설치 및 관리를 담당한 자(경력증명서로 인정)

(5) 유선방송사업에 2년 이상 근무한 자(아래 서류에 의해 인정)

(가) 2년 이상 유선방송사업을 운영하였음을 증명하는 허가증사본 또는 중앙전파관리소장이 당해 지역에서 2년 이상 유선방송사업을 운영하였음을 증명하는 확인서

(나) 해당인이 그 사업체에서 2년 이상 근무하였음을 증명할 수 있는 사업자발행 경력증명서(사업자가 본인인 경우는 제외)

2. 제1호의 규정을 적용함에 있어서 동일한 사업자가 중계유선방송사업 및 음악유선방송사업을 동일 사업구역 내에서 중복 운용하는 경우에도 하나의 사업자로 간주하되 그중 상위급의 종사자의 자격과 정원으로 한다.

[별표 2] 종합유선방송국의 채널 및 주파수대역(제12조제1항 관련)

구분	채널번호	주파수대역	용 도
상향주1)		5.75MHz~41.75MHz	데이터서비스 대역
상향주2)		5.75MHz~65MHz	데이터서비스 대역
하향주1)	2	54MHz~60MHz	종합유선방송대역 및 데이터서비스대역
	3	60MHz~66MHz	
	4	66MHz~72MHz	
	5	76MHz~82MHz	
	6	82MHz~88MHz	
하향	95	90MHz~96MHz	음악방송대역 (88MHz~108MHz) 또는 종합유선방송 대역 및 데이터서비스대역
	96	96MHz~102MHz	
	97	102MHz~108MHz	
	14	120MHz~126MHz	종합유선 방송대역 및 데이터서비스 대역
	15	126MHz~132MHz	
	16	132MHz~138MHz	
	17	138MHz~144MHz	
	18	144MHz~150MHz	
	19	150MHz~156MHz	
	20	156MHz~162MHz	
	21	162MHz~168MHz	
	22	168MHz~174MHz	
	7	174MHz~180MHz	
	8	180MHz~186MHz	
	9	186MHz~192MHz	
	10	192MHz~198MHz	
	11	198MHz~204MHz	
	12	204MHz~210MHz	
	13	210MHz~216MHz	
	23	216MHz~222MHz	
	24	222MHz~228MHz	
	25	228MHz~234MHz	
	26	234MHz~240MHz	
	27	240MHz~246MHz	
	28	246MHz~252MHz	
	29	252MHz~258MHz	
	30	258MHz~264MHz	
	31	264MHz~270MHz	
	32	270MHz~276MHz	
	33	276MHz~282MHz	
	34	282MHz~288MHz	
	35	288MHz~294MHz	
	36	294MHz~300MHz	
	37	300MHz~306MHz	
	38	306MHz~312MHz	
	39	312MHz~318MHz	
	40	318MHz~324MHz	
	41	324MHz~330MHz	

구분	채널번호	주파수대역	용 도
하향	42	330MHz~336MHz	종합유선 방송대역 및 데이터서비스 대역
	43	336MHz~342MHz	
	44	342MHz~348MHz	
	45	348MHz~354MHz	
	46	354MHz~360MHz	
	47	360MHz~366MHz	
	48	366MHz~372MHz	
	49	372MHz~378MHz	
	50	378MHz~384MHz	
	51	384MHz~390MHz	
	52	390MHz~396MHz	
	53	396MHz~402MHz	
	54	402MHz~408MHz	
	55	408MHz~414MHz	
	56	414MHz~420MHz	
	57	420MHz~426MHz	
	58	426MHz~432MHz	
	59	432MHz~438MHz	
	60	438MHz~444MHz	
	61	444MHz~450MHz	
	62	450MHz~456MHz	
	63	456MHz~462MHz	
	64	462MHz~468MHz	
	65	468MHz~474MHz	
	66	474MHz~480MHz	
	67	480MHz~486MHz	
	68	486MHz~492MHz	
	69	492MHz~498MHz	
	70	498MHz~504MHz	
	71	504MHz~510MHz	
	72	510MHz~516MHz	
	73	516MHz~522MHz	
	74	522MHz~528MHz	
	75	528MHz~534MHz	
	76	534MHz~540MHz	
	77	540MHz~546MHz	
	78	546MHz~552MHz	
	79	552MHz~558MHz	디지털유선 방송 대역 및 데이터서비스 대역
	80	558MHz~564MHz	
	81	564MHz~570MHz	
	82	570MHz~576MHz	
	83	576MHz~582MHz	
	84	582MHz~588MHz	
	85	588MHz~594MHz	
	86	594MHz~600MHz	
	87	600MHz~606MHz	
	88	606MHz~612MHz	
	89	612MHz~618MHz	
	90	618MHz~624MHz	

구분	채널번호	주파수대역	용 도	구분	채널번호	주파수대역	용 도
하향	91	624MHz~630MHz	디지털유선 방송 대역 및 데이터서비스대역	하향	123	786MHz~792MHz	디지털유선 방송대역 또는 전송선로설비를 설치한 사업자의 운영대역 및 데이터서비스대역
	92	630MHz~636MHz			124	792MHz~798MHz	
	93	636MHz~642MHz			125	798MHz~804MHz	
	94	642MHz~648MHz			126	804MHz~810MHz	
	100	648MHz~654MHz			127	810MHz~816MHz	
	101	654MHz~660MHz			128	816MHz~822MHz	
	102	660MHz~666MHz			129	822MHz~828MHz	
	103	666MHz~672MHz			130	828MHz~834MHz	
	104	672MHz~678MHz			131	834MHz~840MHz	
	105	678MHz~684MHz			132	840MHz~846MHz	
	106	684MHz~690MHz			133	846MHz~852MHz	
	107	690MHz~696MHz			134	852MHz~858MHz	
	108	696MHz~702MHz			135	858MHz~864MHz	
	109	702MHz~708MHz			136	864MHz~870MHz	
	110	708MHz~714MHz			137	870MHz~876MHz	
	111	714MHz~720MHz			138	876MHz~882MHz	
	112	720MHz~726MHz			139	882MHz~888MHz	
	113	726MHz~732MHz			140	888MHz~894MHz	
	114	732MHz~738MHz			141	894MHz~900MHz	
	115	738MHz~744MHz			142	900MHz~906MHz	
	116	744MHz~750MHz			143	906MHz~912MHz	
	117	750MHz~756MHz	디지털유선 방송대역 또는 전송선로설비를 설치한 사업자의 운영대역 및 데이터서비스대역		144	912MHz~918MHz	
	118	756MHz~762MHz			145	918MHz~924MHz	
	119	762MHz~768MHz			146	924MHz~930MHz	
	120	768MHz~774MHz			147	930MHz~936MHz	
	121	774MHz~780MHz			148	936MHz~942MHz	
	122	780MHz~786MHz			149	942MHz~948MHz	
하향	150	948MHz~954MHz	디지털유선방송대역 또는 전송선로설비를 설치한 사업자의 운영대역 및 데이터서비스대역	하향	155	978MHz~984MHz	디지털유선방송대역 또는 전송선로설비를 설치한 사업자의 운영대역 및 데이터서비스대역
	151	954MHz~960MHz			156	984MHz~990MHz	
	152	960MHz~966MHz			157	990MHz~996MHz	
	153	966MHz~972MHz			158	996MHz~1,002MHz	
	154	972MHz~978MHz					

〈비고〉 1. 상향대역 중 7.0MHz~7.1MHz, 10.1MHz~10.15MHz, 14.0MHz~14.35MHz, 18.068MHz~18.168MHz, 21MHz~21.45MHz, 24.89MHz~24.99MHz, 28.0MHz~29.7MHz와 하향대역중 채널 10, 채널 18, 채널 21, 채널 59, 채널 60은 아마추어대역 등이고, 채널 124~채널 128은 이동전화서비스대역이므로 사용 시 주의가 요구됨.

2. 상향대역을 5.75MHz~65MHz까지 사용하고자 하는 경우 방송법 제15조 및 동법 시행령 제15조에 따라 변경허가를 받을 것.

3. 종합유선방송 대역내의 데이터서비스 대역은 채널당 주파수대역폭 6MHz 규정을 적용하지 아니할 수 있다.

주 1) 상향대역을 5.75MHz~41.75MHz까지 사용하고자 하는 경우 2~6번 채널을 하향대역으로 사용할 수 있음.

주 2) 상향대역을 5.75MHz~65MHz까지 사용하고자 하는 경우 2~6번 채널을 하향대역으로 사용할 수 없음.

[별표 3] 주 전송장치 등의 기술적 조건(제13조제3항 관련)

1. 진폭변조기

<table>
<tr><th colspan="3" rowspan="2">구 분</th><th rowspan="2">단 위</th><th rowspan="2">기준값</th><th colspan="2">비 고</th></tr>
<tr><th>단일채널</th><th>멀티채널</th></tr>
<tr><td rowspan="7">입력 특성</td><td rowspan="3">영상 신호 특성</td><td>입력레벨</td><td>IRE</td><td>140±4</td><td>동기신호
첨두치 기준</td><td rowspan="7">적용제외</td></tr>
<tr><td>반사손실</td><td>dB이상</td><td>30</td><td>25[Hz]~6[MHz]</td></tr>
<tr><td>임피던스</td><td>Ω</td><td>75</td><td>불평형(공칭)</td></tr>
<tr><td rowspan="4">음성 신호 특성</td><td>입력레벨</td><td>dBm</td><td>0±5</td><td></td></tr>
<tr><td>제1음성신호 주파수편이</td><td>KHz</td><td>±25</td><td rowspan="2">파이롯트신호
주파수편이 ±2.5</td></tr>
<tr><td>제2음성신호 주파수편이</td><td>KHz</td><td>±27.5</td></tr>
<tr><td>임피던스</td><td>Ω</td><td>600±30</td><td>평형, 불평형</td></tr>
<tr><td rowspan="6">출력 특성</td><td colspan="2">영상반송파</td><td>dBmV</td><td>55±5</td><td colspan="2"></td></tr>
<tr><td colspan="2">주파수안정도</td><td>KHz이내</td><td>±12</td><td colspan="2">영상반송파기준</td></tr>
<tr><td colspan="2">제1/2음성신호 반송파레벨</td><td>dB</td><td>-16±1/-23±1</td><td colspan="2">영상반송파기준</td></tr>
<tr><td colspan="2">스퓨리어스</td><td>dB이하</td><td>-60</td><td colspan="2">영상, 음성합성변환후</td></tr>
<tr><td colspan="2">임피던스</td><td>Ω</td><td>75</td><td colspan="2">불평형(공칭)</td></tr>
<tr><td colspan="2">반사손실</td><td>dB이상</td><td>10</td><td colspan="2"></td></tr>
</table>

[별표 4] 주 전송장치 등의 기술적 조건(제26조제2항 관련)

1. 변조기의 특성

가. 디지털변조기

1) 64QAM 또는 256QAM 변조기

구 분		단 위	기 준 값		비 고
			64QAM	256QAM	
출력특성	출력레벨	dBμV이상	100		
	EVM	%이하	2.3	2.4	
	위상잡음	dBc/Hz이하	-93dBc@10[kHz]		
	출력임피던스	-	-		삭제
	스퓨리어스	dB이하	-60		
	주파수 편차	ppm이하	10		
	반사손실	-	-		삭제

2) QPSK 변조기

구 분		단 위	기 준 값	비 고
출력특성	출력레벨	dBμV	90∼110	
	EVM	%이하	6.0	
	위상잡음	dBc/Hz이하	-73@10[kHz]	
	출력임피던스	-	-	삭제
	스퓨리어스	dB이하	-40	
	주파수 편차	ppm이하	50	
	반사손실	-	-	삭제

3) 8-VSB 변조기

구 분	단 위	기 준 값	비 고
출력레벨	dBmV	50±5	ATSC 8-VSB변조방식
인접채널 감쇠특성	dB이하	그림 참조	경계선 이내
스퓨리어스	dB이하	-60	
주파수편차	ppm이내	±5	

위상잡음	VHF 채널	dBc/Hz이하	-98	파이롯트 주파수로부터 20[kHz] 이격지점에서
	UHF 채널	dBc/Hz이하	-95	파이롯트 주파수로부터 20[kHz] 이격지점에서
주파수응답		dB이내	±0.5	5.38[MHz] 대역내에서
그룹지연응답		ns이내	±50	5.38[MHz] 대역내에서
신호대잡음비		dB이상	27	수신등화를 행하지 아니한 경우에서

그림) 인접채널 감쇠특성

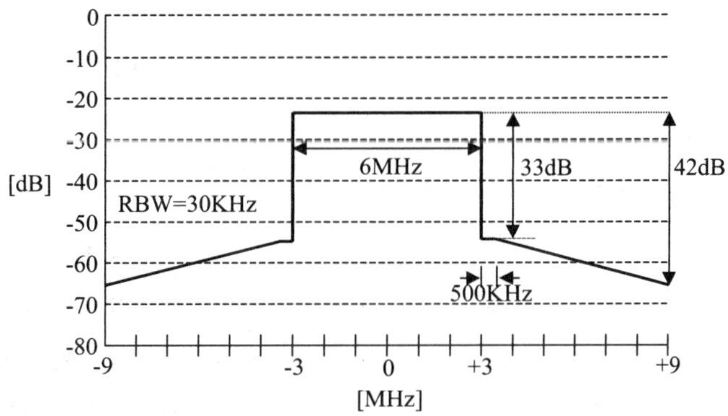

2. 텔레비전 신호처리기의 특성

가. 디지털 방식

구 분		단 위	기준값	비 고
입력레벨		dBmV	-20～+20	
출력레벨		dBmV	50±5	
잡음지수	VHF채널	dB이하	8	
	UHF채널	dB이하	11	
자동이득조정		dB	40	
인접채널 감쇠특성(대역외)		dB이하	그림참조	경계선 이내
스퓨리어스		dB이하	-60	
주파수편차		ppm이내	±10	
반사손실		-	-	삭제

위상잡음	VHF채널	dBc/Hz이하	-98	파이롯트 주파수로부터 20[kHz] 이격지점에서
	UHF채널	dBc/Hz이하	-95	파이롯트 주파수로부터 20[kHz] 이격지점에서
그룹지연응답		ns이내	±50	5.38[MHz] 대역내에서
에러벡터크기변화(EVM)		%이하	0.5	입력EVM이 1.8[%]이하에서

다. 디지털지상파 재전송용 변조기

구 분		단 위	기준값	비 고
입력레벨		dBmV	-20～+20	ATSC 8-VSB변조방식 기준
출력레벨		dBmV	50±5	
인접채널 감쇠특성(대역외)		dB이하	그림참조	경계선 이내
스퓨리어스		dB이하	-60	
주파수편차		ppm이내	±5	
반사손실		-	-	삭제
위상잡음	VHF 채널	dBc/Hz이하	-98	파이롯트 주파수로부터 20[kHz] 이격지점에서
	UHF 채널	dBc/Hz이하	-95	파이롯트 주파수로부터 20[kHz] 이격지점에서
주파수응답		dB이내	±0.5	5.38[MHz] 대역내에서
그룹지연응답		ns이내	±50	5.38[MHz] 대역내에서
신호대잡음비		dB이상	27	수신등화를 행하지 아니한 경우에서

(그림) 인접채널 감쇠특성(대역외)

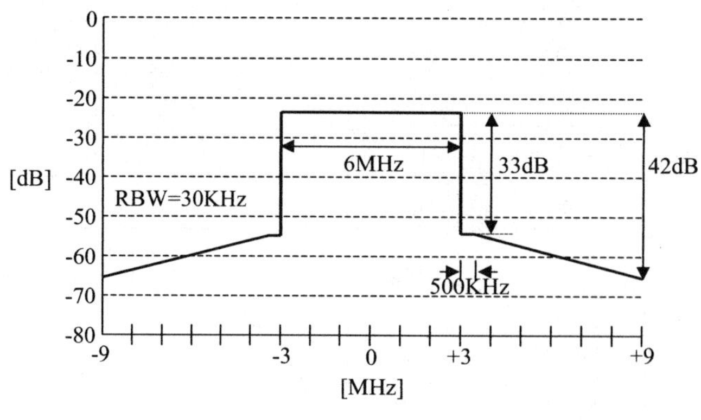

[별표 5] 중계유선방송의 기본채널별 주파수대역(제31제1항 관련)

구분	채널번호	주파수대역	용 도	구분	채널번호	주파수대역	용 도
상향주1)		5.75MHz~41.75MHz	데이터 서비스대역	하향	13	210MHz~216MHz	중계유선방송대역
					14	120MHz~126MHz	
상향주2)		5.75MHz~65MHz	데이터 서비스대역		15	126MHz~132MHz	
					16	132MHz~138MHz	
하향주1)	2	54MHz~60MHz	중계유선 방송대역		17	138MHz~144MHz	
	3	60MHz~66MHz			18	144MHz~150MHz	
	4	66MHz~72MHz			19	150MHz~156MHz	
	5	76MHz~82MHz			20	156MHz~162MHz	
	6	82MHz~88MHz			21	162MHz~168MHz	
하향			음악방송대역 (88MHz~108 MHz) 또는 중계유선 방송대역		22	168MHz~174MHz	
	95	90MHz~96MHz			23	216MHz~222MHz	
	96	96MHz~102MHz			24	222MHz~228MHz	
	97	102MHz~108MHz			25	228MHz~234MHz	
					26	234MHz~240MHz	
	7	174MHz~180MHz	중계유선 방송대역		27	240MHz~246MHz	
	8	180MHz~186MHz			28	246MHz~252MHz	
	9	186MHz~192MHz			29	252MHz~258MHz	
	10	192MHz~198MHz			30	258MHz~264MHz	
	11	198MHz~204MHz			31	264MHz~270MHz	
	12	204MHz~210MHz			32	270MHz~276MHz	
기타	276MHz~750MHz			디지털유선방송 대역			

〈비고〉 1. 상향대역중 7.0MHz~7.1MHz, 10.1MHz~10.15MHz, 14.0MHz~14.35MHz, 18.068MHz ~18.168MHz, 21MHz~21.45MHz, 24.89MHz~24.99MHz, 28.0MHz~29.7MHz와 하향대역중 채널 10, 채널 18, 채널 21은 아마 추어대역 등이므로 사용시 주의가 요구됨.

2. 상향대역을 5.75MHz~65MHz까지 사용하고자 하는 경우 방송법 제15조 및 동법 시행령 제15조에 따라 변경허가를 받을 것.

주 1) 상향대역을 5.75MHz~41.75MHz까지 사용하고자 하는 경우 2~6번 채널을 하향대역으로 사용할 수 있음

주 2) 상향대역을 5.75MHz~65MHz까지 사용하고자 하는 경우 2~6번 채널을 하향대역으로 사용할 수 없음

[별표 6] 중계유선방송 및 음악유선방송의 질적수준(제32조 관련)

1. 중계유선방송

<table>
<tr><th>구 분</th><th colspan="2">기 준 값</th><th>비고</th></tr>
<tr><td rowspan="2">수신공중선의 출력레벨</td><td>VHF</td><td>36[dBμV] 이상</td><td rowspan="2">유선방송국 설비</td></tr>
<tr><td>UHF</td><td>41[dBμV] 이상</td></tr>
<tr><td>영상신호의 주파수대역 특성</td><td colspan="2">-0.5~4[MHz]에서 ±3[dB] 이내(영상반송파 기준)</td><td rowspan="15">유선방송국 설비 및 전송·선로 설비</td></tr>
<tr><td>영상반송파의 주파수 편차</td><td colspan="2">±20[KHz] 이내</td></tr>
<tr><td>영상반송파와 음성반송파간의 간격</td><td colspan="2">4.5[MHz]±2[KHz] 이내</td></tr>
<tr><td rowspan="2">영상반송파의 신호레벨</td><td>수신자설비의 분계점</td><td>65~85[dBμV](75[Ω] 기준)</td></tr>
<tr><td>주 전송장치 후단</td><td>85~95[dBμV](75[Ω] 기준)</td></tr>
<tr><td>영상반송파의 레벨안정도</td><td colspan="2">4[dB] 이내(1분간)</td></tr>
<tr><td rowspan="2">채널간 영상반송파의 레벨차</td><td>인접채널</td><td>3[dB] 이내</td></tr>
<tr><td>비인접채널</td><td>10[dB] 이내</td></tr>
<tr><td rowspan="2">음성반송파의 영상방송파에 대한 레벨차(제1음성파 기준)</td><td colspan="2">상측 인접채널 영상방송파의 경우에는 -17~-3[dB]</td></tr>
<tr><td colspan="2">상기 이외의 경우에는 -17~-10[dB]</td></tr>
<tr><td>영상반송파대 잡음비(C/N비)</td><td colspan="2">40[dB] 이상(주파수대역 4[MHz] 기준)</td></tr>
<tr><td>혼변조도</td><td colspan="2">-46[dB] 이하</td></tr>
<tr><td>전원험 변조도</td><td colspan="2">-40[dB] 이하</td></tr>
<tr><td>2차비트</td><td colspan="2">-60[dB] 이하</td></tr>
<tr><td>3차비트</td><td colspan="2">-51[dB] 이하</td></tr>
<tr><td>수신단자간 결합도</td><td colspan="2">-15[dB] 이하. 다만, FM음악방송신호와 동시에 전송되는 경우에는 -25[dB] 이하</td><td rowspan="2">전송·선로 설비</td></tr>
<tr><td>누설전자파</td><td colspan="2">제28조(전송선로설비의 질적수준)의 규정을 따른다.</td></tr>
</table>

〈비고〉 가. "신호레벨"이라 함은 채널의 신호의 세기를 1[mV]를 기준으로 하여 데시벨로 나타낸 것을 말한다(이하 2.에서 같다).

나. "레벨안정도"라 함은 신호레벨이 단위시간(1분)동안 변동한 폭을 말한다.

다. "영상반송파대 잡음비(C/N비)"라 함은 해당 채널잡음에 대한 반송파의 비율을 데시벨로 나타낸 것을 말한다(이하 2.에서 같다).

라. "비트방해비(D/U비)"라 함은 방해신호에 대한 영상반송파의 비율을 데시벨로 나타낸 것을 말한다.

마. "반송파"라 함은 방송신호정보를 전송로에 전송시키기 적합한 형태의 신호로 변조시킨 주된 주파수신호를 말한다(이하 2.에서 같다).

바. "수신단자간 결합도"라 함은 수신단자에 전송되는 영상반송파가 다른 수신단자에 넘어 들어오는 비율을 데시벨로 나타낸 것을 말한다(이하 2.에서 같다).

사. "신호대 잡음비(S/N비)"라 함은 잡음에 대한 유선방송신호의 비율을 데시벨로 나타낸 것을 말한다(이하 2.에서 같다).

아. 유선방송국설비중 수신공중선 출력레벨은 공중선 후단에서, 나머지는 주 전송장치 후단에서 측정한다.

자. 전송선로설비는 제15조제1항의 규정에 의한 분계점에서 측정한다.

차. 디지털방송을 위한 변조기 특성은 별표4의 8-VSB 변조기 특성을 따른다.

2. 음악유선방송

가. 동축케이블 사용시

구 분	기 준 값
신호레벨	50[dBμV] 이상. 다만, 중계유선방송 신호와 동시에 전송하는 경우에는 55[dBμV] 부터 85[dBμV]
채널간 반송파의 레벨차	10[dB] 이내
반송파대 잡음비(C/N비)	28[dB] 이상(주파수대역 200[KHz] 기준)
전원험 변조도	-50[dB] 이하(주파수편이 75[KHz] 기준)
주파수 편차	$\pm f \times 20/10^6$(f는 반송파를 말한다)
수신단자간 결합도	-25[dB] 이하. 다만, FM 분기기 사용시는 -35[dB] 이하

[별표 7] 가입자 단말장치의 입출력 특성(제19조 제3항 관련)

1. 가입자 단말장치의 하향채널 조건

<table>
<tr><th colspan="5">구 분</th><th>단 위</th><th>기 준 값</th></tr>
<tr><td colspan="5">주파수대역</td><td>MHz</td><td>54~1,002 또는 88~1,002</td></tr>
<tr><td rowspan="4">입력특성</td><td colspan="4">입력레벨</td><td>dBμV</td><td>45~75</td></tr>
<tr><td colspan="4">반사손실</td><td>dB이상</td><td>6</td></tr>
<tr><td colspan="4">입력임피던스</td><td>[Ω]</td><td>75</td></tr>
<tr><td colspan="4">국부발진기 누설</td><td>dBμV이하</td><td>23</td></tr>
<tr><td rowspan="19">출력특성 주1)</td><td rowspan="4" colspan="2">RF 특성</td><td colspan="2">임피던스</td><td>[Ω]</td><td>75</td></tr>
<tr><td colspan="2">출력레벨</td><td>dBμV</td><td>45~75</td></tr>
<tr><td colspan="2">반사손실</td><td>dB이상</td><td>6</td></tr>
<tr><td colspan="2">잡음지수
(채널3/채널4 출력이 있는 경우)</td><td>dB이하</td><td>12</td></tr>
<tr><td rowspan="15">기저대역특성</td><td rowspan="10">영상신호특성</td><td colspan="2">주파수 응답특성</td><td>dB</td><td>±2(0~3.75[MHz])</td></tr>
<tr><td rowspan="2">색도대 휘도</td><td>이득특성</td><td>%</td><td>±10</td></tr>
<tr><td>지연특성</td><td>ns이하</td><td>100</td></tr>
<tr><td rowspan="3">직선파형 왜 곡</td><td>필드시간왜곡</td><td rowspan="3">%</td><td>±4</td></tr>
<tr><td>라인시간왜곡</td><td>±2</td></tr>
<tr><td>단시간왜곡</td><td>±6</td></tr>
<tr><td rowspan="2">비직선 왜곡</td><td>미분이득(DG)</td><td>% 이내</td><td>5 p-p</td></tr>
<tr><td>미분위상(DP)</td><td>° 이내</td><td>5 p-p</td></tr>
<tr><td colspan="2">영상출력 S/N</td><td>dB 이상</td><td>57</td></tr>
<tr><td colspan="2">영상출력레벨</td><td>Vp-p</td><td>1±0.2</td></tr>
<tr><td rowspan="5">음성신호특성</td><td colspan="2">주파수 응답특성</td><td>dB</td><td>±1(20[Hz]~20[KHz])</td></tr>
<tr><td colspan="2">음성 L/R 분리도</td><td>dB 이상</td><td>60(20[Hz]~20[KHz])</td></tr>
<tr><td colspan="2">음성왜율</td><td>% 이하</td><td>0.3(20[Hz]~20[KHz])</td></tr>
<tr><td colspan="2">음성출력 S/N</td><td>dB 이상</td><td>45</td></tr>
<tr><td colspan="2">음성출력레벨</td><td>Vrms</td><td>2±10[%](0dBFS 기준)</td></tr>
</table>

주1) 가입자단말장치가 RF 또는 기저대역 출력단자를 제공할 경우에 한함

2. 가입자 단말장치의 상향채널 조건

구 분	항 목	단 위	기 준 값
ATM셀구조	변조방식		QPSK
	주파수 대역	[MHz]	5.75~41.75 또는 5.75~65
	출력레벨	dBμV	84~113
	출력임피던스	[Ω]	75
	반사손실	dB이상	11
	스퓨리어스	dB이하	-50
IP 패킷구조	「단말장치 기술기준」 제5장의2 유선방송설비에 접속되는 데이터통신용 단말장치 규정을 준용		

색인

최신 디지털 CATV 공학

초판 인쇄 2015년 7월 10일
초판 발행 2015년 7월 15일

저 자 조 병 학 저

발행인 임 영 철

발행처 도서출판 신화전산기획
주소 / 서울특별시 성동구 행당동 19-55
전화 / (02) 833-5145~6
팩스 / (02) 848-2498
등록 / 301-2010-034
홈페이지 / www.shj.co.kr

값 20,000원 ISBN 978-89-5534-187-4 93560